環境補助金の
理論と実際
日韓の制度分析を中心に

Lee Soo Cheol
李秀澈 ── 著

名古屋大学出版会

はじめに

本書の目的

　環境汚染や環境破壊が進む根本的原因の１つは、各経済主体が環境への配慮に欠けた活動を行うことである。したがって環境政策の役割は、政策当局の公的介入により各経済主体に環境配慮への動機づけを与えることにある。こうした意味で、環境政策とは、汚染の制御、自然の保護、アメニティ（快適性）の保全を進めることを通じて、人間社会にとって望ましい環境水準を維持・達成するための公共政策といえる[1]。

　本書は、先発工業国である日本と、これに遅れて工業化を開始した韓国を研究対象とし、これら２国で推進された環境政策の歴史的背景と政治経済学的性格、およびその理論的・実証的分析を行うものである。両国の経験を検討することを通じて、いかなる環境政策が、どのような条件の下で、経済主体に環境保全へのインセンティブをより有効に与えるか、これが本書全体を通じての課題である。その際、環境補助金の役割に焦点を当てている点が、本書の大きな特徴である。環境補助金は、ピグー税が提案されて以来、環境税などとならび環境汚染を効率的に制御するための役割が期待されてきた。しかし、従来の研究ではこの問題は十分な検討がなされてこなかったといえる。本書が環境補助金に着目する理由は、具体的には以下のように説明される。

　日米欧など先進国では、環境保全を促す環境政策の手段として、税や各種の環境賦課金、排出権許可証取引など、市場メカニズムを活用する手法を重視しようとする議論が主流となっている。これらの手法は、汚染物質を排出する経済主体に経済的負担をかけることにより、汚染抑制を効率的に誘導する機能を持つものとして評価されている。

　他方、汚染者にプラスの経済的インセンティブを与えて、環境配慮を促す環

1）植田（1996a）97 ページ参照。

境補助金については、理論的・実証的研究の蓄積が相対的に乏しい。その主な理由は、環境補助金が政策手段としては正当性をもたないと認識されてきたからであろう。汚染者が負担すべき汚染削減費用を補助するためには財源が必要であり、しかもその財源を国の一般財政から賄う場合、結局第三者（すなわち納税者である一般国民）の負担に転嫁することになる。環境補助金は、このように分配面において大きな欠陥を持つ手段にすぎないとして、これまで本格的な研究の対象たり得なかったといえる。

しかし環境補助金は、実際には日本を始め世界中の国々で環境政策の1つの手法として、意外にも多く活用されている。例えば、汚染物質の制御関連設備投資への長期かつ低利融資、そして普及拡大を目的とする低公害車への減税措置は、環境補助金の一種に他ならない。理論的には望ましくないとされながらも、現実には環境補助金の手法をとるケースが少なくないのである。

その最大の理由は、環境補助金が持つ環境改善への正のインセンティブ効果であると考えられる。厳しい直接規制や税といった、経済主体に負担をかけるムチ（ペナルティ）中心の手段のみでは、導入する際の政治的コストが大きく、効果的な環境政策として現実に選択されにくい。特に途上国では、経済主体の環境倫理や環境意識が成熟段階に至っておらず、また、環境負荷を削減する費用の負担能力が、個々の経済主体において十分ではない。そのために、ペナルティのみに依存する環境政策では、環境問題の解決には結びつきにくい。

国際競争にさらされている産業に対して、単に環境政策的理由から税や賦課金を導入し、国際競争力を減退させることは、大きな社会厚生上のロスを引き起こす。また、汚染物質の排出を行政側が直接コントロールしようとする規制的手段は、各経済主体に、規制遵守に努めるよりも汚染物質の不法排出や不適正処理に走る誘因を与え、実際の効果を相殺しかねない。さらに、汚染者が腐敗行政と癒着する原因にもなる。実際、多くの途上国では、制度的には先進国と同水準の環境基準や排出基準を設けている場合があるものの、行政のモニタリング機能の不足や企業の環境費用負担能力の脆弱さなどにより、汚染物質の不法排出蔓延で環境改善が進まないケースがしばしば報告されている。また、汚染者としての先進国企業が、国境を越えて規制の緩い地域や国へ汚染源を移

転する道を選択する誘因にもなっている[2]。

　ところで、環境補助金の欠点として、先に分配上の問題点があることを指摘したが、近年の環境問題の趨勢を詳しく観察すると、この問題点が厳密には妥当しない環境問題の領域が拡大しているように思われる。地球環境問題や、自動車、家庭用洗剤、ゴミ処理などが引き起こす身近な環境問題の特徴の1つは、誰もが汚染当事者であると同時に汚染被害者でもある、という点である。このような問題の解決に環境補助金を活用することは、全ての社会構成員の利益に貢献し、したがって、特定の汚染者を利する、といった従来の分配上の問題点が相当に薄れる。

　また、環境補助金は、汚染者側の政治的抵抗を和らげ、厳しい直接規制や税などの環境汚染制御に有効な手段の採用を容易にするという利点を持つ。実際、日韓両国においても環境補助金は、単独の手段として採用された例はあまりみられない。日本の場合は厳しい直接規制、そして韓国の場合は多様な環境賦課金とのポリシー・ミックスとして選択されてきた。本書では、環境補助金の政治経済学的役割にも注目することにより、環境政策手段としての機能と役割について再評価を行う。

　上記のような問題意識に基づき、本書は、環境補助金が持つ積極的な側面の評価を試みる。すなわち、生産者、消費者を問わず経済主体の汚染削減努力を一部支援することにより、環境保全や環境技術革新、そして環境に優しいライフスタイルを動機づける環境補助金のポジティブな機能に着目する。

　環境補助金の機能や性格については、これまでの国内外の研究では十分に吟味されていない。本書では、日本および韓国で実際に行われている環境政策や環境補助金制度の運用実態、およびさまざまな問題点・課題などを、歴史的、理論的、実証的分析を基に検討していく。このような分析を通じて、企業・個人などの経済主体が環境へより一層配慮するよう促すための環境補助金制度、および環境政策全般の制度的仕組みの構築に向けた条件と課題を明らかにして

2）例えば、Lucas, Wheeler and Hettige（1992）によれば、OECD諸国の厳しい汚染規制は、汚染集約産業の開発途上国への越境移動を招き、結果的に開発途上国の環境汚染を加速化させる大きな要因となったという。

いきたい。

本書の構成と概要

本書の構成と概要は、以下の通りである。

第Ⅰ部「環境補助金の理論」では、環境補助金の経済効果と政治経済学に関する理論的考察を行う。

第1章「環境補助金と汚染者負担原則」では、環境補助金の効率性や汚染抑制インセンティブ機能に関する理論的分析を行う。その際、特に達成困難といわれている補助金の長期的効率性について、その実現可能ないくつかのケースと条件を探る。また、環境補助金を、ピグー的補助金、政策金融、租税優遇措置、そして技術開発に係る直接補助金の4つの類型に分類し、各補助金ごとに汚染者負担原則との関係、汚染低減や技術革新へのインセンティブ機能などを検討する。その際、これまであまり議論されることのなかった消費者向けの環境補助金についても、理論と実際両方の評価を試みる。

第2章「環境補助金の政治経済学」では、ポリシー・ミックスの一政策として、他の手段と組み合わされた環境補助金の政治経済学的性格を考察する。現実の環境補助金は、直接規制や税など、汚染者に負担をかける政策手段とのポリシー・ミックスとして採用される場合が多い。この時の環境補助金の機能として、汚染者の抵抗を和らげ、厳しい直接規制や税など汚染制御に有効な政策手段の採用を容易にする、環境補助金の政治経済学的性格を明らかにする。

第Ⅱ部「日本の環境政策と環境補助金制度」では、これまで研究蓄積の乏しかった環境補助金制度の実態をデータ分析に基づき系統的に整理したうえ、制度進化のための今後の課題を明らかにする。

第3章「日本の環境政策の展開と成果」では、日本が高度成長期に産業公害問題を克服した要因を、環境政策の展開とそれに対応した企業の環境対策に焦点を当てて、実証的に検討する。

第4章「環境補助金と技術」では、日本で採用された多様な環境補助金と環境技術開発の関係について考察する。これを踏まえて、従来の特定施設や技術に限定した環境補助金支給方式の問題点について検討し、環境技術の革新を促

す政策手段としての環境補助金の意義と課題を明らかにする。

　第5章「日本の財政投融資と環境補助金」では、財政投融資を活用した政策金融の運用実態を歴史的に検証する。日本の環境補助金のうち、財政投融資による環境関連政策金融は、その規模や独特な運用の仕組みから、国内外で大いに注目されてきた。この章では、同手法の持つ環境補助金的機能や、企業の公害防止投資に与えたインセンティブ効果について定量化を試みる。

　第Ⅲ部「韓国の環境政策と環境予算制度」では、韓国の環境政策および環境予算制度の実態を考察したうえで、今後の課題について詳細に検討する。

　第6章「韓国の環境政策と環境予算財源調達制度」、および第7章「韓国の環境補助予算制度」では、多くの省庁に分散管理されている韓国の環境予算財源の調達の仕組みを解明し、多様な経路で調達されている環境予算財源が自治体や民間事業者に環境補助金として配分される仕組みについて検討する。その際、日本との比較考察を交え、双方の制度の問題点やメリットを活用する方法を見いだす。

　第8章「韓国の環境賦課金制度」では、韓国で施行されている4つの環境賦課金制度の具体的な仕組みを明らかにする。加えて、環境賦課金に関する経験が蓄積されているヨーロッパ諸国との比較も若干交えながら、各賦課金の運用実態や汚染抑制インセンティブ機能を考察する。

　第Ⅳ部「エネルギー税制とサステナビリティ」は、第9章「日本のエネルギー税と特定財源──サステナブル税制への改革構想」からなる。これは、第Ⅲ部までの研究をまとめる章として位置づけられる。この章では、まずこれまでにエネルギー・セキュリティ確保や道路建設・整備機能を担ってきた既存のエネルギー税の一部についてエネルギー利用に伴う多様な負の外部性を内部化する方策を模索する。そのうえで、エネルギー税とのポリシー・ミックス型補助金として、その税収をエネルギー・サステナビリティの確保を図る財源として活用する方策を検討する。そして、現行のエネルギー税制をサステナブル税制へ改革してゆくための、課税と税収使途の両側面における税制の再構築構想を提唱する。

目　次

はじめに　i

第Ⅰ部　環境補助金の理論

第1章　環境補助金と汚染者負担原則 …………………………… 3

1　はじめに　3
2　環境補助金の理論　5
3　環境補助金と汚染者負担原則　12
4　環境補助金の評価　17
5　おわりに　23

第2章　環境補助金の政治経済学 ………………………………… 25

1　はじめに　25
2　日韓および欧米の環境政策選択　26
3　環境政策手段の経済効果　32
4　環境補助金の政治経済学　41
5　おわりに　43

第Ⅱ部　日本の環境政策と環境補助金制度

第3章　日本の環境政策の展開と成果 …………………………… 49

1　はじめに　49
2　環境政策の展開　50
3　環境政策の特色　55
4　環境政策の成果　67
5　おわりに　73

第4章　環境補助金と技術 …………………………………… 76
　1　はじめに　76
　2　公共政策と補助金　76
　3　環境補助金の運用実態　80
　4　環境補助金と技術革新　89
　5　おわりに　95

第5章　日本の財政投融資と環境補助金 ………………………… 97
　1　はじめに　97
　2　財政投融資と政策金融　97
　3　政策金融の運用実態　102
　4　政策金融の環境補助金機能　112
　5　政策金融の評価と課題　118

第Ⅲ部　韓国の環境政策と環境予算制度

第6章　韓国の環境政策と環境予算財源調達制度 ………………… 125
　1　はじめに　125
　2　環境政策の展開過程　126
　3　環境予算の分類と推移　130
　4　環境予算財源の調達　136
　5　環境予算の財源調達上の課題　144

第7章　韓国の環境補助予算制度 …………………………………… 148
　1　はじめに　148
　2　環境補助予算の主体別配分　148
　3　環境補助予算の部門別配分　153
　4　環境補助予算の使途上の課題　160
　5　おわりに　165

第8章 韓国の環境賦課金制度 …………………………… 166

1 はじめに 166
2 環境賦課金制度の運用実態 168
3 環境賦課金制度のインセンティブ機能 180
4 環境賦課金制度の課題 184

第Ⅳ部 エネルギー税制とサステナビリティ

第9章 日本のエネルギー税と特定財源 …………………… 189
——サステナブル税制への改革構想——

1 はじめに 189
2 エネルギー税の根拠 190
3 エネルギー税の現状と性格 195
4 エネルギー特定財源と使途 205
5 エネルギー税制のサステナビリティ改革構想 221
6 おわりに 232

おわりに 235
参考文献 241
索　引 253

第Ⅰ部

環境補助金の理論

第1章　環境補助金と汚染者負担原則

1　はじめに

　環境汚染という負の外部性を制御するために、当事者間の交渉など私的方法では解決ができない場合、政策当局による公的介入が必要となる。環境問題に取り組むための公的介入手段の1つとして環境補助金があげられる。

　環境補助金について理論的根拠を示したのは、Pigou（1920）である。Pigouによれば、汚染物質の排出者（以下、汚染者と略す）に対して、汚染1単位増やすことによって生じる社会的総費用と私的生産費用の乖離分を課税することにより、汚染制御に係る社会的費用が最少となる水準、すなわち最適汚染水準が達成されるという。ここで提案された税が「ピグー税」と呼ばれている。また、汚染者が汚染排出を1単位減らすことによりピグー税と同率の補助金が汚染者に与えられても、ピグー税と同じような最適汚染水準が実現されるという。このような補助金が「ピグー的補助金」と呼ばれている。

　ピグー税やピグー的補助金が提案されて以来、最も少ない社会的費用で望ましい環境水準を達成しうる環境政策手段に関する研究が数多く行われてきた。なかでも、税などの市場メカニズムを活用する手段と、直接規制など行政的に汚染水準をコントロールする手段の公共選択に関する議論が、経済学上の主たる関心事であった。しかし、環境補助金については、税と同じように市場メカニズムを用いる政策でありながら、これまで十分に議論されていない。

　巻頭で指摘したようにその主な理由は、環境補助金は汚染者に課せられるべき汚染削減費用を、結局第三者に転嫁させてしまうためである。したがって、環境補助金は政策手段として正当性をもたないと認識されてきた。こうした汚染者に有利な環境補助金の所得再分配機能について、学術的見地からの批判も数多い[1]。実際、環境補助金はOECDの汚染者負担原則（PPP, Polluter Pays

Principle）に反するものといわれている。

　しかし、環境補助金が汚染者と汚染被害者の間の所得分配をどの程度歪めるかについては、明確な分析はこれまで十分に行われてきていない。環境補助金を評価する際にも、汚染削減量に応じて汚染者に補助金を提供する、という実際に採用された例のないピグー的補助金を基準とする場合が多い。現実には、政策金融（長期かつ低利融資）、租税優遇措置、そして直接補助金など多様な類型の環境補助金が行われており[2]、生産者に限らず消費者にも与えられている。各補助金ごとの所得再分配機能や汚染抑制インセンティブも異なるため、環境補助金を評価する際には、各補助金ごとの諸性質を綿密かつ総合的に検討する必要がある。

　このような問題意識に基づき、本章ではこれまでの研究では不十分であった環境補助金について、その効率性や所得再分配機能など経済効果に関する理論的考察を深める。次に、政策金融、租税優遇措置、直接補助金の3つの環境補助金が、どの程度汚染者負担原則に反するのか実際のデータに基づき定量化を試みる。最後に、現実の環境補助金がもつ所得再分配機能、汚染抑制効果、技術革新誘導機能などを多面的に検討したうえで、環境政策手段としての環境補助金の有効性や課題を明確にする。

1） たとえば宮本（1989、205～206ページ）は、「環境補助金はいかなるタイプであれ、汚染者に利益を与えるので社会的に不公平が起こりやすく、緊急事態以外は認めないほうが望ましい」と指摘している。
2） 新澤（1997、191ページ）は、政策金融や租税優遇措置などを「助成的補助金」といい、財政から直接支出を必要とする「補助金」と区別している。助成的補助金も、財政補助の規模や方式などの差こそあれ、国の保証や国の財政からの一定の支援を必要とする。したがって本書では、用語を「助成的補助金」と「補助金」に区別せず、「補助金」に統一する。また、岸本（1998、67ページ）によれば、汚染排出削減量が助成的補助金のバックアップにより行われた汚染防止関連設備投資や技術開発投資と比例するならば、これらの補助金はピグー的補助金の近似と見なすことができるという。

2　環境補助金の理論

(1) 環境補助金の経済効果

　公共選択論では、環境補助金（以下補助金と略す）は負の課税に他ならず、経済効果においては課税と本質的な差はないと捉えられている[3]。実際、政策当局が汚染者における限界便益や汚染の限界外部費用に関する完全情報を持っているならば、税、補助金はもとより、直接規制も社会的純便益を最大とする効率的な手段となりうる。

　これを図1-1と表1-1で説明する[4]。便宜上、1人の汚染者が汚染物資を排出するある財を生産し、また汚染物質の排出量は財の生産量に比例すると仮定する。図1-1において、曲線Aを汚染者の生産（すなわち汚染物質の排出）に伴う限界便益曲線、曲線Bを限界外部費用曲線とする。まず、汚染排出に何の規制もないとき、汚染者は私的便益が最大となるE_1まで汚染物質を排出する。E_1では、汚染者は$c+d+e+f$の私的便益を享受する一方、社会は$a+b+c+d$の外部費用を受ける。したがって、汚染者に自由な汚染排出が許容される場合、社会的純便益は私的便益から外部費用を引いた分、すなわち$e+f-(a+b)$となる。

　ここで政策当局が、外部費用の抑制のため曲線A、Bについての完全情報に基づき、汚染排出をE_2まで許容する直接規制を行うケースを考える。この場合、社会的純便益（私的便益$d+e+f$から外部費用dを引いた分）は$e+f$で最大となる。多数の汚染者が存在する場合にも、政策当局が個別汚染者ごとに規制排出量E_2を最適配分することが可能であれば、社会的純便益は同じく

---

[3] 例えば、Coase（1960）や、根岸（1971）、柴田ほか（1988）、深谷（1989）などの分析は、環境政策手段としての課税もしくは補助金の選択は、資源の最適配分において中立的であることを明らかにしている。またLerner（1972）は、汚染者に支給される補助金を汚染物質の増加によって削減することは、同率の税を賦課することと経済効果においては等しいことを示している。

[4] 本項では、既存の研究を踏まえ各手段の経済効果に関する静学的比較を行い、次項では補助金の長期効率性について考察する。

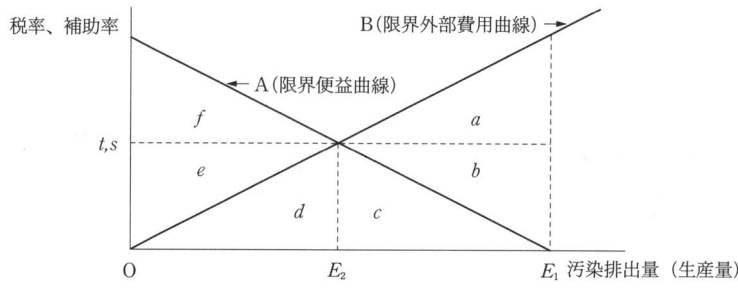

図1-1　汚染排出の限界便益と限界外部費用

表1-1　環境政策手段別経済効果の比較

	直接規制	税	補助金
私的便益	$d+e+f$	f	$b+c+d+e+f$
税払い	0	$d+e$	$-(b+c)$
外部費用	d	d	d
社会的純便益	$e+f$	$e+f$	$e+f$
私的汚染削減費用	c	c	c
私的汚染費用	c	$c+d+e$	$-b$

注：社会的純便益＝私的便益＋税払い－外部費用、また、私的汚染費用＝私的汚染削減費用＋税払いである。

$e+f$ で最大となる。

次に、政策当局が同じく曲線A、Bについての完全情報に基づき、汚染者に汚染排出量1単位当たり税率 t の税を賦課するケースを考える。この場合、汚染者は自ら私的便益が最大となる排出水準 E_2 を選択する。E_2 では、汚染者の私的便益 f、税払い $d+e$（すなわち $E_2 \cdot t$）に対し、外部費用が d となるので、社会的純便益（私的便益＋税払い－外部費用）は直接規制と同じく $e+f$ となる。

最後に、政策当局が汚染者に汚染削減量1単位当たり補助率 s（$=t$、図1-1参照）の補助金を与える場合を想定する。ここでも、汚染者は私的便益の最大化を図るため、税のケースと同じく E_2 まで排出する。E_2 では、汚染者の私的便益が $b+c+d+e+f$、外部費用が d となるものの、$b+c$（すなわち $(E_1-E_2) \cdot s$）が負の税として汚染者に支払われるので社会的純便益は $e+f$ となる。

こうして、完全情報を仮定すれば、直接規制、税、補助金のいずれも社会的純便益の最大化が達成可能である。

しかし、現実には政策当局が汚染者の限界汚染削減費用や限界外部費用についての完全な情報を得ることは不可能である。汚染者が、自らの費用関数を推定することすら至難である。このような情報の不完全性が存在すると、政策当局は E_2 のような排出水準をもたらす税率（図1-1の t）や補助率（図1-1の s）を設定することができない。

ただし、政策当局が社会的最適汚染水準の実現は諦める一方で、汚染削減費用の最小化を図ることは可能である（例えば Baumol and Oates（1971）など）。汚染者間の限界汚染削減費用の均等化は、汚染削減における費用最小化の条件であるが、税と補助金はこれを達成しうる手段となる。他方、直接規制の下では、汚染者が多数存在する場合、すべての汚染者の汚染削減を、その均等な限界汚染削減費用水準で執行することは不可能に近い。こうして経済理論上では、税と補助金のような経済的手段が直接規制より費用効率的とされている。

一方、所得分配面からみた場合、補助金は汚染者の私的便益や私的汚染費用負担などの面で、税など他の手段とは異なる効果を持つ。図1-1において、税の場合、汚染排出水準 E_2 における汚染者の私的便益は、$f+e+d$ に税払い $e+d$ が引かれるため f にとどまる。他方、直接規制の場合には $d+e+f$ になる。これに比べ補助金の場合、$f+e+d$ に汚染削減の代価として受け取られる $b+c$ が加わるため、私的便益の合計は $b+c+d+e+f$ と最大になる。

また、汚染者の私的汚染削減費用は、直接規制の場合、汚染者は E_1 から E_2 までの汚染削減費用 c を負担すればよい。しかし、税の場合、0 から E_2 までの残余汚染排出量に対して払う $e+d$ の税金が c に加わる。これに比べ、補助金の場合、汚染者は E_2 までの汚染削減コスト c を負担する代わりに $b+c$ の補助金を受け取るので、b の利益を得ることになる。

補助金の施行には必ず財源が必要である。その財源が国の財政資金で賄われる場合、汚染の被害者を含んだ一般納税者が汚染者の汚染削減費用を負担することを意味する。これは OECD が提唱した汚染者負担原則にそぐわない。したがって、補助金は分配上不公平な側面を持つと指摘されている。この点が、

環境補助金が環境政策手段として評価されてこなかった最大の要因であろう。

(2) 環境補助金の長期効率性

前述したように、環境補助金は税と同様、少なくとも短期的には最小の社会的費用で汚染削減を誘導する（すなわち静学的効率性を満たす）手段となる。しかし、環境補助金は税とは異なり、長期効率性（すなわち動学的効率性)[5]を達成することは困難であると認識されてきた。例えば、Baumol and Oates (1988) は、補助金は企業の平均費用を下げるので、長期においては企業の参入を促進させ、結果的に産業レベルでの汚染排出量を増やすという。

Spulber (1985) も、汚染者の参入と退出が自由におこりうる長期の場合、社会的に効率的な汚染水準が達成できる政策手段は、ピグー税と排出許可証の総量を最適汚染水準に固定した排出許可証取引のみであるという。同率の課税と比べた場合、補助金は長期的には汚染者1人当たりの排出量を減少させるが、社会的総排出量は増加してしまう。もし、すべての潜在的参入者や退出者に対しても補助金を与えるなら、長期的にも社会的効率性が保障されるが、これは事実上不可能である。このように、環境補助金は長期的には課税や排出許可証取引に比べ排出総量を増加させるので、社会的効率性が阻害されるという[6]。

しかし、こうした議論には検討の余地がある。補助金が既存の汚染者へ交付されても新規汚染者の参入が非常に困難な状況、もしくは新規参入があっても技術革新などにより総排出量に変化が生じない状況であれば、長期的にも環境補助金の効率性は達成可能となる。以下、そのような状況が発生しうるいくつかのケースについて議論を深めてみる。

第1に、汚染削減を行うための固定費用の存在である。図1-2では汚染者は E_1 から E_0 までの汚染削減の代価として、$a+b+c+d$ の補助金を受け取っている（ただし、補助金支給の基準排出量は E_1 とする）。汚染者にとっては $b+d$ は汚染削減費用分に相当し、$a+c$ は利益となる。補助金が汚染削減量に応じ

---

5) ここで長期効率性とは、長期的にも汚染排出量に変化が生じないことと定義する。
6) これらの議論について詳しくは新澤（1997）194～196ページ参照。

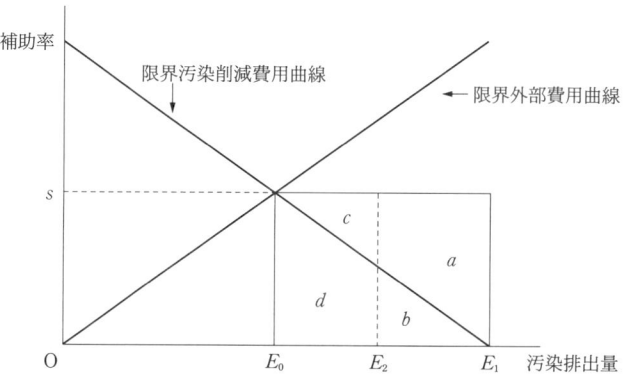

図1-2　環境補助金の長期効率性

て与えられるピグー的補助金の下では、補助金総額は汚染削減費用を必ず上回る。しかし、図1-2の汚染削減費用 $b+d$ には、汚染削減を行うための固定費用は含まれていない。汚染者の汚染削減のための総費用は、通常の汚染削減費用（可変汚染削減費用）と固定汚染削減費用の和となる。

　固定費用は、汚染削減水準に関係なく汚染者が負担する費用であり、例としては汚染防止設備投資に対する減価償却費や利子費用などがあげられる。通常、固定費用は総汚染削減費用のなかで大きな割合を占めており[7]、もし固定費用が利益 $a+c$ に相当すれば、補助金の支給は汚染者の追加的な利益発生の要因とならない[8]。このケースは、初期に大規模な汚染防止設備投資を必要とする産業では現実的に発生しうる。したがって、固定費用の存在は、補助金が交付されても汚染者の新規参入を抑制する要因として働く。

　第2は、補助金支給の基準となる排出量を調整するケースである。図1-2で基準排出量を E_1 から E_2 へと変更した場合、$c>b$ であれば汚染者は E_0 まで

7）総汚染削減費用に占める固定費用の割合は、1996年10月に鉄鋼、石油精製など大規模な汚染防止装置を必要とする企業を対象に行った筆者のヒアリング調査では概ね30〜60％であった。
8）岸本（1998）は、固定的処理費用が存在する場合には、処理総額と補助金総額が等しくなるような補助率があるかもしれないという。

汚染削減を行うのが最も有利なので、社会的効率性の達成は可能となる。しかし、汚染者は $c-b$ （>0）の利益を得るので、新たな汚染者の参入を促す要因となる。もし $c=b$ となる基準排出量 E_2 が設定される場合、汚染者にとって最も有利な排出量は以下に示すように E_0、もしくは汚染削減をまったく行わない E_1 のどちらかになる[9]。

E_0 では、汚染者は受け取った補助金（$c+d$）で汚染削減費用（$b+d$）を賄うことになり、利益は 0 になる（なぜならば $c=b$）。また、E_1 において汚染者は汚染削減費用を負担する必要がなく、補助金も受け取れないので、結果的にこれは E_0 と変わらない。E_0 と E_1 を除いた他の排出量では、汚染者は補助金を受け取っても汚染削減費用を賄うことができない。また、すべての汚染者が排出量 E_0 を選択すると仮定した場合、利益は発生しないので補助金の長期効率性の達成は可能となる。さらに、政策当局が排出量 E_1 と E_2 の間に排出規制基準を設けることにより（もしくは汚染に関するナショナル・ミニマムの確保のため E_1 での排出を統制することにより）、汚染者に E_0 だけの選択を誘導することは可能である。もちろん、こうした仮定の設定は多分に非現実的である。しかし、このケースでは、理論上では汚染者に少なくとも利益は与えないので、長期的に汚染者の新規参入は動機づけられない。

第 3 は、補助金による汚染削減の技術革新・普及効果が著しく現れるケースである。このケースでは、汚染は製品生産のための一種の生産要素として解釈される。技術革新により汚染が資本や労働に代替される場合、製品の生産量が増えても汚染は抑制もしくは削減可能となる。補助金は課税と同様、費用最小化を目標とする汚染者に対して、汚染削減のための技術開発へのインセンティブを与える。

なお、補助金は他の政策手段との組み合わせにより、汚染物質の排出を革新的に減らす技術開発を促すファクターとなる。図 1-3 で、C_1 を限界汚染削減費用曲線、E_1 を汚染排出規制基準とすると、規制基準を遵守するための汚染削減費用は $\alpha+\beta$ となる。汚染排出者が汚染削減の技術開発を行い、その結

---

9) これらの議論に関しては、新澤（1997）192〜194 ページを参照。

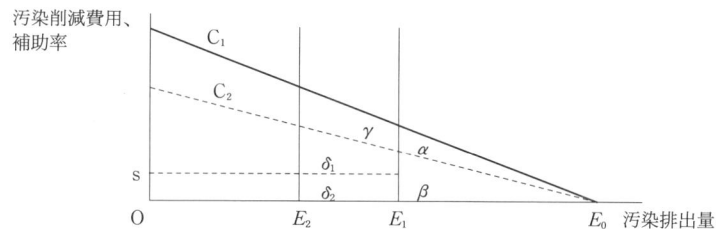

図 1-3 補助金および直接規制のポリシー・ミックスと汚染削減インセンティブ

果、限界汚染削減費用曲線が C_1 から C_2 へシフトした場合、汚染削減費用は α だけ縮小する。したがって直接規制も汚染削減費用の節約を求める汚染者に、税に比べ程度の差こそあれ、技術開発インセンティブを与える[10]。

しかし、汚染削減技術開発の進歩に伴いさらに厳しい規制が予想される場合、汚染者にインセンティブを与えることが難しい。汚染削減技術の進歩により限界汚染削減費用曲線が C_1 から C_2 へ移動し、これに応じて規制基準が E_1 から E_2 になると、汚染削減費用負担は $\beta+\delta_1+\delta_2$ となる。規制基準 E_1 で、技術開発が行われなかった場合の汚染削減費用は $\alpha+\beta$ なので、$\alpha<\delta_1+\delta_2$ であるならば、汚染者の技術開発へのインセンティブはなくなる。

この時、政策当局がより厳しい規制基準 E_2 の設定とともに、追加的汚染削減量 E_1-E_2 に対する補助率 s の補助金 δ_2 がパッケージとして与えられるとする[11]。その結果、$\delta_1<\alpha$ になる場合、汚染者は厳しい直接規制が予想されても、技術開発へのインセンティブをもつ。したがって、補助金は直接規制などとのポリシー・ミックスにより、汚染削減の技術開発を刺激する手段となる。

以上で検討したように、環境補助金は固定費用の存在、補助金支給の基準排出量の調整、そして技術革新効果などの状況によっては長期効率性の達成を可能とする手段となりうる。しかし、汚染者の費用負担など分配面では、依然と

---

10) Bohm and Russel (1985)、岡 (1997a) は、規制を最小費用で達成しようとする汚染者は、汚染削減費用を引き下げるための技術開発の努力をするという。
11) 現実的には、補助金の提供は、汚染削減技術開発に対する直接補助や関連装置購入に対する長期かつ低利融資、そして租税優遇措置などの形態で行われる。

して他の手段とは異なる性質をもつ。環境補助金の施行には必ず財源が必要であり、その財源が国の一般財源で賄われる場合には、既に指摘したように、汚染の潜在的被害者も含めた納税者が汚染削減費用を負担することを意味し、汚染者負担原則にそぐわない。環境補助金が具体的にどの程度汚染者負担原則に反するかについて、次節で詳しく検討していく。

3　環境補助金と汚染者負担原則

1972年に、OECDは「環境政策の国際経済面に関するガイディング・プリンシプル」を出し、汚染者の汚染防止にかかる費用に直接補助金、税制優遇措置などの助成を行うべきではない、との見解を「汚染者負担原則」として提唱した。それ以来、汚染者負担原則は環境政策の1つの指導原理として確立されてきた[12]。

OECDの汚染者負担原則は、汚染者が汚染防止に必要な費用を負担することにより、国際貿易および投資における歪みを防ぐとともに、最適汚染水準を公正に実現することを目的としている。したがって、その根拠はピグー的発想に基づいているといえる。また、この原則で汚染者の負担すべき費用が汚染防止費用に限定されている理由は、既に発生した環境負荷や損失については個々の汚染者を特定することが難しく、事後的に損失を回復するよりも事前に回避する方が経済的であることが考えられる（大塚（2003）8ページ）。

汚染者負担原則と類似する概念として原因者負担原則がある。原因者負担原則はドイツの法律で用いられた概念であるが、汚染者負担原則との相違点は、事前の汚染防止費用だけでなく汚染の発生による事後的な費用も正義・公正の

---

[12] ただし、OECDは汚染者負担原則の例外として以下の助成を認めている。大幅な汚染削減を目標として環境政策を早急に実施しなければならない場合に、初期だけもしくは明確に定められた過渡的期間だけの助成、公害防止の技術開発に対する助成、国際貿易および投資に著しい歪みを生じさせない限りにおいて、助成なしでは厳しい困難が生ずる中小企業や特定の地域に関する助成などである。

観点から法的に原因者が負担すべき対象となる点である。原因者負担原則の考え方は、日本でも事後的な被害者救済費用や原状回復費用を排出事業者が負担すべきであるという理念に基づき、1969年に「公害健康被害救済特別措置法」（1973年に「公害健康被害の補償等に関する法律」に代わる）、1970年に「公害防止事業費事業者負担法」などで盛り込まれている。

原因者負担原則は、その後製品のライフサイクル全体を捉え、消費後の処理費用も（直接の排出者ではなく）生産者に責任を負わせる、OECD（1991）の拡大生産者責任（EPR：Extended Producer Responsibility）論へ発展している。ただしこれら3つの原則は、共に外部不経済を制御して資源配分の適正化を実現することを目的とする点では一致している[13]。

環境補助金の最も大きな理論的欠陥は、こうした汚染者負担原則にそぐわない点とされる。事実、環境補助金は一般納税者から汚染者に所得を移転させる、いわば分配歪曲機能を持っている。ただし、既に指摘したように現実の環境補助金は、長期かつ低利融資、租税優遇措置、そして直接補助金などの多様な方法で行われており、各補助金の汚染者負担原則から逸脱する程度も一様ではない。

以下本節では、日本で行われた環境補助金が、汚染者負担原則からどの程度逸脱しているか（以下では「PPP逸脱度」とする）について定量的な計測を試みる。ここでは、PPP逸脱度を企業が実際に汚染抑制や予防のため投資した費用のうち、政策金融による優遇金利効果分（すなわち（市場金利−優遇金利）×融資額）、租税優遇措置による減税額、そして直接補助額の割合として定義する[14]。

PPP逸脱度には、次の2つの効果が反映されている。1つめは、財政補助効果である。環境補助金のPPP逸脱度が大きくなると、財政の支出負担も相

---

13) これら3つの関係について詳しくは、大塚（2003）、岡ほか（2003）を参照。
14) すなわち「PPP逸脱度＝国や自治体の財政からの直接補助効果分/汚染者の汚染削減費用」と定義する。PPP逸脱度≧1は、国や自治体が汚染者の汚染削減費用以上の補助を、0＜PPP逸脱度＜1は、国や自治体が汚染削減費用の一部補助を、またPPP逸脱度＝0は、国や自治体が汚染削減費用について補助しないことを意味する。

対的に大きくなるので、汚染削減に対する財政補助効果も大きく現れる。2つめは、汚染の被害者から汚染者へ所得が移る所得分配歪曲効果である。汚染者と汚染の被害者が異なる主体である場合には、PPP逸脱度の財政補助効果はそのまま所得分配歪曲の程度を反映する[15]。

以下、各環境補助金のPPP逸脱度について検討する。

(1) ピグー的補助金

ピグー的補助金は、汚染者の汚染削減費用のすべてを国や自治体が補助し、さらに汚染者に利益すら与えるのでPPP逸脱度は1より大きくなる。例えば、図1-2で汚染者の排出量E_0に対して、補助率sの補助金が与えられた場合、PPP逸脱度は、次のようになる[16]。

$$\frac{交付された補助金}{汚染削減費用} = \frac{a+b+c+d}{b+d}$$

$$=1+\frac{a+c}{b+d}=1+\alpha$$

(ただし、$\alpha=\frac{a+c}{b+d}>0$、固定費用の存在は無視)

(2) 直接補助金

直接補助金は、国が汚染者の環境関連技術開発に要する費用の全額または一部を財政から直接提供する補助金である。この時、PPP逸脱度は汚染削減の技術開発にかかった経費のうち交付された補助金の割合で計算される。ただし、直接補助金は、通常は汚染削減の技術開発費以上に交付されることはなく、汚染者に利益は与えないのでPPP逸脱度は1を越えない。これまでに日本で施行された直接補助金は、技術開発にかかった経費の半分ないし全額が補助されたので、PPP逸脱度は概ね0.5〜1であるといえる[17]。

---

15) ただし、第4節で考察するように、汚染者と汚染の被害者が同一主体になりうる場合、財政補助効果が必ずしも所得分配歪曲程度を反映するとはいえない。
16) ただし、図1-2で補助金支給の基準排出量をE_1に設定することを前提とする。
17) この数値の根拠については第4章の表4-7を参照。

(3) 政策金融

政策金融は、市場金利と優遇金利との差×融資額を割引率で割り引いた現在価値の総額、すなわち優遇金利効果が、実際の補助金額に当たる。したがって政策金融のPPP逸脱度は、「優遇金利効果/汚染防止設備投資費用」として計算される。具体的な例を挙げると、汚染者が汚染防止のため行った設備投資規模（通商産業省（各年度版b）：大企業基準）は、1970年代に5兆819億円、1980年代に3兆4,045億円、1990～1995年には2兆1,098億円と推計されている。これに対し、汚染者（主に大企業）が受けた優遇金利効果は、第5章で試算するように、1970年代には806億円、1980年代に71.9億円、1990～1995年の6年間は－18.1億円となる。1990年代に優遇金利効果が「負」となったのは、貸出を受けた時点での「正」の優遇金利効果が、変動金利である市場金利の下落に伴い（しかし、政策金融機関の融資金利は返済期間まで固定）、事後的に発生した「負」の優遇金利効果により相殺されたためである。1990年代以降、日本政策投資銀行（旧日本開発銀行）などの政策金融機関から融資を受けた企業が、「負」の優遇金利効果によるコスト負担増加のため、早期返済へ動き出す事例もあったという[18]。

政策金融のPPP逸脱度は、本節の定義によって試算すれば、1970年代に0.016、1980年代には0.002、また1990～1995年は0.001と著しく低下する。これは、企業が汚染防止設備投資にかけた費用のうち、1970年代には1.6%、1980年代には0.2%を補助金として受け取った効果があったことを意味する[19]。

---

18) しかし、日本政策投資銀行を始め各政策金融機関は、繰り上げ償還を認めない融資規定を設けており、原則的に固定金利付き長期融資の早期償還は認めていない。筆者のヒアリング調査によれば、経営難に陥った中小企業に限っては、例外的に早期返済が認められる場合があったという。

19) ただし、この優遇金利効果に相当する金額のすべてが、国の財政から直接補助されたのではない。例えば、中小企業金融公庫などの中小企業向け政策金融機関は、国の資金運用部からの調達金利よりさらに低い金利で融資を行ったため、その逆鞘分を国の財政から利子補給を受けていた。しかし大企業向けの政策金融の場合、市場金利より低い国の資金運用部からの調達金利で融資を行ったため、利子補給のため国の財政から補助金をもらう必要がなかった。

(4) 租税優遇措置

　租税優遇措置の補助効果は、国税および地方税の優遇措置による予算上の減・免税額の合計となる。しかし、データの制約などにより、租税優遇措置の補助効果を汚染防止設備投資に関する国税の減収額に限定する[20]。この場合、租税優遇措置の PPP 逸脱度は「国税減収額/汚染防止設備投資費用」となる。

　日本の汚染防止設備投資による国税減収額は、1970 年代に 3,364 億円、1980 年代に 2,750 億円、1990〜1995 年の 6 年間で 980 億円にのぼっている[21]。したがって、租税優遇措置の PPP 逸脱度は 1970 年代に 0.066、1980 年代に 0.081、1990 年代に 0.046 となり、租税優遇措置のほうが政策金融より PPP 逸脱度が大きいことがわかる。

　その原因は、政策金融と租税優遇措置の補助金効果に関する次のような特徴に起因する。日本の政策金融の場合、中小企業向け融資においては 1980 年代まで市場金利より約 2〜3％・ポイント低い優遇金利が適用されたものの、大企業向け融資においては 0〜1％・ポイントの優遇金利にとどまった。このため、投資規模の大きい大企業の場合、低利融資による補助効果は限られた。しかし、租税優遇措置の場合、1970 年代に初年度 50％の特別償却や固定資産税の免税など画期的な租税優遇措置が行われたうえ、企業規模を問わず同率の償却率や税額控除が適用されたため、投資規模の大きい大企業であるほど補助効果は大きく現れた[22]。以上の日本における PPP 逸脱度の試算は表 1-2 にまとめられている。

---

20) これによる租税優遇措置の補助効果は、以下のように過大・過小評価される要因がある。過大評価要因として、国税減収額のうち初年度特別償却と耐用年数短縮による減収額には、減税された翌年度以後の払い戻し効果が考慮されていない。払い戻し効果を考慮すると、実際の減収額は約 1/2 の水準に縮小する。他方、過小評価要因としては国税減収額の約 1/2〜2/3 に相当する汚染防止設備投資に対する固定資産税の減税など地方税の減収額が、統計データの入手困難により考慮されていない点があげられる。
21) 国税減収額データの出所について詳しくは、第 4 章を参照。
22) 企業規模別にみた特別償却や税額控除など租税優遇措置による減収額（1996 年度大蔵省推計）の割合は、大企業（資本金 1 億円超過）は全減収額の 61.1％、中小企業（資本金 1 億円以下）は 38.9％を占めている。

表 1-2　日本における環境補助金の類型別 PPP 逸脱度

補助金類型	財政負担[1]	PPP 逸脱度[2]
ピグー的補助金	大	$1+\alpha\,(\alpha>0)$
政策金融	小	$0<\mathrm{PPP}<0.016$
租税優遇措置	中	$0.046<\mathrm{PPP}<0.081$
直接補助金	大	$0.5<\mathrm{PPP}<1$

注1：財政負担は、補助金類型別の相対的大きさを表す。
　2：PPP 逸脱度は、本文での試算による。

4　環境補助金の評価

(1) 単独政策手段としての補助金

　以下、表1-3を参考に、単独政策手段としての各環境補助金ごとの有効性と問題点について考察する。まず、政策金融および租税優遇措置について検討を行う。第3節で検討したように、これらの補助金の PPP 逸脱度は低く、特に政策金融は PPP 逸脱度は0に近い水準となる。これら補助金の問題点は、PPP 逸脱度よりむしろ助成対象が政府指定型設備に限定されており、運用上の非効率性やモラル・ハザードの発生可能性にあるといえる。例えば、現行の運用システムの下では、優れた性能の設備や汚染を減らす効果的な方法があっても、政策当局により恣意的に指定された別の設備が優先的に採用される可能性がある。

　また、これまでの政策金融および租税優遇措置は、終末処理型設備を主な補助対象としてきた。たしかに、短期的に汚染低減効果のある終末処理型設備向け補助金は、緊急的な対策が要求される特定汚染物質の削減や、資金力の脆弱な中小企業に対する補助には有効であったといえる。しかし、これらの補助金は技術革新・普及効果が低く、汚染物質の根本的な除去にまでは至らないという問題点がある。今後は、汚染を生産工程の中で根本的に減らすことのできるクリーナー・プロダクション設備向け中心に運用することが望ましい。

　クリーナー・プロダクション設備および関連技術は、単なる生産工程の改良との区別が難しく、また汚染者への利益にも繋がるので、対象設備の選定など

表 1-3　環境補助金の項目別比較評価

評価項目 補助金類型	PPP逸脱程度	汚染削減効果 短期	汚染削減効果 中長期	技術革新・普及効果	モラル・ハザード発生	採用上難点
ピグー的補助金	大	大	—	革新効果	小	大
政策金融	小	中	小	普及効果	中	小
租税優遇措置	中	中	小	普及効果	中	小
技術開発補助金						
汚染者向け	大	小	大	革新効果	大	中
非汚染者向け	なし	小	大	革新効果	大	中

注：評価項目は、補助金類型別の相対的大きさを表す。

補助政策の実際上の運用において多くの難点がある。この補助金の効率性を高めるためには、政府が補助対象施設を個別に指定せず、当該設備のエネルギー消費量や燃料種類および廃棄物のリサイクル率などを補助基準として採用する方法などがありうる。ただし、汚染防止費用負担能力の乏しい中小企業に対しては、終末処理型設備向け補助金制度の維持を考慮する必要がある。

　技術開発に対する直接補助金も、交付対象や財源調達方法によって評価が異なる。例えば、汚染者向け直接補助金は技術開発へのインセンティブ機能は高いものの、補助金の財源を一般納税者から調達する場合にはPPP逸脱度が高く、また、削減効果の低い低級技術の開発といったモラル・ハザードの可能性もあるので、慎重な運用が必要となる。政府は、絶えず新しい環境技術動向を察知し、環境問題の解決に十分に有効でない技術が補助金の対象にならないよう努めなければならない。なお、汚染者向け直接補助金は、PPP逸脱度が高いため市場の不完全性を補完する意味で、大企業より中小企業を優遇するほうが望ましい。

(2) ポリシー・ミックスとしての補助金

(a) 生産者向け補助金のケース

　以上で検討された各環境補助金は、財源のすべてが国の財政（一般納税者）から調達され、また支給対象者も汚染者であることが前提である。しかし、オランダやフランスの排水課徴金などの例でも見られるように、現実には補助金

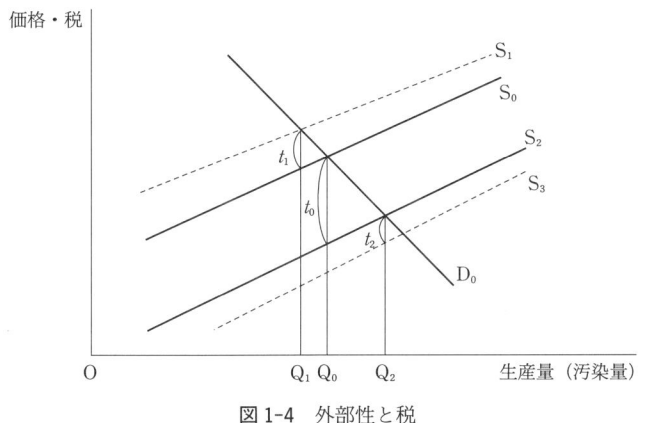

図1-4 外部性と税

の財源として、汚染者から徴収する税や賦課金などが利用されるケースも多い[23]。同じ類型の環境補助金でも、高い税率の環境税や賦課金と組み合わせるか、補助金の財源が汚染者から調達されるような場合には、汚染者負担原則を逸脱する度合（すなわち所得分配歪曲効果）は緩和されうる[24]。

ただし、環境補助金の財源が環境税や賦課金の税収により賄われたとしても、必ずしも汚染者負担原則を逸脱する問題が解消されるとは言い難い。図1-4でD_0をある財の市場需要曲線、S_2を私的限界費用曲線（市場供給曲線）、そしてS_0を社会的限界費用曲線とする。環境税の意義は、私的限界費用曲線と社会的限界費用曲線の乖離分（すなわち外部不経済分）の内部化が、税（図1-4では税率t_0）により効率的に図られることにある。環境税は、汚染者が社会に損害を与えた費用すなわち汚染者の払うべき外部費用を、汚染者に払わせる機能をもつ。

環境税の税収は、環境補助金など使途の指定された特定財源ではなく、一般財源を用いるべきであるという議論は、少なくとも環境汚染の社会的費用論の

---

23) 例えば諸富（2000）、Bressers（1988）など参照。
24) 例えば柴田ほか（1988、121～124ページ）は、喫煙者（汚染者）と嫌煙者（汚染の被害者）の例を挙げ、喫煙者の喫煙量を減らす補助金に必要な財源が喫煙者からのみ得られた場合は、分配上の歪曲は起こらないことを示した。

見地では説得力をもつ。したがって環境税の税収（図1-4ではOQ$_0$×t_0）が、そのまま環境補助金の財源として活用された場合、汚染者負担原則を逸脱するという問題は依然残る。ただし、高率（図1-4ではt_1+t_0）の環境税が導入され、税率t_1の税収（OQ$_1$×t_1）が環境補助金の財源として活用されるならば、汚染者負担原則の逸脱問題は相当に解消されるといえる。

今度は環境補助金が直接規制と組み合わされる場合のPPP逸脱度問題を検討してみよう。この場合の環境補助金のPPP逸脱度は、補助金の財源が国の一般財源から調達された場合には、組み合わされた直接規制の規制水準とは関係なく、環境補助金の単独のケースと同様である。ただし、環境補助金と組み合わされた直接規制が汚染物質の排出を厳しくコントロールし、また汚染者に高い汚染削減コストの負担を余儀なくさせる水準であるとする（例えば図1-3でE_2の水準）。この場合の環境補助金は、汚染者負担原則から大きく逸脱しない限り政治的受容可能性は高くなる[25]。

(b) 消費者向け補助金のケース

これまでの議論は、汚染者＝生産者、そして汚染の被害者＝消費者（一般国民）を想定していた。しかし、これは高度成長期の産業公害問題には適切な枠組みであったが、誰もが汚染の加害者であり被害者でもある今日の生活型公害問題や地球環境問題でも成立するとは限らない。今日では、汚染者＝ある一方の消費者、汚染の被害者＝他方の消費者、もしくは汚染者＝汚染の被害者＝同一人の等式が成立しうる。こうした状況では、環境補助金は生産者だけでなく消費者の汚染削減努力に応じて与えることも可能である。

以下、消費者向け環境補助金のPPP逸脱度の評価を試みる。消費者向け環境補助金も、汚染者である消費者が負担すべき汚染削減費用を、汚染の被害者である他の消費者に負担を転嫁させるものであるならば、生産者向け補助金と同じく汚染者負担原則を逸脱する問題は発生する。例えば汚染者である車利用者が、車の排ガスを減らす目的で既存の車を低公害車に買い替える際に、自動

---

[25] 環境補助金が直接規制など他の手段と組み合わされた場合の政治的受容可能性について詳しくは、第2章を参照。

車関連税の減税措置などの補助金が与えられたとする[26]。その減税措置の財源が、一般税からの税収、すなわち車を利用しない汚染の被害者である消費者からの税収により賄われた場合、汚染者負担原則を逸脱する問題は当然発生する[27]。

ただし、その財源が汚染者である消費者から徴収された税収で賄われた場合には、消費者向け環境補助金のPPP逸脱度も、生産者向け補助金と同様に緩和される。図1-4でS_2を車の燃料であるガソリンの私的供給曲線（現行のガソリン税t_0を除く）、t_0を現行のガソリン税率、S_0をガソリンの市場供給曲線、そしてD_0をガソリンの需要曲線とする。低公害車の購入に対する減税措置の財源が、車の利用者から徴収された既存のガソリン税の税収（例えば図1-4の$OQ_0 \times t_0$）により調達された場合、PPP逸脱度の問題は緩和されうる。なお減税措置の財源が、新たなガソリン税の導入とその税収（例えば$OQ_1 \times t_1$）から調達されたとするとPPP逸脱度の問題はさらに緩和される[28]。

消費者向け環境補助金は、PPP逸脱度が生産者向け補助金と同じ水準であっても（すなわち財政補助効果が同じ水準であっても）、補助金支給に対する政治的抵抗は緩和されうる。生産者向け補助金は、少数の生産者に多額の補助金が与えられがちであるが、消費者向け補助金は多数の消費者に少額の補助金が

---

26) 実際にこうした消費者向け環境補助金の例としては、排出ガス規制適合車や低公害車などの購入に対する取得税、そして自動車税などの軽減措置が挙げられる（これらの補助金の実態について詳しくは、第4章を参照）。この場合、PPP逸脱度は「租税減免額/低公害車購入費用」として計られる。

27) OECD（1992）は、交通や消費に関連して発生する汚染問題は、汚染を実際に排出する者（すなわち消費者）ではなく、汚染の発生に決定的な役割を担う主体（すなわち生産者）を汚染者とするほうが適切な場合があるという。しかし、こうした汚染問題の発生は、例えば消費者の車の利用習慣や使用パターン（頻繁なモデルチェンジなど）などライフスタイルにも相当な原因があるので、生産者のみが汚染者であると断定することは適切でない。こうした環境問題は、「責任共有原則」もしくは「共同責任原則」に立脚し、両方を汚染者として見なすほうが整合的であろう。

28) 環境補助金の財源が、新たなガソリン税の税収から賄われた場合、PPP逸脱度がどれほど緩和されるかは、現行のガソリン税（図1-4でt_0）が車走行による外部不経済をどれほど内部化しているかに左右する。現行のガソリン税の性格とガソリン税収の使い方について詳しくは第9章を参照。

与えられる傾向があるためである。第4章で詳しく検討するように、低公害車を購入する際に与える、取得税や自動車税の軽減措置などの消費者向け環境補助金を考えてみる。日本の車普及率は、既に1台当たり四輪車基準で1.7人、乗用車基準では2.4人（いずれも2000年基準）に達している。日本の1世帯当たり人数は2.7人（2000年基準）なので、1世帯に1台以上乗用車を保有していることになる。こうした状況では、非汚染者から汚染者へ所得を移転させるという環境補助金の主たる欠陥の1つである所得分配歪曲効果は、大きく緩和される。

　なお、生産者向け補助金の場合、一旦支給された後には、補助金が目的通りに使われたかを政策当局が厳正にチェックすることは難しい。前述のように補助金の受給者が、汚染削減の効果の低い低級技術の開発や、場合によっては汚染削減とはあまり関係のない他の用途へ転用する可能性も存在する。これに比べ、消費者向け補助金は、既に汚染削減効果の実証された最終製品が支給対象となるので、補助金の受給者によるモラル・ハザード発生の問題は解決できる。

　次に、ごみ排出を減らすための消費者向け環境補助金を考えてみよう。ごみ問題は、だれもが汚染の加害者であり被害者ともなる典型的な環境問題の1つといえる。消費者が生ごみの排出を減らす目的で、生ごみを有機肥料にリサイクルするコンポスト装置を購入したとする。その際に環境補助金が提供されるならば、汚染の被害者から汚染者へ所得を再分配する効果は測定することが難しくなる。この種の環境補助金の評価尺度は、汚染者負担原則を逸脱する程度（所得分配歪曲）ではなく、ゴミ発生による環境負荷（すなわち外部不経済）を減らす公共性の問題となる。以上の補助金の類型別PPP逸脱度の相対的大きさは、表1-4のようにまとめられる。

(c) 非汚染者向け補助金のケース

　一方、環境補助金は非汚染者にも提供することが可能である。その例として表1-3で示したように、非汚染者が汚染物質を減らす関連装置や技術開発を行う際に与える補助金が挙げられる。この補助金は、当然汚染者負担原則を逸脱しない。したがってこの補助金は、技術開発能力を有する者なら企業規模など

表1-4　補助金類型別 PPP 逸脱度の大きさ比較[1]

支給形態 \ 支給対象	生産者	消費者	
		特定消費財[2]	一般消費財[3]
補助金のみ	大	中	小
直接規制と補助金のポリシー・ミックス	大	中	小
低率税[4]と補助金のポリシー・ミックス	中	小	非常に小
高率税[5]と補助金のポリシー・ミックス	小	非常に小	なし

注1：PPP 逸脱度は、補助金支給の形態別・対象別の相対的大きさを表す。
　2：例えば、本文中の低公害車などに当たる。
　3：例えば、本文中のごみリサイクル装置などに当たる。
　4：例えば、図1-4のt_0より低い税率に当たる。
　5：例えば、図1-4のt_0より高い税率に当たる。

を問わずにすべての者を交付対象とするのが望ましい。リスクの高い革新的な環境技術は、一種の公共財的性格を持っており、企業が自ら高い投資コストを抱えながら積極的に技術開発へ参入することは難しい。

　このタイプの環境補助金は、今後の環境問題の解決に大きな役割が期待されている環境ビジネスを育てる政策手段となる。しかし、このタイプの補助金についても、助成対象を政府指定型技術に限定するという問題点が依然として残る。これを緩和する1つの方策としては、今まで政策当局や政府系金融機関（すなわち政策金融機関）などが主に担っていた補助金の支給・審査機能を、民間の新技術事業金融会社やベンチャー金融機関などへ移すことや、補助金支給対象者（すなわち対象技術）を競売で選定する方法などが考えられる。

5　おわりに

　これまで環境補助金は、政策目標を達成するための有効性よりも、主に汚染者負担原則の側面から評価されてきた。しかし、ある政策手段を評価する際には、その政策手段の持つ性質の一部分だけでなく、多様な性質を総合的に考慮して判断したほうがより適切である。環境補助金についても同じことがいえる。すなわち、環境補助金を評価する際には分配面や技術革新インセンティブ

機能、長・短期汚染低減効果、政策コスト、モラル・ハザードの発生可能性なども総合的に考慮することが望ましい。

　また、環境補助金は主として生産者である汚染者に支給されるものと認識されてきた。実際、これまでの環境補助金は主に汚染者の終末処理型の汚染防止設備投資や関連技術開発投資に与えられた。しかし今後の環境問題は、同じ人が加害者となりまた被害者となるケースも多く出現し、両者を区別する意味も薄れてくる。また、今後の環境問題の解決には、革新的な環境技術の開発と環境に優しい製品普及が不可欠となり、消費者向け補助金などのように、新しいタイプの補助金の役割が大きくなっている。

　汚染物質の削減量に応じて提供されるピグー的補助金の場合、汚染者が受け取ることを前提としている。しかし、以上で検討した環境補助金は、特定の生産者や汚染者だけが支給対象であるとは限らない。したがって、今後の環境補助金は、汚染者負担原則を逸脱する度合を重視するよりも、汚染抑制インセンティブの大きさや政策対象の公共性を主な評価基準とすることが望ましい。

　本章においては、主に単一の政策手段と想定して環境補助金の諸性質について考察した。しかし第4節でもふれたように、現実の環境補助金は、いくつかの政策手段と組み合わせたパッケージの中で選択される場合が多い。国によって差はあるものの、直接規制プラス環境補助金、環境税プラス環境補助金、または直接規制プラス環境税プラス環境補助金などの多様なポリシー・ミックスとして選択されている。こうした場合、同じ環境補助金でも、組み合わせ方により、その性質や政治経済的意味合いは異なってくる。環境補助金が他の政策手段との組み合わせで選択される際に、特に汚染者と汚染被害者の間の分配に与える影響については、次章で詳しく検討する。

第 2 章　環境補助金の政治経済学

1　はじめに

　環境政策をデザインする際には、目標とする環境水準を達成するためいかなる手段を選択すべきか、という課題に直面する。環境政策手段の選択に関するこれまでの考察は、どれ程少ない費用で汚染削減が可能か、という機能的側面（すなわち資源配分の効率性側面）の比較分析に関するものが主流であった。しかし、こうした考察は環境政策手段が実際に選択される要因を適切に説明しているとはいえない。

　政策手段の選択には、概ね利害グループ間の政治的合意形成過程が必要となる。環境政策手段の選択においても同じことがいえる。例えば、直接規制と税のどちらの政策手段が選択されるかにより、汚染者グループと汚染被害者グループ間の所得分配に及ぼす影響は大きく異なる。一方的に不利な影響を受けるグループは激しく抵抗する。この時、そのグループの政治的影響力が大きい場合、効率性に優れている政策手段であっても、現実の政策として採用されることは事実上難しくなる。したがって、環境政策をデザインする際には、各政策手段が各グループの利害に与える影響および各グループの対応を考察する必要がある。

　本章では、まず日韓そして欧米で行われた環境政策選択の実際を、汚染者と汚染被害者の政治的影響力の側面に焦点を当てて検討する。続いて、これまでの研究では検討が不十分であった以下の 2 点について議論を深める。第 1 に、簡単なモデルを用いて各種の環境政策手段が利害グループの厚生水準や所得分配にどういう経路を通じ、どの程度の影響を与えるかについての理論的考察を行う。第 2 に、直接規制、税といった主に汚染者グループに負担をかける手段に加え、汚染者グループに汚染削減コストを支援することにより環境改善を誘

導する環境補助金の政治経済学的役割や機能について検証していく。

2 日韓および欧米の環境政策選択

環境政策手段の政治経済学的側面を浮き彫りにした研究として、Buchanan and Tullock（1975）、Hahn（1990）などが挙げられる。Buchanan and Tullock（1975）によれば、直接規制は生産量を制限するので新規汚染者の市場参入を阻止するカルテルに類似した効果を持つ。したがって、既存汚染者は、規制のない場合よりもむしろ規制のある状況を好むという。その一方、税は新規汚染者の参入が排除されず、追加的な費用負担を強いるので既存汚染者グループに好まれないという。また Hahn（1990）によれば、環境政策は汚染者（産業）グループと環境保護グループの効用関数の加重平均値が最大化される点で選択されるという[1]。そして、Keohane ら（1999）によれば、環境政策手段は政治市場におけるその需要と供給によって決定されるという[2]。

Buchanan and Tullock（1975）に従えば、税の利用は汚染者からの抵抗が大きい。一方、補助金は財源として国の財政資金を活用することになるので、納税者である汚染被害者からの抵抗が大きい。また、直接規制は規制強度により汚染者からの抵抗が異なる。現実にどの政策手段が選択されるかは、関連利害グループの政治的影響力の大きさに左右される場合が多い。例えば、日韓と欧米の環境政策は汚染者と汚染被害者間の政治的影響力の相対的大きさにより、直接規制と補助金（主に日本、1980 年代までの韓国）、税と補助金、または税と直接規制と補助金（主に欧州諸国、1990 年代からの韓国）、そして直接規制と排出権取引制度（主にアメリカ）など多様な組み合わせの形態で選択されている

---

1) Hahn（1990）は、この関数を Max $\{aI(M, Q) + (1-a)E(M, Q)\}$ として示している。ここで、$I(M, Q)$ は汚染者グループの効用関数、$E(M, Q)$ は環境保護グループの効用関数、また M は政策手段の効率性、Q は環境水準を表す変数である。一方、a は利害グループの政治的影響力を示す加重平均係数（ただし、$0<a<1$）である。汚染者グループの政治的影響力が強いほど a は 1 に近くなる。
2) 詳しくは Keohane et al.（1999）89〜125 ページ参照。

表 2-1　環境政策手段の主な組み合わせ例

	税	直接規制	排出権取引	補助金
日本、韓国（1980年代まで）	－	○	－	○
韓国（1990年代以降）	○	○	－	○
欧州諸国	○	○	－	○
アメリカ	－	○	○	－

（表2-1参照）[3]。以下、各国別に政策手段の組み合わせの背景について、汚染者と汚染被害者間の政治的影響力の側面に焦点を当てて検討を行う。

(1) 日本と韓国

　日本では、かつては産業界が汚染者グループを代表しており、環境政策形成における政治的影響力が大きかった。高度成長を主導してきた産業界は、政治資金の提供などを通じて政府・与党と緊密な関係にあったため、産業界の利益は政府によって守られてきた[4]。また、日本の行政はしばしば企業側との話し合いによる行政指導を用いて公害対策を行ってきた[5]。

　これに対して、汚染被害者を代表する組織（以下、環境NGOと略す）の影響力は極めて弱かった。高度成長期には、一般市民と公害被害者が連帯した公害反対運動が広がってきたが、実際の政策決定の場に環境NGOが参加することは非常に希であった[6]。このような状況により、産業界の抵抗が大きい税の導入は選択され難かった。

　また、第3章で検討するように、1960年代の末頃から公害による深刻な健康被害と激しい公害反対運動が、政府や産業界に対する政治的圧力を強め、即効性のある政策手段として厳しい直接規制の導入を余儀なくした。しかし、当

3）環境政策におけるポリシー・ミックスの類型について詳しくは諸富（2000）61～66ページ参照。
4）高度成長期における与党の政治家、中央官僚そして産業界の癒着関係は権力の三角形（The triangle of powers）ともいわれている。
5）環境政策過程における行政（官僚）の役割について詳しくは浜本（1998b）参照。
6）政府が環境問題に関する政策決定過程において、市民、環境NGOの意見を聞くようになったのは1992年地球サミットに提出する国別報告書の作成過程からである。

時、政治的影響力や政策能力のある環境 NGO はほとんど存在せず、公害反対運動も陳情型に留まっていたため、汚染者グループに一方的に不利になる政策選択（例えば税）にまでは至らなかった。結果的に、厳しい規制による産業界の汚染防止費用負担を緩和するために、規制と同時に財政投融資制度による政策金融や租税優遇措置などの補助金制度のポリシー・ミックスが積極的に採用された[7]。

一方、韓国では高度成長を主導してきた産業界の政治的影響力は、1980 年代半ばまでは絶大であったといえる[8]。その反面、環境 NGO は、当時軍事政権の産業競争力強化を優先した政策イニシアティブの下で抑制されていた。環境 NGO は、実際の環境政策の選択に自らの意見を反映させるための政策能力にも組織力にも欠けていた。したがって、韓国では産業界に相対的に有利な緩い水準の直接規制を中心とした環境政策が選択されてきた[9]。

1980 年代後半からは、国民所得水準の向上と政治的民主化の急進展に伴い、成長優先の政策に対する世論の批判が高くなり、環境 NGO も政治的影響力を強め始めた。しかし、依然として産業界の影響力の強い韓国で、1990 年代に入って汚染者に不利な環境賦課金制度が多く導入された点に注目しておく必要がある。環境賦課金制度は、快適な生活環境を求める国民の声（すなわち政治的需要）の高まりに応えるため、環境対策の財源調達手段として用いられたのである。すなわち国の一般財政能力が日本より相対的に脆弱であった韓国では、第 6 章および第 8 章で検討するように、環境賦課金制度は汚染者の汚染物質の排出をコントロールするための「インセンティブ型」としてではなく、低い料率の「財源調達型」として導入された。また産業界の抵抗を招かないように、環境補助金とのポリシー・ミックスとして選択された[10]。

---

7) 日本の直接規制と政策金融、そして租税優遇措置のポリシー・ミックスについて詳しくは、第 4 章および第 5 章を参照。
8) 韓国でも、産業界を代表する全経連（日本経団連に当たる）などの団体は、政党への政治資金の提供などにより、政治的影響力を強めてきた。
9) 韓国の環境政策の展開および環境規制水準について詳しくは第 6 章を参照。

(2) アメリカ

アメリカの場合、資金力と政策能力のある環境 NGO が多数存在しており、政治的・社会的影響力は日本と比べものにならないほど大きい[11]。アメリカの環境 NGO は、専門家を活用してロビー活動を行ったり、環境行政訴訟を頻繁に起こすなど、環境関連政策の形成に大きな影響を与えてきた。ライリィ・E. ダンラップら（1993）によれば、ロビー活動を行う主要 11 の環境 NGO で雇うフルタイム環境ロビイストの人数は、1969 年に 2 人、1975 年に 40 人、1985 年には 88 人まで増えているという（表 2-2）。

ただし、アメリカでは環境保護運動に対する大きな対抗勢力も存在している。石炭、発電、鉄鋼、自動車業界などを中心とした業界団体の政治的影響力も非常に大きい。これらの業界団体は、政治活動資金や専門性の点などで環境 NGO に優越している場合が多い。例えば、アメリカの産業界は利害の一致する業界同士で「地球気候連合」などの団体を組織し、炭素税導入の阻止などを積極的に働きかけている。また、基金や寄付を通じて、産業界が環境 NGO にまで影響を及ぼす場合も少なくない。

したがって、アメリカにおいても、産業界に一方的に不利な影響を及ぼす税や課徴金の導入は政治的に難しい。種々の環境税の法案が議会に提出されても、環境税が導入された実例はほとんど見られない。また、強固な 2 大政党中心の政治システムはヨーロッパの「緑の党」のような政党の進出を阻んでおり、環境 NGO の政治的影響力を制約する要因ともいえる。産業界の利害と関係の少ない野生動植物の保護など、自然保護分野には世界に先立ち厳しい措置が導入されたものの、産業界の利害が大きく関わっている分野（例えば SO_x、NO_x、CO_2 排出など）では、両者の妥協しうる範囲で直接規制や排出権取引制

---

10) ただし、補助金提供のための財源調達余力のあった日本では、「厳しい直接規制プラス強い環境補助金」のポリシー・ミックスが選択されたが、国の財政基盤の脆弱であった韓国では「低率の環境賦課金プラス弱い環境補助金」が選択された。
11) アメリカで巨大な環境 NGO が発展してきた制度的要因として、非営利団体（NGO）の法人格取得が容易な点、さらに税制上の優遇措置が整備されていた点などがあげられる。また、支持団体に寄付するという文化が発達していることも、環境 NGO 発展の大きな要因としてあげられる。

表 2-2 全米規模で環境ロビーを行う主な環境 NGO

環境 NGO 名	設立年	会員数(千人)				予算額(1990年：100万ドル)
		1960	1972	1983	1990	
合計		123	1,117	1,994	3,103	217.3
シエラ・クラブ	1882	15	136	346	560	35.2
全米オーデュボン協会	1905	32	232	498	600	35.0
国立公園保全協会	1919	15	50	38	100	3.4
アイザック・ウォルトン連盟	1922	51	56	47	50	1.4
ウィルダネス協会	1935	10	51	100	370	17.3
全米野生生物連盟	1936	n.a.	525	758	975	87.2
野生生物保護協会	1947	n.a.	15	63	80	4.6
環境防衛基金	1967	—	30	50	150	12.9
地球の友	1969	—	8	29	30	3.1
自然資源防衛協会	1970	—	6	45	168	16.0
環境行動の会	1972	—	8	20	20	1.2

出所：ライリィ・E. ダンラップほか（1993）24 ページ表から作成。

度が選択されたといえる[12]。

次の事例はその典型である。アメリカでは、1990 年に環境 NGO からの強い圧力を受け、発電所から排出される二酸化硫黄の抑制を目的とした酸性雨防止プログラムが施行された。しかし、このプログラムでは業界負担の大きい課徴金や新規の直接規制は選択されず、初期排出権を無料で配分する排出権取引制度が導入された。政治的影響力の大きな環境団体と業界団体が併存しているアメリカのような国では、新規汚染者の犠牲のうえに、環境改善と既存汚染者の利益保護を同時に求める政策選択を行ったといえる。

(3) 欧州諸国

欧州諸国の場合、早い段階から市民社会の発展を背景に、アメニティ保全を中心とした環境保護運動が組織的に展開されてきた[13]。欧州諸国の環境団体は、一般に会員の数や予算規模などの面ではアメリカに劣るものの、政策能力

---

12) Hahn (1989) によれば、アメリカの環境 NGO は税より直接規制を好む傾向があるという。また、汚染に対する量的コントロールという側面では直接規制と類似な性質をもつ排出権取引制度は、市場メカニズムを重視するアメリカでは企業の汚染対策において自由度を増すという意味で好まれる傾向があるという。

を持っているうえに、環境対策を優先する政党に対して明確な支持を表明することによって政治的影響力を高めてきた。特に1980年代に起こったドイツを始めとする緑の党の出現は、環境団体が持つ政治的影響力をさらに高め、西欧諸国が世界に先んじて炭素税などの環境と関連した税を導入する原動力になった[14]。Opschoor (1986) はオランダの事例調査を通じ、環境関連市民組織（すなわち環境NGO）は税を選好する反面、産業界は直接規制を好んでいることを確認している。

　産業界の政治的影響力は欧州諸国においても決して弱いとはいえない。1990年代初め、欧州諸国の産業界は、ECの炭素税提案に反対するロビー活動を積極的に展開した。各国の環境税制改革においても、産業界の政治的抵抗に配慮して、税収中立の原則のもとエネルギー関連税や所得税・社会保障費など他の税の軽減を行ったうえで、新税の導入が産業界に著しく不利な影響を与えないように、環境関連税（炭素税）や補助金の提供などの措置がとられた。例えば、1981年にドイツで導入された排水課徴金は、当初は明確にボーモル・オーツ税をモデルにしたものであったが、課徴金と廃水処理施設投資費用との相殺規定を設定したり、最低要求基準を越える排出削減に対して割引料率を適用するなど、分配問題を緩和するような制度設計が行われた。結果として、ドイツの排水課徴金は、直接規制、税、補助金という3つの政策手段のポリシー・ミックス型となっている[15]。

---

13) 例えば、1911年設立された「デンマーク自然の友協会」は、全デンマーク世帯の12%に相当する27万の会員を擁し、210の地方組織を持っている。この協会は、環境に関する行政の決定一般について異議を申し立てる権利を有している。
14) 西欧が世界に先立ち炭素税を導入した要因として、これらの政治的要因以外に、高い失業率や景気不況への対策として、炭素税導入を視野に入れた所得税減税など税制改革の必要性に迫られてきた点、イギリスなど一部の国を除く多くの西欧諸国は税の導入にそれほど大きい影響を受けない産業構造（すなわち知識集約的産業構造）をもっている点、そしてオランダなど多数の国は発電の代替エネルギー源として北海から天然ガスの供給が予測される点、などがあげられる。
15) ドイツの排水課徴金について詳しくは、岡（1997b）、諸富（1997）を参照。

3　環境政策手段の経済効果

(1) モデル

前節では、日韓と欧米の例を通して現実の環境政策選択の政治経済学的側面を浮き彫りにした。本節では、環境政策の選択が関連利害グループの所得分配や厚生水準にどの程度影響を与えるかを、Dolbear（1967）の簡単な三角エッジワース・ボックスモデル（Triangle Edgeworth Box Model）を用いて理論的に分析する。

まず、汚染者であるXと汚染の被害者であるYの2人の経済主体と政策当局からなる社会を想定する。Xは全所得をA（例えばパン）、B（例えばエネルギー）の2つの財の消費および使用に費やし、Yは全所得をA財だけの消費に費やして厚生最大化を図る。また、この社会ではB財の使用のみにより外部性（例えばエネルギーを消費する際の煤煙）が発生すると仮定する。政策当局は外部性の抑制のための政策を執行する役割を担う。

ここでXによるB財の使用は、必ずYに1対1に対応する外部性B'（例えば煤煙）を与えると仮定する（B=B'）。以上から、XはA、B財で構成される無差別曲線I_xを（図2-1の上面）、また、YはA財と、外部性B'で構成される無差別曲線I_yをもつ（図2-1の下面）[16]。Xの厚生は無差別曲線I_xのほうがI'_xより大きく、またYの厚生は無差別曲線I'_yのほうがI_yより大きい。

X、Yの無差別曲線を同じ座標軸へ移せば、図2-2のようになる。また、両無差別曲線に接点が存在する場合、その点はこの社会におけるパレート最適点となる。図2-2の中に描かれたFF'をこの社会の予算線とする。予算線の傾きはA財に対するB財の相対価格（図2-2でα）となり、P_A、P_Bは各々A財とB財の市場価格とする。また、図2-2のもう1つの予算線GG'はXの予算線である。したがって、XにはOG、YにはFGの所得が配分されている。ここでYは外部性B'が増えるにつれ、同一厚生水準を維持するためにはA財

[16) 両主体の無差別曲線の誘導について詳しくはDolbear（1967）、大山（1998）を参照。

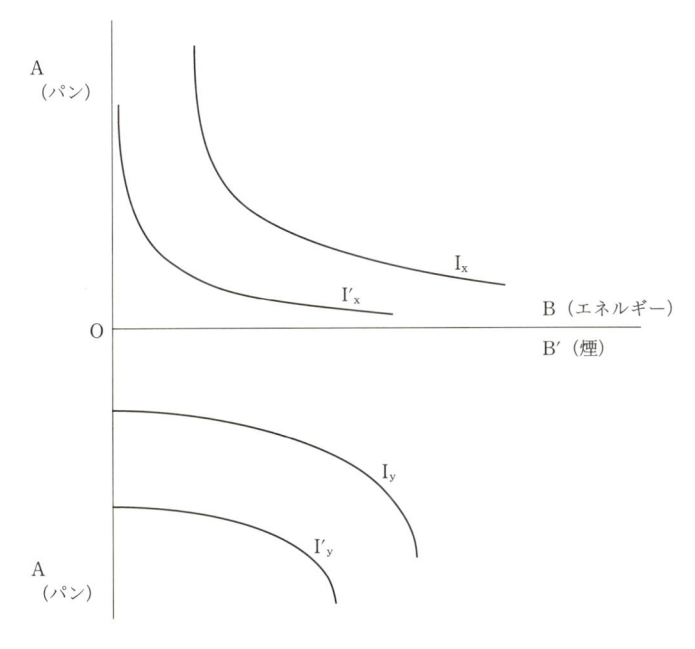

図 2-1　X、Y の無差別曲線の形状

の消費をさらに大きく増やさなければならない。したがって Y の無差別曲線 I_y の接線の傾きは、常に予算線の傾きより急となる[17]。

　この社会では、まず、X の行動に制約がないとすれば、両主体における均衡点は図 2-2 の E_1 となる[18]。X は無差別曲線 I_{x1} と予算線 GG′ が接する E_1 で、所得 OG を A 財 OA_1 の消費、B 財 OB_1 の使用に費やし厚生最大化を図

---

[17] 図 2-2 で予算線 FF′ と両座標軸により作られた三角はエッジワース・ボックスとしてみなされる。ここで図 2-2 における X の無差別曲線の座標軸は、図 2-1 座標軸と全く同様であり、Y のものの場合、原点は X の A 財の軸と予算線 FF′ の交点（F 点）となり、A 財（パン）の軸は F 点から X の原点 O までの垂直線、そして B′ 財（煤煙）の軸は F 点から F′ 点までの予算線となる。すなわち、これは図 2-1 の B 財の軸を予算線 FF′ と重なるように下へ折り込み（すなわち B 財軸を α だけ回転）、その軸（すなわち予算線 FF′）の値が垂直に図 2-2 の B(B′) 財の値と一致するようにしたものである（これは Dolbear（1967）の三角エッジワース・ボックスと同じ状況である）。

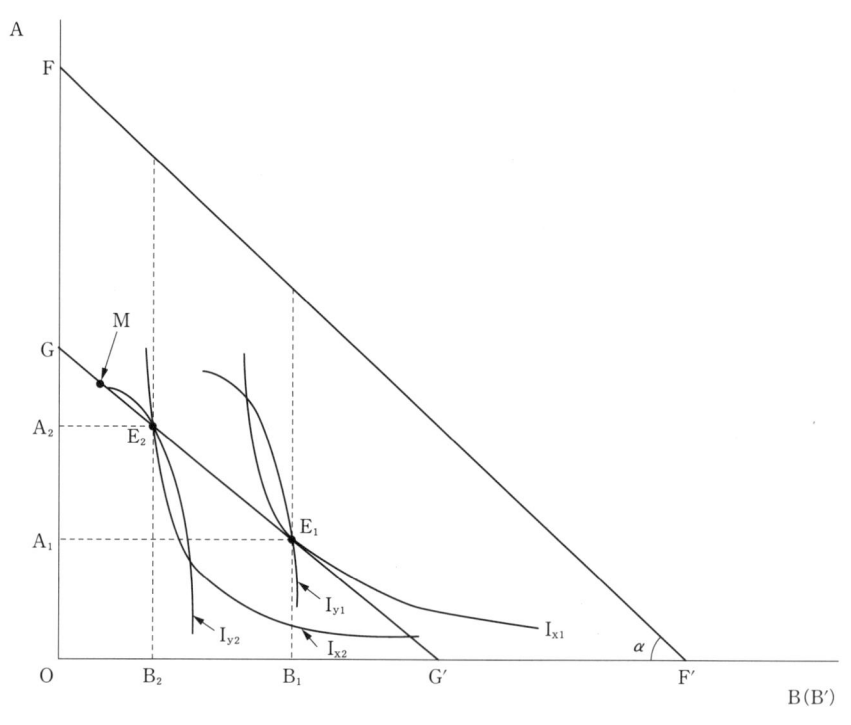

図 2-2　直接規制の経済効果

る。X の B 財 OB_1 の使用は 1 対 1 に対応する外部性 OB'_1 を主体 Y に与えることを仮定した。したがって、Y はこの外部性を前提に所得のすべて（E_1 から予算線 FF' までの垂直距離）を A 財に費やす。この時、Y の無差別曲線は E_1 を通る I_{y1} である[19]。

X の行動を数式で表現すれば以下のようになる。

[18) 以下の分析では、E_1 点を政策施行前、両主体の行動におけるスターティング・ポイントとする。経済主体は全予算を財の消費及び使用に費やし、また、X による B 財の使用は必ず Y に 1 対 1 に対応する外部性 B' を与えるという仮定のもとでは、E_1 をスターティング・ポイントとすることは不自然とは言えない。
19) ただし、主体 Y の無差別曲線 I_{y1} の傾きは予算線より急なので、E_1 で両主体の無差別曲線は接しない。

$$X : \text{Max } I_x(A, B) \quad \text{s.t.} \quad OG = P_A A + P_B B$$
$$I_{xA} > 0, I_{xB} > 0$$

ここで、$I_x > 0$ かつ関数 I_x は強準凹を満たす。また、図 2-2 で $I_{x1} > I_{x2}$ となる。次に Y の行動は以下のように表現される。

$$Y : \text{Max } I_y(A, B') \quad \text{s.t.} \quad FG = P_A A$$
$$I_{yA} > 0, I_{yB'} < 0$$

ここで、$I_y > 0$ かつ関数 I_y は強準凹を満たす。同じく、図 2-2 で $I_{y1} < I_{y2}$ となる。

E_1 点で均衡している社会で、政策当局が外部性を抑制するため X の B 財の使用を制限する政策を導入すると、X, Y 両人の無差別曲線の移動を引き起こす場合には厚生水準に変化が、また予算線の移動を引き起こす場合には所得分配に変化が生じる。次項では、以上の簡単なモデルを用いて汚染者に負担をかける直接規制、税、そして排出権取引制度の単一政策手段が、X、Y 両者の厚生水準と所得分配に及ぼす影響について比較分析を行う[20]。

(2) 直接規制、税など単一政策の経済効果

まず、この社会の政策当局が外部性を抑制するため、X の B 財の使用を OB_1 から OB_2 まで制限する直接規制を行ったとする（図 2-2 参照）。X の B 財使用の制限により、両主体の均衡点は予算線 GG′ 上の E_1 から E_2 へ移動する。E_2 では X は無差別曲線 I_{x2}、Y は無差別曲線 I_{y2} に直面する。これにより、X

---

20) このモデルでの両主体は、基本的には生活者（汚染者 X）対生活者（汚染の被害者 Y）を想定している。例えば汚染者 X は、生活に化石エネルギーを利用し（車、暖房などに利用）、そして汚染の被害者 Y は、化石エネルギーを利用しない生活者になりうる。ただし、両主体を生産者（汚染者 X）対生産者（汚染の被害者 Y）として想定することも可能である。例えば、生産者 X は与えられた生産要素を活用し A と B の 2 つの財を、生産者 Y は A 財のみを生産し、それぞれ自分の生産物を消費（もしくは販売）することにより効用の最大化を図るとする。ここで生産物 B 財は 1 対 1 に対応する外部不経済を生産者 Y に与えると仮定すると、両生産者の行動（効用関数）は生活者のケースと同様となる。現実的には、例えば生産者 X を煤煙工場、生産者 Y をクリーニング屋と想定し、生産者 Y が労働のみで生計を立てている生活者であるならば、このモデルでは生産者対生活者のケースでも両主体の利害関係を説明することも可能である。

の厚生は B 財使用の制限により以前より悪化するものの（$I_{x2} < I_{x1}$）、Y の厚生は外部性の減少により改善される（$I_{y2} > I_{y1}$）。ただし、X、Y の予算線に変化がないため、直接規制は X、Y の間の所得分配には影響を与えない。Y の A 財の消費量は以前と同一であり（E_2 から FF′ までの垂直距離）、X の A、B 財の消費構成に変化が生じたのみである（$A_1 \to A_2$、$B_1 \to B_2$）。

さらに、政策当局が B 財の使用を禁止する場合は、X、Y の均衡点は縦軸上の G 点となり、X、Y 共に、すべての所得を A 財消費のみに費やすことになる。G 点では、X の厚生は大幅に悪化（Y の厚生は大幅に改善）するものの、X、Y の所得分配はやはり以前と変わらない。したがって、直接規制は汚染者と汚染の被害者間の厚生水準には影響を与えるものの、所得分配には影響を与えないことがわかる。また直接規制の下では、両者の無差別曲線が接する均衡点へは必ずしも到達しないため、パレート最適が保証されない。

次に、図 2-3 を使い政策当局が X の B 財 1 単位当たりの使用に、t 率の税を賦課する課税政策を考える。税収はすべて Y の所得として移転されるとする。これは汚染者から集められた税金が、すべて汚染被害者の補償のために支出されたと想定すればよい。B 財への課税により、予算線の傾きは α から $\alpha + t$ へと変わり、X の予算線が縦軸上の G を基準とし GG′ から GG$_1$′ へ移動する。その結果、X、Y の消費の均衡点も無差別曲線 I_{x3} と I_{y3} が交わる E_3 へ変更される。E_3 では X は価格が高くなった B 財（市場価格＋税率）の消費を OB$_1$ から OB$_3$ まで減らすので、Y が被る外部性もその分減少する。

課税により X の厚生水準は I_{x1} から I_{x3} まで悪化する。一方、Y の厚生水準は外部性の減少（OB$_1$′→OB$_3$′）により I_{y1} から I_{y3} に改善される。また、課税は直接規制とは違って X、Y の所得分配に影響を与える。B 財に対する課税の影響により、図 2-3 で X の所得は OG から OG$_2$ へ減少するものの、Y の所得は FG から FG$_2$ まで増加する（GG$_2$ だけ有利）[21]。税率が高くなるほど X は所得分配上不利となる。両主体の行動は次のように表される。

---

21) 課税により主体 X の所得分配が不利になる程度は、図 2-3 で、予算線 GG$_1$′ が無差別曲線 I_{x3} に沿ってスライドし予算線 GG′ と平行となったときの予算線 G$_2$G$_2$′ と、予算線 GG′ との間の垂直距離として示される。

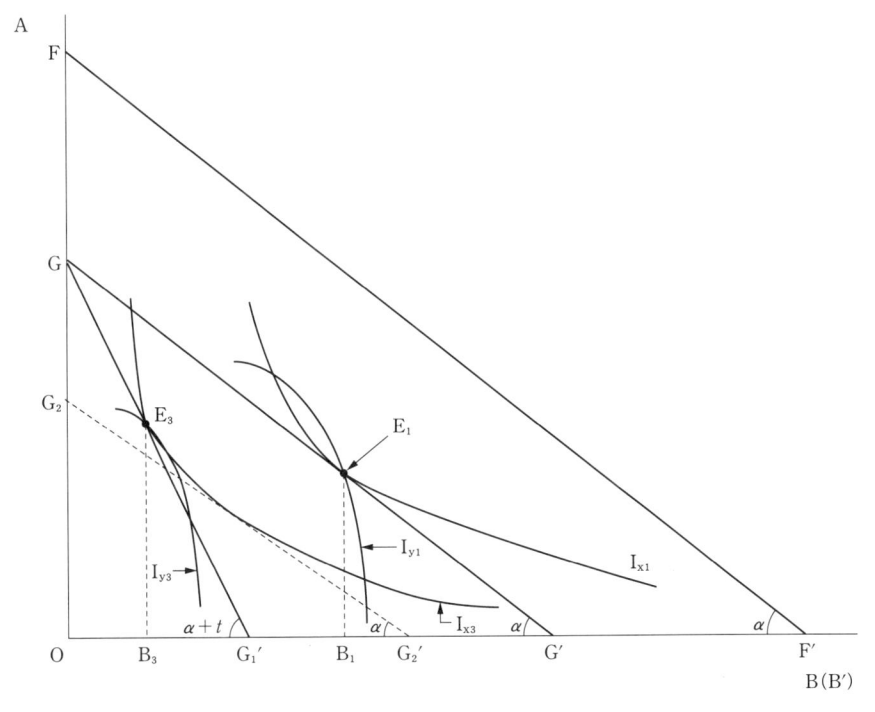

図 2-3　課税の経済効果

$$X : \text{Max } I_x(A, B) \quad \text{s.t.} \quad OG - tB = P_A A + P_B B$$
$$Y : \text{Max } I_y(A, B') \quad \text{s.t.} \quad FG + s = P_A A、ただし、tB = s = GG_2$$

最後に、排出権の初期配分が汚染者に無料で行われる排出権取引制度を考える。ここで、汚染被害者は $Y_1, Y_2, \cdots, Y_n$ までの n 人が存在する一方、汚染者は $X_1, X_2, \cdots, X_m$ までの m 人が存在し、これら m 人の汚染被害者と n 人の汚染者にそれぞれ所得 OG が一定比率で配分されていると仮定する。また、汚染被害者は排出権の取引に参加しないこととする。図 2-2 で、政策当局が n 人の汚染者に B 財の使用権を OB_2（外部性 OB_2' の排出権に等しい）だけ認め、また、OB_2 の使用権を一定比率で n 人の汚染者に無料で配分したとする。この場合、汚染者間に使用権の取引が行われても汚染者 n 人の B 財の使用は依然として OB_2 で変わらず、また追加的な使用権を購入する必要がないので、

この社会での均衡点は直接規制と同じく図2-2の E_2 となる。したがって、初期配分を無料で行う排出権取引制度のもとでは、汚染者（n 人）と汚染被害者（m 人）間の所得分配や厚生水準に与える影響は、直接規制とまったく同じ結果になる。

次に、排出権の初期配分が競売で行われ、また、排出権の競売により得られた収入は全額汚染被害者への補償に使われる排出権取引制度を考える。図2-3で、政策当局がB財の使用権を OB_3 だけ（外部性 OB_3' の排出権に等しい）認めた場合、また、B財の使用権が $X_1, X_2, \cdots, X_n$ までの n 人に競売されるならば、予算線GGの傾きは α から $\alpha+k$（ただし、k はB財の消費権の価格、$k=t$）となるので、汚染者（n 人）と汚染被害者（m 人）の所得分配と厚生水準に与える影響は税と変わらない。このように排出権取引制度の場合、汚染者に排出権の初期配分をどの程度認めるかにより、汚染者と汚染被害者間の所得分配に与える影響は異なる。排出権の初期配分形態が決まれば、問題は汚染者同士の所得分配、例えば優れた汚染削減技術を保有した汚染者とそうでない汚染者間における所得分配の問題へ帰着することになる。

(3) ポリシー・ミックス型補助金の経済効果

前項では直接規制もしくは税の単一政策は、汚染者であるXに対し、所得分配もしくは厚生の面で一方的に不利な影響を与えることが示された。この項ではこれらの直接規制または税に、補助金政策を組み合わせることにより、X、Yの所得分配および厚生水準に及ぼす効果の違いを検討する。

まず、直接規制と補助金の組み合わせ政策について考察する。この政策では、XのB財の使用量が一定水準まで制限（例えば図2-3の OB_1 から図2-4の OB_4 まで制限）される代わりに、Xの抵抗を和らげるためにYの所得がXへ GG_3 だけ定額補助金（Lump-sum Subsidies）として一括移転される。補助金の提供によりXの予算線はGG′から G_3G_3' へ平行移動し、また X、Yの消費の均衡点は G_3G_3' 線上の点（例えば E_4）へ移動する。この組み合わせ政策は所得分配上、Yに一方的に不利な影響を与える。すなわち、Xの所得分配はYの所得がXへ移転された分（GG_3）だけ改善されるものの（$OG \rightarrow OG_3$）、Y

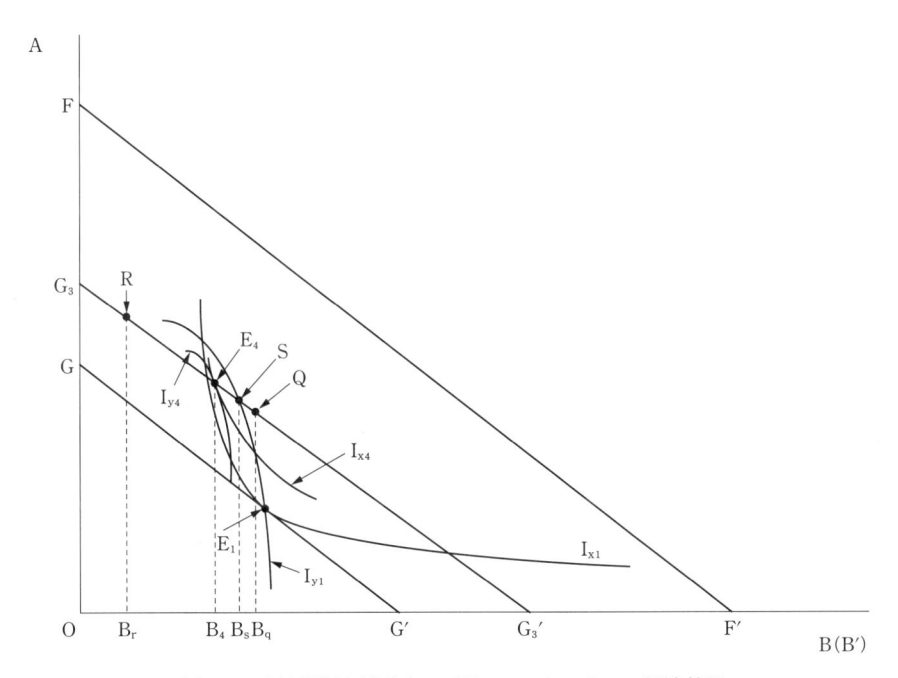

図 2-4 直接規制と補助金のポリシー・ミックスの経済効果

はその分だけ悪化する（$FG \to FG_0$）。

一方、この組み合わせ政策による X、Y の厚生水準は、X の B 財の使用に対する規制水準により大きく異なる。例えば、X の B 財の使用に対する規制水準が無差別曲線 I_{x1} と I_{y1} により作られたレンズ形の領域の内部に位置すれば（例えば E_4）、X、Y の厚生は共に改善される（なぜなら $I_{x4} > I_{x1}$、$I_{y4} > I_{y1}$）。しかし、B 財の使用に対する規制が予算線 G_3G_3' 上の無差別曲線 I_{x1} の左側（例えば R 点）に位置した場合、補助金を受けた X の厚生は悪化するものの（$I_{xr} < I_{x1}$）、Y の厚生は E_4 よりさらに改善する（$I_{yr} > I_{y4}$）[22]。

厳しい直接規制と補助金の組み合わせ政策は、X の所得分配には有利（ただ

---

22) これは、規制が一定水準（たとえば I_{x1} と予算線 G_3G_3' が交叉する点の左側）以上に厳しくなると、補助金を受けた汚染者 X の厚生水準はかえって悪化することを意味する。

し、厚生水準には不利）である反面、Y の所得分配においては不利（ただし、厚生水準には有利）な影響を及ぼすことを意味する。また、緩い直接規制と補助金の組み合わせ政策（例えば無差別曲線 I_{y1} の右側の Q 点）では、X の所得水準と厚生水準がともに改善されるものの（$I_{xq}>I_{x1}$）、Y の場合、所得水準と厚生水準ともに悪化する（$I_{yq}<I_{y1}$）。このように、緩い直接規制と補助金の組み合わせ政策は、所得分配および厚生水準両面において X に一方的に有利な影響を、また Y には一方的に不利な影響を及ぼすことになる。

次に、政策当局が X の B 財使用 1 単位に t 率の税を賦課すると同時に、税収に当たる定額補助金（GG_4）を X に支給するような税と補助金の組み合わせ政策を考える[23]。図 2-5 はこれを表わしている。この政策により X の予算線は G_4G_4' へ移動し、均衡点は E_5 となる[24]。X から収めた税収に当たる分を X への補助金として用いるため、この組み合わせ政策は両主体の所得分配には影響を与えない。また、両主体の均衡点 E_5 では、X の厚生は変わらないものの（E_5 は E_1 と同一の無差別曲線上）、Y の厚生は改善される（$I_{y5}>I_{y1}$）。

この組み合わせ政策の結果、X、Y の所得分配および X の厚生水準は不変であり、Y の厚生水準が改善されるようになる。なおこれらの組み合わせ政策では、図 2-5 で示されているように、単一政策とは異なり汚染者と汚染被害者の無差別曲線（I_{x1} と I_{y5}）の接点を得ることができる。これは税の単一政策では容易に達成されないパレート効率性が、補助金との組み合わせにより達成しうることを意味する[25]。税と補助金のポリシー・ミックスの際の両主体の行動は次のように表される。

---

23) 現実の税と補助金の組み合わせは、概ね次の 3 つの方法が考えられる。第 1 に、政策当局が基準汚染排出量を設定し、それ以上を排出する汚染者には税を賦課し、それ以下を排出する汚染者（または市場から退出する汚染者）に補助金を与える方式である。第 2 に、汚染者から収めた税を基金化し、この基金の財源を一定水準以上の汚染削減を行った汚染者、または一定基準以上の汚染防止投資を行う汚染者への補助金として用いる方式である。第 3 に、汚染者の汚染物質の排出に税を賦課する一方で、汚染者に賦課される他の税、例えば社会保障関連税や法人税などを減免する、いわゆる「バッズ課税グッズ減税」方式である。
24) 図 2-5 で新しい予算線 G_4G_4' は、まず税率 t の課税政策により GG' から GG_1' へ移動した後、補助金政策により再び GG_1' から G_4G_4' へ平行移動した、と解される。

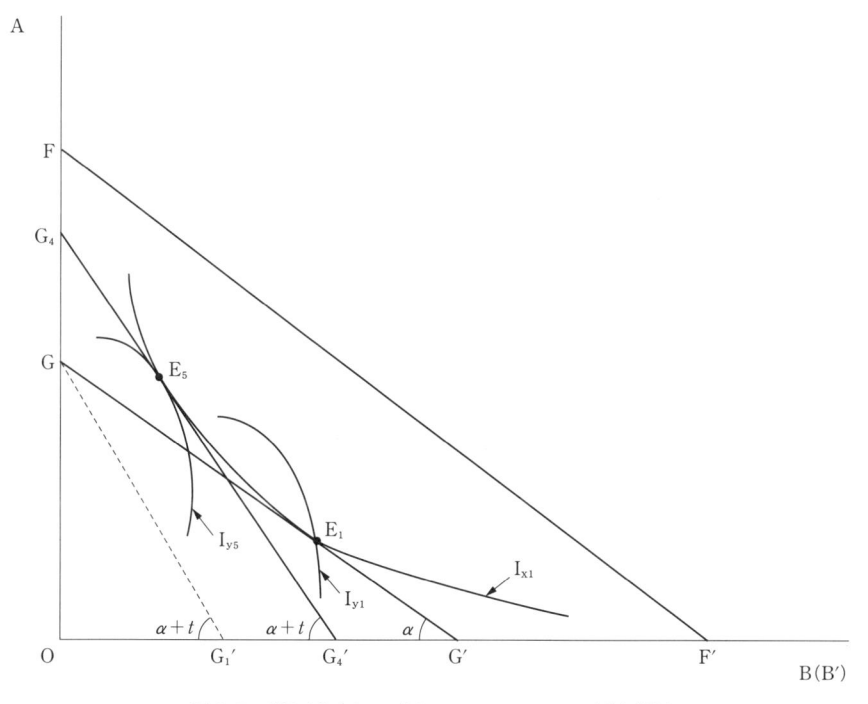

図 2-5 税と補助金のポリシー・ミックスの経済効果

X：Max $I_x(A, B)$　　s.t.　$OG - tB + s = P_A A + P_B B$、ただし、$tB = s$
Y：Max $I_y(A, B')$　　s.t.　$FG = P_A A$

4　環境補助金の政治経済学

以上で検討したように、いかなる政策手段を選択するかによって汚染者（X）と汚染の被害者（Y）間の所得分配や厚生水準は異なる影響を受ける。表

---

25) Dolbear (1967) は、汚染者と汚染被害者の厚生関数が存在する状況において、税による単一政策手段ではパレート効率性の達成は事実上不可能であることを明らかにしている。

表 2-3　環境政策の経済効果[1]

		汚染者(主体 X)への影響		被害者(主体 Y)への影響	
		所得分配	厚生水準	所得配分	厚生水準
単一政策	直接規制	不変	悪化	不変	改善
	税	悪化	悪化	改善	改善
	排出権取引制度				
	（初期配分無料ケース）	不変	悪化	不変	改善
	（初期配分競売ケース）	悪化	悪化	改善	改善
補助金との組合せ	直接規制[2]	改善	改善	悪化	改善
	厳しい直接規制[3]	改善	悪化	悪化	改善
	税	不変	不変	不変	改善
	排出権取引制度[4]	不変	不変	不変	改善

注1：いずれの政策も、比較基準となるスターティング・ポイントは図2-2のE_1とする。
　2：図2-4で、新しい均衡点が両主体の無差別曲線によりできたレンズ内部の予算線上に位置する場合に限る。
　3：図2-4で、新しい均衡点が主体 X の無差別曲線より左側の予算線上に位置する場合に限る。
　4：排出権の初期配分が競売で行われるケースとなる。

2-3 はこれをまとめたものである。課税政策は、汚染者グループの所得分配と厚生水準に一方的に不利な影響を与えるので、大きな政治的抵抗に直面し現実の政策として採用することは容易ではない。また、補助金政策は一定水準以上の汚染削減が伴わない限り、汚染被害者グループの政治的抵抗に直面する。なお、排出権取引制度は排出権の初期配分に関する合意が得られない限り選択されることは難しい。

　直接規制の場合、汚染者グループの厚生水準を規制のない時より悪化させるものの、所得分配には影響を与えないために、税よりは汚染者グループの理解を得やすい。汚染被害者グループも、直接規制の下では所得分配に不利な影響なしに厚生が改善されるので、抵抗は少ない。これが直接規制が現実の政策手段として多く採用される要因の１つである。ただし、例えば図2-4のR点のように、規制水準が厳しくなると汚染者の厚生水準は大きく悪化する。したがって、厳しい直接規制の単一政策は汚染者側の大きな抵抗に直面するので、汚染者の影響力の強い政治システムの下では選択され難くなる。

　一方、あまり厳しくない直接規制と補助金の組み合わせ政策（例えば図2-4でE_4の場合）では、汚染者の所得分配と厚生水準は改善されるものの、汚染

被害者の所得分配は悪化する（ただし、厚生水準は改善される）。規制水準がさらに緩くなると（例えば、図2-4でQ点の場合）、汚染被害者の所得分配と厚生水準は共に悪化する。したがって、この組み合わせ政策は汚染被害者からの抵抗を招きかねない。ただし、補助金政策と共に規制水準が厳しく設けられると（例えば、図2-4でR点の場合）、汚染被害者の所得分配は依然として悪化するものの、外部性が大幅に減少するので、厚生水準は大きく改善される。こうして厳しい直接規制と補助金という組み合わせは、汚染者と汚染被害者の間に政治的妥協の可能性が生まれる。日本の場合は、まさにこのケースに該当している。

また、税と補助金の適切な組み合わせ政策は、両者の所得分配に影響を与えず、汚染被害者の厚生を改善させる手段となりうる。この時、補助金は汚染者に不利な税の所得分配機能を是正する役割を担っている。汚染者への補助金が、汚染者から徴収した税の収入から賄われた場合、第1章で検討したように汚染の被害者から汚染者への所得再分配効果が緩和されるので、汚染の被害者からの政治的抵抗も少なくなる。したがって、個別手段の問題点が相互に補完され、政治的に妥協しやすい手段となりうる（欧州諸国ケース）。

すなわち、補助金とのポリシー・ミックスは、各グループ間の利害調整の可能性を増大させ、政策当局の政策手段選択の幅を広げることにより、環境改善に有効な政策手段の導入を容易とする。こうした点こそ、環境補助金が現実の政策として選択される大きな要因といえよう[26]。

5　おわりに

本章では、環境政策手段が現実の政策として選択されるときに、各政策手段の持つ機能的側面（すなわち効率性の側面）より政治的側面（すなわち分配的側

---

[26] マルティン・イェニッケほか（1998、13ページ）によれば、成功した各国の環境政策の事例を概観すると、アメとムチが同時に存在していることが多いという。

面）が重視されることに着目し、各政策手段が汚染者と汚染被害者間の所得分配や厚生水準に与える影響について検討した。

　その結果、汚染者に不利な影響を与える厳しい直接規制や税は導入の政治的コストが高いので、現実の政策として選択され難いことが明らかになった。その際に、補助金はこれらの政策手段との組み合わせにより、分配問題を回避しつつ環境目標を達成できるような制度設計を可能にするファクターとなる。さらに、単一政策では得られなかったパレート効率性が、補助金との適切な組み合わせ政策の下では達成可能であることも示された。環境政策が実際に選択されるためには、経済的効率性と分配的側面（すなわち政治的容易性）を適切に考慮した政策デザインが必要となる。

　また、日韓そして欧米で行われている環境政策手段の例を取りあげ、それらが選択されている背景を検討した。その結果、汚染者グループ（主に産業界）の影響力が相対的に大きい日本では、汚染者側の抵抗の大きい税より、直接規制とそれによる汚染者側の費用負担を軽減する補助金の組み合わせ政策が選択されがちであることを示した。汚染者グループの政治的影響力の大きい韓国でも、環境対策に対する政治的需要が高まった時期（1990年代以降）には財源調達型として賦課金が選択されたことを指摘した。

　また、汚染者グループと汚染の被害者グループの影響力が共に大きいアメリカでは、新規汚染者に不利な制度が導入されがちであることを示した。アメリカでは汚染被害者グループの政治的影響力が大きいので、汚染者に一方的に有利な補助金政策の選択も難しくなる。汚染被害者グループの政治的影響力が大きい欧州では、税の選択に対する政治的コストは他の国に比べて低くなる。特に、緑の党などを通じた政治勢力化は、欧州が先んじて税を選択することを可能とした大きな要因になったといえる。しかし、欧州でも税の単独採用ではなく、補助金との組み合わせの選択であったことに留意する必要がある。

　本章では、汚染の加害者グループと被害者グループを対立軸において、汚染抑制手段の選択における両者の利害対立関係を政治経済学的に考察した。しかし、第1章で検討したようにゴミ問題や自動車排気ガス問題など、人々のライフスタイルに関わる環境問題は、汚染の加害者と被害者の区別がつきにくく、

誰もが加害者となりまた被害者となる。

　また、新エネルギー技術やリサイクル技術など、革新的な環境技術の開発に対する補助金政策は、環境改善はもとより雇用を誘発する効果も大きいので、汚染被害者グループから支持される可能性も少なくない。したがって、これらの環境補助金の主な選択基準は、政治経済学的側面より補助金支給対象の公益性や財源確保の問題となるであろう。環境補助金を含む環境政策に関する財源の問題については、その一端を第9章で検討することにしたい。

第II部 日本の環境政策と環境補助金制度

第3章　日本の環境政策の展開と成果*

1　はじめに

　日本の環境政策は、戦後の高度成長期に企業の汚染物質の排出を直接的に制御する過程の中で、形成・発展してきたという経緯がある。その一方、西欧諸国では早い段階からの市民社会の発展を反映して、街並の保存などアメニティ保全関連政策の分野が相対的に見て充実している。他方、新大陸の開拓を通じて近代国家を形成してきた米国では、第2章で述べたように野生生物の保護など自然保護政策の分野が歴史的な厚みをもっている。このように、各国の環境政策はそれぞれの国が直面してきた環境政策の歴史的経緯、経済・社会システムの差を反映している。

　したがって、日本の環境政策の成果を考察するためには、戦後、企業がいかに環境政策の展開に対応してきたかを解明する作業が必要である。環境政策の展開は、表3-1で示したように戦後から1960年代後半までを形成期、公害国会が開催され環境規制が強化された1960年代後半から70年代後半までを確立期、と区分できる。続いて、窒素酸化物の環境基準の緩和など環境政策の推進にブレーキがかかった1970年代後半から80年代後半までを調整期、そして地球環境問題が台頭し、環境基本法が制定された1980年代後半から現在までを再編期、と区分できる[1]。

　本章では、日本の環境政策の展開過程を概観したうえ、特に形成・確立期に

　＊　筆者は、本章の主なテーマである、政府や自治体の環境政策の展開に企業がいかに対応してきたかを調べるために、1996年10月から12月にかけて愛知県と三重県に所在している業種別6社（石油精製K社、鉄鋼D社、機械B社、自動車H社、電力C社、ガスT社）を訪問、ヒアリング調査を行った。調査に協力していただいた各企業の方々に、この場を借りて深く感謝の意を表したい。また、本章の企業の環境対策に関連した表や図の多くは、これらのヒアリング調査に基づいて作成したものである。

おいて企業がいかに環境問題へ取り組んできたかに焦点を当てて、環境政策の特色と成果を明らかにする。日本の高度成長期における環境政策と企業の環境対策の成果分析は、経済の成長期にあるアジア途上国にとっても示唆するところが大きいと考える。

2 環境政策の展開

(1) 環境政策の形成期

　環境問題の歴史は、古くは明治20年（1887年）に始まる足尾銅山の鉱毒事件までさかのぼることができるが、典型的には、戦後の高度経済成長の過程で大規模に発生した公害問題から始まるといってよいであろう。日本は、高度成長期に重化学工業を中心とする産業育成政策を積極的に推進した。その結果、二酸化硫黄、降下煤塵などによる大気汚染に代表される公害が全国的に広がり、国民の健康に深刻な影響を与えた。

　この時期における産業政策は、規模の経済の実現を目指した生産施設の巨大化を達成することに重点を置くもので、公害抑制対策にはあまり目が向けられなかった。こうした結果、1956年に熊本で水俣病、1958年には富山でイタイイタイ病などの公害病が公式に確認され、産業公害に対する世論の批判が高まるようになった。

　企業側の公害対策は、汚染物質の排出基準の不明確さ、規制基準の罰則条項の欠如などのために十分なものではなかった。この時期に年平均8.8％の高度成長が続いたことから分かるように（表3-1）、企業は生産力増大のための設備投資に専念し、公害防止投資にはあまり目を向けなかったのである。公害防止技術の開発は降下煤塵対策などに限られ、公害対策も煤塵の排出を制御する集塵装置や燃料を石炭から重油に切り替える重油ボイラなどの設置に留まっ

1）寺西（1993）の場合、日本の環境政策の展開期を形成・発展期（1965～1974年）、逆流・後退期（1975～1988年）、そして模索・再編期（1988年～）の3つの時期に区分している。

表 3-1 日本の環境政策の展開過程

年代	経済局面	環境政策の区分	環境政策の推移（年）
1950	産業復興期 (重化学工業育成施策期) 〈8.8%〉	形成期 (産業公害問題の発生・拡散期)	東京都、工場公害防止条例制定（49） 大阪府、公害防止条例制定（54）
1955			工業用水法制定（56） 水質保全2法（公共用水域水質保全法、工場排水規制法）制定（58）
1960	高度成長期 (所得倍増10ヶ年計画) 〈9.7%〉		煤煙規制法制定（62） 地下水採取規制法制定（62）
1965			公害対策基本法制定（67） 大気汚染防止法制定（68） →SOx環境基準設定（69）
1970		確立期 (産業公害対策の充実・強化期)	公害健康被害救済特別法制定（69） 水質汚濁防止法制定（70） →水質汚濁に係る環境基準設定 公害無過失責任原則導入（72）
	オイルショック 〈2.8%〉		公害健康被害補償法制定（73） SOx総量規制導入（74）
1975	安定成長期 〈4.3%〉		
1980		調整期 (産業公害対策の後退・緩和期)	NOx環境基準の緩和（78） 水質総量規制の導入（78） NOx総量規制の導入（81） 環境影響評価法案の廃案（83）
1985			
1990		再編期 (都市生活型環境問題および地球環境問題対策期)	公害健康被害補償法の改正（87） →企業負担規定の緩和 オゾン層保護法制定（88）
	低成長期 〈1.1%〉		資源有効利用促進法制定（01） 自動車NOx総量抑制法制定（92） 環境基本法制定（93）
1995			容器包装リサイクル法制定（95） 環境影響評価法制定（97） 家電リサイクル法制定（98） PRTR法制定（99）
2000			食品リサイクル法制定（00） 建設リサイクル法制定（00） 循環型社会形成推進基本法制定（00） グリーン購入法制定（00） 自動車リサイクル法制定（02）

注：〈　〉内は各経済局面別年平均経済成長率。
出所：環境省（各年度版a）、環境庁20周年記念事業実行委員会（1991）、産業環境管理協会（2002）、経済企画庁（各年度版）などから作成。

た。企業の技術開発は生産技術中心で、環境保全のための技術開発は立ち後れていた。

公害は、高度経済成長の最盛期に当たる 1960 年代末頃には日本全国に広がっていた[2]。そして、公害問題は各種の社会問題の中で最も重視される懸案事項となり、世論もそれまでの高度経済成長に対する高い評価を改め、公害を誘発するという否定的側面への関心を強めた[3]。その一例として、1964 年に静岡県の三島、沼津、清水地域の住民が、この地域に立地を予定していた東京電力、富士石油、住友化学 3 社の進出を制止したことがあげられる。

(2) 環境政策の確立期

こうした動向を背景に、1967 年には公害対策関連総合立法である公害対策基本法が制定され、また 1970 年 12 月に開催されたいわゆる公害国会では、公害対策基本法を始めとする既存の 8 つの法律の改正・強化と、6 つの新たな法律の制定が行われた[4]。これを契機として、成長優先の政策に大幅な修正が加えられ、環境を重視した政策が選択されるようになった。環境問題の加害者と見なされるようになった企業に対する類例のない厳しい規制政策が展開され、企業側も対応を模索せざるを得なくなった。

政府の規制強化に対応するために、企業は公害防止投資の拡大と環境担当組織の強化の二つの側面で環境対策を進めた。経済産業省（旧通商産業省）調査によれば、企業の公害防止投資は 1965 年にはわずか 297 億円に留まっていた

---

2) 経済審議会専門委員会の国民純福祉（NNW）試算（1973）では、環境汚染による損害額は 1955 年の 350 億円（NNW の 0.2%）から、1965 年に 3 兆 3,760 億円（NNW の 11.6%）、そして 1970 年には 6 兆 1,010 億円（NNW の 13.8%）までに拡大していたという。

3) 総理府（1967、1971）「環境問題に関する世論調査」によれば、公害問題の原因の中、「企業の責任感不足」の項目が 1967 年の 33%から 1971 年には 50%へ最も大きく増加し、次に「行政機関対策の立ち遅れ」が 1967 年の 24%から 1971 年には 28%へと増加した。

4) 公害国会で改正・強化された法律は、公害対策基本法、道路交通法、騒音規制法、下水道法、農薬取締法、大気汚染防止法、自然公園法、毒物および劇物取締法であり、新たに制定された法律は、廃棄物処理法、公害防止事業費事業者負担法、海洋汚染防止法、公害犯罪処罰法、農用地土壌汚染防止法、水質汚濁防止法などである。

表3-2 公害防止管理者等国家試験合格者数

(単位:人)

	大気関係	水質関係	騒音関係	粉塵関係	その他	合 計
1971～2002年累計(a)	68,245	131,337	44,889	5,298	31,296	281,065
1971～1975年累計(b)	37,362	64,958	23,741	2,350	10,740	139,151
a/b(％)	54.7	49.5	52.9	44.4	34.3	49.5

出所:環境省(各年度版b)から作成。

が、1970年には1,883億円、そして投資がピークに達した1975年には9,645億円まで急速に増加し、総設備投資に占める割合は17.7％となった。これは、同年の米国における割合が5.8％であったことと比べると、非常に高い水準であった[5]。

1973年に発生した第1次オイルショックにより景気が不況局面に入ったにもかかわらず、企業は公害防止対策を積極的に推進することが可能であった。その主な要因として、公害防止投資に対する財政投融資資金を活用した長期かつ低利融資、税制上の優遇措置などの環境補助金制度が挙げられる。こうした制度は企業のコスト負担を軽減し、投資誘因として強く働いた。

一方、企業が組織面で環境対策を本格的に始めたのは、1971年の「特定工場における公害防止組織の整備に関する法律」の施行が契機であった[6]。同法による公害防止管理者などの資格取得のために1971年より国家試験が行われ、表3-2で示されているように1971～1975年の5年間累計合格者数は139,151人にのぼり、2002年までの累計合格者数の49.5％を占めていた。そこで、工場レベルと本社レベルの双方で、環境対策専門組織の設置・運営が積極的に進められた。

また、企業の環境対策専門組織は、強化される環境規制基準をクリアするため、集塵機、排水処理設備などの公害防止設備投資の計画、各工場への環境巡視・指導などを主に担当した。その他にも、従業員の衛生問題、危険・有害物

5) 企業の公害防止関連設備投資について詳しくは第4節を参照。
6) この法律は、国の指定する特定工場において、公害防止に関する業務を統括する公害防止統括者、公害に関して必要な専門的知識および技能を有する公害防止管理者などの選任を義務づけ、工場における公害防止組織の整備を図るものであった。

表 3-3 企業の環境担当組織の業務推移

年代	組織の変遷	主要課題	主な活動内容
1970	組織設置期	公害防止対策 労働衛生問題	・社内公害防止規定、管理手続等作成 ・公害防止設備投資計画検討 ・各工場の規制基準遵守のモニタリングなど ・アスベスト、有機溶剤、粉塵対策など
1980	組織整備期	省資源・省エネ対策 産業廃棄物対策	・廃熱の回収利用、放熱による熱の損失防止対策など ・廃棄物減量化対策
1990	組織改編期	地球環境対策 リサイクル対策 環境ビジネス進出	・オゾン層保護対策(特定フロン全廃計画など) ・地球温暖化対策(CO_2排出削減対策など) ・国際協力問題 ・製品環境アセスメントの施行計画 ・廃棄物の適正処理、リサイクル率の目標設定等 ・省資源、低公害、クリーンエネルギー使用製品開発

出所:ヒアリング調査から作成。

質の安全管理などを担当した。産業公害問題が改善された1980年代からは、資源・エネルギー節約問題や、地球温暖化防止、廃棄物処理問題などへ担当業務の領域は拡大されていた（表3-3参照）。

(3) 環境政策の調整・再編期

　高度成長が終わった1970年代後半には、環境政策は調整期を迎えた。代表的な公害産業と指摘されていた鉄鋼、石油化学、非鉄金属などの重化学工業は、オイルショックによって長期不況局面に入り、生産縮小など構造調整が行われた。また大規模工場を中心とする産業型公害の比重は相対的に低下した反面、人口の大都市集中と大量消費社会の進展による自動車排ガス・騒音、生活排水など、いわゆるノン・ポイント・ソースに起因する都市生活型公害の比重は高くなった。

　このような状況の下では、従来の企業規制を中心とする環境政策はあまり有効に機能しなくなった。特に、2度にわたるオイルショックの影響で経済の停滞・減速感が強まり、経団連を中心とした産業界からは環境規制基準の見直しを求める声が高まった。これを受けて、あたかも環境政策が後退したような印象を与えるいくつかの措置がとられた[7]。

1980年代からは環境問題の様態が大きく変容し、大気汚染に代表される従来の産業公害に代わり、廃棄物の埋め立て地の逼迫や不法投棄、自動車などの移動発生源による大気汚染など、都市生活型環境問題が顕在化してきた。また80年代末からは、地球温暖化問題を中心とした地球環境問題が国際社会の緊急課題の一つとして浮上し、環境政策の領域も局地的な問題から地球規模の問題にまで広がるようになった。

こうした問題への対応は、従来の直接規制中心の環境政策が必ずしも役に立つとは限らない。現在では、経済的誘因の適切な設定による間接的誘導など、多様な政策手法を導入するとともに、各国間の施策の連繋強化など国際的協調を盛り込んだ、新しい環境政策体系の構築が求められている。

3　環境政策の特色

(1) 直接規制政策

既に述べたように、急速な高度成長と深刻な産業公害を同時に経験しながら形成されてきた日本の環境政策は、欧米諸国に比べていくつかの特色を持っている。

第一の特色は、特定の公害に焦点を置いた厳しい汚染制御対策が、政策の中心的な位置を占めてきたことである。硫黄酸化物や窒素酸化物など特定汚染物質については、欧米諸国に比べて高い水準の環境基準が定められた（表3-4参照）。その一方で、自然保護や歴史的街並みの再生・保全については、これらの国に比べて進んでいたとは言い難い。急速な産業化過程で深刻な公害被害が発生した日本では、公害対策として即効性のある汚染制御政策の導入を優先せざるを得なかった。

また日本は、特定汚染物質を制御するため、間接的・経済的手法よりも直接

7）例えば、1978年の窒素酸化物に関する環境基準の緩和（0.02 ppm（年平均値）から0.04〜0.06 ppmへ緩和）、1983年の環境影響評価法案の廃案などがあげられる。

表 3-4　日本および欧米諸国における大気環境基準

	SO_2 (ppm)	SPM (mg/m^3)	NO_2 (ppm)
日　本	0.04	0.10	0.02
カナダ	0.06	0.12	0.10
西ドイツ	0.06	−	0.15
米　国	0.14	0.26	0.13
イタリア	0.15	0.30	−
スウェーデン	0.25	−	−
フランス	0.38	0.35	−

注１：いずれの国の環境基準も、1975年に設定されたものである。
　２：大気環境基準は１日平均基準、ただし米国のSO_2は年間平均基準である。
出所：OECD（1978）。

的・行政的規制手法を用いてきた[8]。環境規制を規定する公害関連法は、工場・事業所・自動車等から排出される汚染物質などを規制する法律、公害防止事業を促進する法律、公害被害救済・紛争処理のための法律などに分類することができる。

　特に公害規制については、環境基本法（旧「公害対策基本法」）を頂点とし、大気汚染・水質汚濁・土壌汚染・騒音・振動・地盤沈下・悪臭など典型７公害を中心に各種の規制法が定められている。これらの法律によって、国は汚染物質の排出総量、排出濃度基準を定め、この基準を守るための手段として、許容濃度の上限を定める濃度規制やＫ値規制、排出量を各事業者に割り当てて総排出量を規制する総量規制などを導入してきた（表3-5参照）。

　Ｋ値規制とは、「地上での汚染物質の最大濃度は、汚染物質の排出量に比例し、有効煙突高の自乗と風速に反比例する」というサットンの拡散式によって着地濃度規制を採用、硫黄酸化物の排出量に応じて煙突を高くし、地上に及ぼす影響を少なくしようというものである。Ｋ値が小さくなるほど規制水準は厳しくなることを意味している。1968年に導入されたＫ値規制は、当時としては画期的な規制手法であり、1974年に導入された総量規制と共に大気汚染環

---

[8] 植田（1997、114ページ）は、直接規制中心であった原因として、環境政策自体が当時経験したことのない緊急事態に対応するべく生まれてきたものであり、政策手段の効率性について十分な比較検討を行わなかったこともあるかもしれないという。

表 3-5　直接規制の分類

区　分	方　法	項　　　目
規制根拠	国の法律 自治体の条例 公害防止協定	環境基本法、大気汚染防止法、水質汚濁防止法等 県条例、市条例、指導要綱等 県、または市と企業との協定
規制対象	全国一律規制 地域別規制 施設別規制	窒素酸化物、煤塵、排水等 硫黄酸化物のK値規制、騒音、振動、悪臭、COD総量規制等 窒素酸化物、煤塵
規制類型	濃度規制 総量規制 敷地境界値規制 設備規制	窒素酸化物、煤塵、排水等 窒素酸化物、硫黄酸化物、COD等 騒音、振動、悪臭、特定物質等 粉塵等

出所：環境省関連資料から作成。

境改善に大きく貢献した（表3-6、3-7参照）。

　国および自治体は、規制権限を背景にして企業に直接的に介入し、しばしば行政指導を用いて企業を誘導してきた。表3-8により類推されるように、法律または条例上の監督・規制権限があるにもかかわらず、現実の公害行政では施設の改善命令などの法的措置が正式に発動される例は極めて少なく、違反行為に対する罰則が適用された事例もあまりない。多くの場合、法的な強制措置を執行する前に、都道府県の公害担当官が工場側と話し合って施設計画を変更させたり、住民からの苦情に基づいて工場施設や操業方法の改善を勧告し、事態の解決を図ってきた。

　企業にとっても、こうした行政指導により地域環境保全にふさわしい弾力的な技術的対応が容易となった。改善命令などの行政処分よりも、行政当局と企業とが実現可能な具体的対策、例えば集塵器など汚染防止機器の設置、燃料転換、工場の配置変更などの協議をしたほうが、公害対策においては効果的な側面もあったといえよう。

(2) 環境補助金制度

　高度成長期における環境政策の特色の一つは、産業政策の枠組みの中で行われた点が指摘される。当時、政策の優先順位は成長第一においており、政府は

表 3-6　環境政策の形成・確立期における大気汚染政策推移

年度	関連法律の主な制定・改正	規制対象物質			
		硫黄酸化物	窒素酸化物	煤塵	その他
1962	煤煙規制法制定	・亜硫酸ガス、無水硫酸濃度規制			
1963				・すす粉塵濃度規制	
1968	大気汚染防止法制定	・K値規制導入 →K値1次規制 （K=20.4）		・1次規制 （すす粉塵）	
1969		・SO₂環境基準設定			
1970		・K値2次規制 （K=11.7）			・CO環境基準設定
1971	大気汚染防止法改正	・K値3次規制 ・季節による燃料使用基準設定		・2次規制 （すす粉塵から煤煙）	
1972		・K値4次規制 （K=7.01）			・粒子状物質環境基準設定
1973		・K値5次規制 （K=6.42）	・1次規制		
1974	大気汚染防止法改正	・K値6次規制 （K=3.5） ・総量規制導入 →地域1次指定			
1975		・K値7次規制 （K=3.0） ・総量規制地域2次指定	・2次規制		
1976		・総量規制地域3次指定			
1977			・3次規制		
1981			・総量規制導入		

注：K値規制の（ ）中の数字は、煤煙発生施設の密集地域（例えば四日市市）における規制値である。
出所：環境省(各年度版a)から作成。

市場合理的システムより計画合理的システムを追求していた[9]。すなわち、国が政策を採用する基準は、外部不経済の抑制などを求める効率性ではなく、産業の国際競争力の強化を追求する有効性に置かれていた。

---

9) これについて詳しくは、チャーマーズ（1982）を参照。

表 3-7　K値規制と二酸化硫黄濃度の推移

(単位：濃度＝ppm)

	1968	1969	1970	1971	1972	1973	1974	1975	1976	1977	1978	1979
K値推移	20.4	20.4	11.7	11.7	7.01	6.42	3.5	3.0	3.0	3.0	3.0	3.0
最大着地濃度[1]	0.035	0.035	0.02	0.02	0.012	0.011	0.006	0.005	0.005	0.005	0.005	0.005
SO_2濃度[2]	0.055	0.05	0.043	0.037	0.031	0.03	0.024	0.021	0.02	0.018	0.017	0.016

注1：最大着地濃度は、当該K値規制をクリアするための最大許容濃度値である。
　2：SO_2濃度は、横浜市、川崎市、四日市市などに設置されている15測定局の平均値である。
出所：環境庁（1980）『環境白書』から作成。

表 3-8　汚染物質排出施設に対する立入検査と執行

(単位：件数)

	1994		1996		1998	
	水質関連	大気関連	水質関連	大気関連	水質関連	大気関連
立入検査施設	78,322	92,808	75,550	87,161	69,396	81,257
立入検査後の対応	8,482	695	8,361	954	7,719	707
行政指導	8,398	689	8,262	947	7,639	704
行政命令	69	6	75	7	60	3
告発・刑罰	15	0	24	0	20	0

出所：環境省関連資料から作成。

その一方、1970年代からは、企業の公害防止投資が行われる際に産業政策の一環として様々な補助金制度が講じられた[10]。補助金制度の例として、表3-9で示したように環境事業団（旧公害防止事業団）、日本政策投資銀行（旧日本開発銀行）、中小企業金融公庫など財政投融資関連の政策金融機関が公害防止設備投資について長期かつ低利の融資を行ってきたこと、公害防止設備の特別償却、固定資産税および事業所税の非課税措置など税制上の優遇措置が講じられてきたこと、などが挙げられる[11]。

産業界の影響力が大きかった日本では、第2章で検討したように、汚染者に不利な厳しい直接規制や税のみの政策手段の導入には、大きな政治的難点があった。そこで、産業界と一般国民（汚染の被害者）の間で妥協の容易な直接規制と環境補助金のポリシー・ミックスが採用されるようになった。このポリ

---

10) 公害対策基本法第24条1項（現在の環境基本法第22条1項）で、事業者が行う公害防止施設の整備について、必要な金融上および税制上の措置を講ずると定められていた。
11) 補助金制度の実態について詳しくは、第4章および第5章を参照。

表 3-9 環境政策の確立期における補助金制度の概要

(1975 年 3 月末基準)

補助金類型	環境対策投資類型	大気汚染防止 煤煙処理施設	大気汚染防止 粉塵防止施設	汚水処理施設	騒音防止施設	産業廃棄物処理施設	廃棄物再生処理用施設	公害防止技術開発	事業転換(公害移転)
政策金融	〈中小企業向け融資〉								
	中小企業金融公庫	○	○	○	○	○	○	○	○
	国民金融公庫	○	○	○	○	○	○		○
	中小企業設備近代化資金		○	○	○	○	○		
	中小企業事業団	○	○	○	○	○	○		
	公害防止事業団	○	○	○	○	○			
	都道府県	○	○	○					
	〈大企業向け融資〉								
	日本開発銀行	○	○	○	○	○	○	○	
	北海道東北開発公庫	○	○	○	○	○	○		
	沖縄振興開発金融公庫	○	○	○	○	○	○		
租税優遇	特別償却率	50/100 ○	50/100 ○	50/100 ○	50/100	50/100	1/3		
	耐用年数の短縮								
	固定資産税(減税)	非課税	非課税	非課税	1/3 課税	非課税	3 年分 1/2 課税		
直接補助	技術改善費補助金							○	
	重要技術研究補助金							○	

注:○は補助金支給対象となる環境対策投資を指す。
出所:産業環境管理協会(1975)から作成。

シー・ミックスとしての環境補助金は、企業の資金面での負担を軽減することにより、1970 年代の公害防止設備投資を促すファクターとなった[12]。

例えば企業の総投資額に占める公害防止設備投資の比率は、1970 年には 5.3%に過ぎなかったが、1973 年には 10.6%、そして 1975 年には 17.7%へと大きく拡大した(表 3-10 参照)。また表 3-11 で示したように、欧米先進国に比べても、日本の国民総生産に占める公害防止支出はかなり高い水準であった。こうして日本の厳しい直接規制と環境補助金のポリシー・ミックスは、

[12) 中小企業庁(1972)の「環境問題実態調査」では、中小企業における公害防止対策実施上の問題点(複数回答可)として、「資金面での負担が大きい」が 59%(大企業の場合 42%)と最も大きく、次に「適切な技術がない」が 54%(大企業の場合 61%)、「公害防止施設の設置困難(スペース不足など)」が 24%(大企業の場合 22%)となっていた。

表 3-10 民間企業の公害防止設備投資の推移

(単位:億円、%)

年度	公害防止設備投資		公害防止助成制度	
	投資額[1]	投資率[2]	長期低利融資額[3]	租税優遇措置額[4]
1970	1,883	5.3	346	30
1971	3,057	7.6	760	243
1972	3,311	8.6	1,067	338
1973	5,147	10.6	1,779	383
1974	9,170	15.6	2,924	490
1975	9,645	17.7	3,866	610
1976	7,842	13.3	3,233	370
1977	4,049	7.2	2,243	240
1978	3,459	5.4	2,043	290
1979	3,256	5.4	1,644	370
1980	3,128	3.9	1,879	280
1981	4,037	4.8	1,773	330
1982	4,516	5.1	1,752	340
1983	4,540	6.4	1,777	330
1984	3,475	4.5	1,909	380
1985	3,668	4.9	1,571	320
1986	2,672	3.6	1,322	140
1987	2,428	3.6	1,177	120
1988	2,815	4.1	1,332	130
1989	2,766	3.2	1,592	130
1990	3,409	3.3	1,595	180
1991	3,721	3.5	1,690	180
1992	2,833	4.2	1,860	190
1993	4,775	5.3	2,068	180
1994	3,598	4.6	1,563	120
1995	4,098	4.7	1,195	120
1997	3,371	4.4	n.a.	n.a.
1999	2,313	5.9	n.a.	n.a.
2000	2,336	6.2	n.a.	n.a.

注 1 : 公害防止設備投資額の内訳は、大気汚染防止施設、汚水処理施設、騒音防止施設、産業廃棄物処理施設等である。
　 2 : 公害防止設備投資率=公害防止設備投資額/全体設備投資額
　 3 : 長期低利融資額は、日本政策投資銀行(旧日本開発銀行)、環境事業団(旧公害防止事業団)など政策金融提供機関からの公害防止設備投資向け融資額の合計である。
　 4 : 租税優遇措置額は、公害防止設備投資に対する特別償却など、租税特別措置により予想される当該年度の法人税減収予想額である。
出所 : 通商産業省(各年度版 b)、衆議院予算委員会調査室(各年度版)、財務省(各年度版 a)から作成。

表 3-11　国民総生産に占める公害防止支出の国際比較
　　　　（1971～1975 年）

（単位：%）

	公害防止支出総額／国民総生産	公害防止支出総額／国民総生産の増加分
日　本	3.0～5.5	11.1～20.6
アメリカ	0.8	7.0
西ドイツ	0.8	6.0
スウェーデン	0.5～0.9	4.9～9.0
イタリア	0.4	3.0
オランダ	0.04	3.8

出所：OECD 政策委員会資料から作成。

1970 年代に企業の公害防止設備投資を促し、当時深刻であった産業公害の克服に大きく貢献した[13]。

ただし 1970 年代末からは、企業の公害防止設備投資の縮小とともに税制および金融面での優遇措置も、段階的に見直しされた。例えば、大気汚染防止や汚水処理設備などの産業公害対策施設の場合、1975 年頃には設備取得額の 50％特別償却、固定資産税の非課税などの優遇措置が行われたものの（表3-9）、近年には 15～30％特別償却、固定資産税の 1/6～2/3 課税などへ大幅に縮小された（第 4 章の表 4-4、表 4-6 参照）。

公害防止対策関連長期・低利融資制度に関しても、1980 年代からは優遇金利や融資枠が縮小されており、1999 年には環境事業団の公害防止施設に対する融資業務が日本政策投資銀行へ一本化されるなど、大幅な見直しが行われてきた。それと同時に融資対象部門に関しては、既存の公害防止対策融資中心から、近年、新エネルギーおよびクリーンエネルギー開発、環境保全型製品普及促進対策、そして環境マネジメントシステム構築推進など、多様な環境対策へと拡大されている（第 5 章の表 5-3、表 5-4 参照）。

---

13) 例えば、環境庁環境白書（1977、53 ページ）の試算によれば、1965 年の硫黄酸化物の排出量を 100 とした時に 1975 年の排出量はその半分水準である 50 となるものの、公害防止投資が全く行われなかった場合には 190 と推定されるという。

(3) 自治体の役割

3番目の特色は自治体の役割である。日本では、公害防止や環境保全に果たす自治体の権限と責務が大きかった。戦後の公害規制では、まず自治体が公害防止条例の制定により対処し、その後、これに影響を受けて国の法律が制定されるという例がよく見られた。国の公害対策に先立ち、1949年に東京都が自治体として初めて工場公害防止条例を制定して以来、1951年には神奈川県、1953年には横浜市、1954年には大阪府がこれに続いた。

多くの自治体では、表3-12で示されているように、煤塵やカドミウム・塩素など有害物質については国の基準より厳しい排出規制基準である「上乗せ基準」[14]や、より幅広い汚染物質の規制範囲基準である「横出し基準」を条例に

表3-12 公害対策における国と自治体との関係

規制対象・類型			国が定める事項		団体委任事務として都道府県に保障されている関与の政策	
			国が自ら定める事項	機関委任事務として知事が定める事項	上乗せ基準の設定	知事の意見を聞かなければならない事項
硫黄酸化物	排出基準(K値規制)	地域区分	○			○
		基準値	○			○
	特別排出基準	地域区分	○			○
		基準値	○			○
	季節による燃料使用基準	地域区分	○			
		基準値		○		
	総量規制基準	地域区分	○			○
		基準値		○		
煤塵	排出基準	基準値	○		○	
	特別排出基準	地域区分	○			○
		基準値	○		○	○
有害物質	排出基準	基準値	○			
特定有害物質	排出基準	基準値	○		○	
	特別排出基準	地域区分	○			○
		基準値	○			○

注：団体委任事務は、主務大臣の指揮・監督を受けることなく、地方議会の議決を経て条例でその内容を定めることができる事務である。また、機関委任事務は、条例によって関連事務の内容を変更することが許されず、したがって地方議会の関与ができない事務である。
出所：兵庫県企業庁関連資料から作成。

定めたり、企業との間で公害防止協定を締結することによって独自の公害防止対策を行った。

自治体は、条例でその内容を定めることのできる団体委任事務を活用し、独自の環境基準を設けるなど地域の実情に合わせた柔軟な公害対策を行った。これが地域社会の公害防止や環境改善に大きく貢献してきた。公害防止条例の制定件数（市町村基準）は、1970年に70件、1980年に522件、1990年に513件、そして2000年には641件へと持続的に増加してきた（表3-13参照）。近年は、公害防止条例に代わるものとして総合的環境関連条例の制定も増えている。公害補償、総量規制なども自治体が国に先立って行った[15]。

自治体の公害防止関連組織、職員、そして予算も、国の環境関連法制度が整備され始めた1970年代から急速に拡充および拡大された。ただし、環境行政関連専任職員数は、国の場合1970年代から持続的に増えているものの、自治体では1970年代に急増した後、近年は停滞または減少傾向にある。また、環境予算（環境保全関連経費）の推移も、職員数と類似の傾向にある。自治体は地域の中小企業の公害防止設備投資に対し、国の財政投融資制度と類似の長期・低利融資を行った。自治体の政策金融は、国に比べ融資規模は相対的に小さかったものの、国の補完的役割を、場合によっては先導的な役割を果たしていた[16]。

特に、自治体と公害発生の恐れのある事業活動を営む事業者との間で折衝と合意に基づいて結ばれる公害防止協定は、法的規制以上に重要な役割を果たしてきた。公害防止協定とは、事業者に各種の公害防止措置や公害発生時の対応

---

14) 上乗せ基準を設定した自治体数（都道府県）は、煤塵 6、カドミウム 7、塩素 12、塩化水素 13、フッ素 16、鉛 6 であった（環境庁関連資料）。また、硫黄酸化物は上乗せ基準の設定が認められなかった。硫黄酸化物は石油系燃料の供給体系と密接な関連をもっているので、国が計画的に対策を進める必要があったためであるという。ただし、硫黄酸化物は、K値規制方式として全国を 121 の地域に分け、地域毎に 15 ランクの規制基準が設けられていたので、地域の実情に合わせた対策が可能であった。
15) 例えば、三重県は四日市地域全体から排出される硫黄酸化物の総量規制を目的として、1971年に条例を改正し、国より3年先駆けて総量規制制度を導入した。
16) 例えば東京都の公害防止設備投資融資額は、国全体の 1975 年に比べて約 2 年早くピークが現れたという（産業と環境の会（1997）17ページ）。

表 3-13　自治体の主な環境政策関連指標の推移

		1965	1970	1975	1980	1985	1990	1995	2000
環境行政組織・予算関連	〈公害対策専門組織数[1]〉								
	都道府県	12	46	47	47	47	47	47	47
	市町村	20	580	786	710	628	586	845	n.a.
	〈専門職員数(人)〉								
	国(環境省(庁))[2]	—	501	741	900	909	927	993	1,131
	自治体計	—	3,046	14,862	13,886	14,711	11,914	10,921	n.a.
	都道府県[3]	—	1,300	7,970	8,681	8,443	7,452	6,387	6,453
	市町村	—	1,746	6,892	5,205	6,268	4,462	4,534	n.a.
	〈環境予算(億円)[4]〉								
	国								
	全省庁	127	666	3,751	11,664	11,172	13,402	25,987	30,420
	(うち環境省(庁))	6	33	227	460	430	497	715	2,587
	自治体計	197	3,735	14,258	27,514	27,568	37,218	61,196	55,168
	都道府県	88	1,299	5,333	8,284	8,139	10,758	14,458	10,930
	(除下水道)	n.a.	608	2,251	2,863	3,055	4,075	5,217	3,562
	市町村	109	2,436	8,925	19,230	19,429	26,460	46,738	44,238
	(除下水道)	n.a.	857	3,507	5,783	5,602	6,408	12,102	11,830
環境政策関連	〈公害防止条例(件)〉								
	都道府県	9	46	47	47	47	47	47	47
	市町村								
	公害防止関連	20	70	426	522	496	513	484	641
	環境保全一般	0	0	209	611	1,520	532	555	759
	〈公害防止協定(件)〉								
	締結事業所								
	(累積件数)	14	854	8,923	17,841	26,002	35,256	31,074	32,233
	(年間件数)	4	418	1,827	1,342	1,804	2,826	1,900	1,028
公害対策金融・設備関連	〈公害政策金融(億円)〉								
	自治体計[5]	5	148	393	322	209	243	93	237
	都道府県	n.a.	n.a.	300	245	155	208	66	67
	政令市・市町村	n.a.	n.a.	93	77	54	35	27	170
	財政投融資	32	346	3,866	1,879	1,571	1,595	1,195	n.a
	〈公害防止設備(基)[6]〉								
	排煙脱硫装置	n.a.	102	994	1,329	1,741	1,914	2,249	2,336
	排煙脱硝装置	n.a.	5	93	188	348	826	1,222	1,303

注1：公害対策専門組織は、室・課・係・班を含む。
　2：環境省1970年度の職員数及び予算額は、環境庁発足年度の1971年度の数値である。
　3：政令指定都市の職員数が含まれている。
　4：環境予算額は決算基準値である。また、1965年度の環境予算額は1968年度の数値である。
　5：自治体の1970年度公害政策金融資（長期かつ低利融資）は、1971年度の数値である。
　6：排煙脱硫及び排煙脱硝装置の2000年度設置基数は1998年度の数値である。
出所：環境省（各年度版 a～d）などから作成。

策などを約束させ、これを文書の形式でとりまとめたものである。これは、自治体と事業者の間で締結されるのが通例であるが、事業者と地域住民団体との間で締結される私的公害防止協定もある[17]。

　公害防止協定は、1970年の公害国会を経て数多くの公害関係法令や条例が整備されてからも、なお一層普及が進んだ（表3-13参照）。その背景には、自治体にとって公害防止協定という方式は、法律・条例に比べて弾力的運用が可能であり、進化する公害防止技術の成果を取り入れやすいというメリットなどがあげられる。企業側も行政との公害防止協定を順守することで、新規立地や施設の増設などに際して、地域住民との摩擦を最小限にとどめる効果を期待したようである。公害防止協定は紳士協定の形を取っているが、こうした点から、実質的には法律や条例とほぼ同等の効力を発揮してきた。

　公害防止協定は、公害防止計画書の作成、排出基準や緊急時の措置、汚染物質の排出防止施設の設置、立入り調査権、情報公開、違反時の措置としての操業停止や損害賠償などについての規定がおかれている場合が多い。公害防止協定で定められた排出基準などは、ほとんどの場合、国で定められた基準よりかなり厳しかった。筆者の調査した企業が結んでいた公害防止協定では、条例の1/2、法律の約1/3の厳しい規制基準値を設けているケースが多かった。中には法律の約1/8の非常に厳しい基準値を設定しているケースもあった（図3-1参照）。調査対象の企業はすでに法律や条例の規制基準はすべてクリアしており、現在では公害防止協定の基準の方がより大きい関心事であった。

　今や公害防止協定は、法律、条例と並ぶ日本特有の公害規制手法として、定着したといえる。ただし、締結件数が1990年まで急増したが、近年は停滞している。最近は、公害防止協定に代わって、二酸化炭素排出のコントロールなど、地球温暖化対策をも盛り込んだ総合的な環境保全協定を締結するケースが

[17) 日本で最初の公害防止協定は、1952年に島根県と山陽パルプ江津工場などとの間で締結された「公害防止に関する覚書」であるが、1968年に東京都と東京電力との間で結ばれた公害防止協定が成功したため、同様の公害防止協定が全国に広がった。地方自治体および企業における公害防止協定締結の目的、役割などについて詳しくは、伊藤（1994）、松野・植田（2002）などを参照。

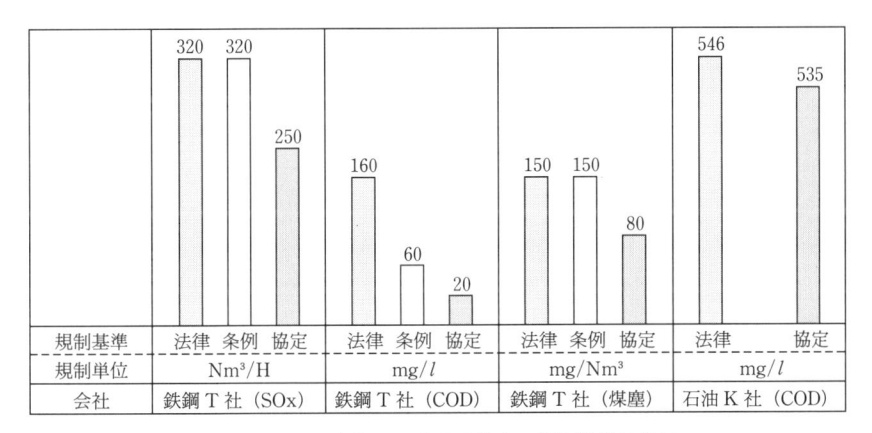

第3章 日本の環境政策の展開と成果　67

規制基準	法律	条例	協定	法律	条例	協定	法律	条例	協定	法律	協定
値	320	320	250	160	60	20	150	150	80	546	535
規制単位	Nm³/H			mg/l			mg/Nm³			mg/l	
会社	鉄鋼T社（SOx）			鉄鋼T社（COD）			鉄鋼T社（煤塵）			石油K社（COD）	

図3-1　法律・条例・公害防止協定の規制基準値比較
出所：各会社関連資料から作成。

増えている（表3-13参照）。

4　環境政策の成果

(1) 大気汚染関連政策

　高度成長期の最中である1960年代末から低成長期に入る1990年代初めの間に、日本のGDPは2倍以上に拡大した。この間、化石燃料の使用量は40％程度増加したものの、硫黄酸化物の排出は82％、二酸化窒素の排出は21％減少しており、これらの物質の制御においてはOECD諸国の中でも最も高い成果をあげている（図3-2参照）。また、水俣病、イタイイタイ病などを引き起こした水銀、カドミウム、鉛など、有害物質による健康被害もほぼ克服できたといえる。

　こうした成果は、同期間中、2度にわたるオイルショックによるエネルギー価格の急上昇により、経済構造全体の省エネルギー化が進展したこと[18]、また低硫黄重油の使用や、石油・石炭から液化石油ガスなどへの燃料転換が一部行われたことなどにも起因しているといえる。しかしより根本的には、国や自治

(単位：指数、1975＝100)

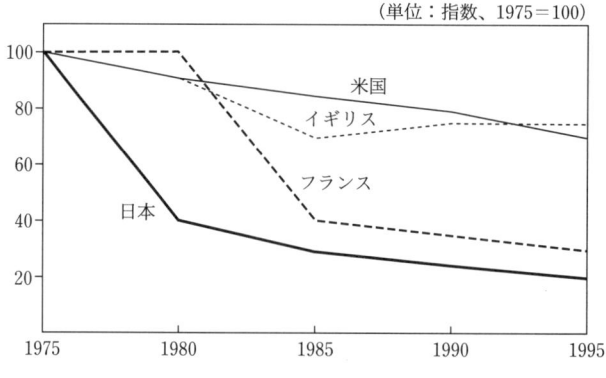

図 3-2　主要国の硫黄酸化物排出量推移
注：硫黄酸化物排出量（1975 年、千トン）：日本 5,573、イギリス 6,224、アメリカ 27,810、フランス 2,897。
出所：OECD（2000）から作成。

体による、汚染物質の抑制を促す厳しい汚染規制政策と、それと並行して行われた各種の補助金制度、そして表 3-14 に示したように汚染防止関連技術開発と設備投資の拡大などによる効果が大きいといえる。企業が公害対策を進める中で開発された排煙脱硫装置、排煙脱硝装置および自動車排ガス装置などの分野では、日本は世界のトップ水準の技術を保有しており、その設置数でも世界の約 8 割（環境庁（1995）調査基準）を占めている。

　自動車 NO_x については、1972 年、環境庁がアメリカの「1970 年大気清浄法改正案」（通称マスキー法）を基準として、NO_x 濃度を 1976 年までに 10 分の 1 に削減するという画期的な規制スケジュールを発表した。日本の自動車業界はこのスケジュールの達成が技術的に困難であると反発したが、「7 大都市自動車排出ガス規制問題調査団」の調査に基づいて 2 年後の 1978 年に全面実施された。結果として、日本の自動車業界は厳しい競争環境と技術開発努力によって、低公害自動車の開発に成功した。この要因としては、政府が自動車排ガス規制スケジュールを明示して市場の不確実性を低減したこと、企業には排

---

18) 省エネルギー化の進展にともない、エネルギー消費の対 GDP 原単位（エネルギー消費量/GDP）が 1973 年の 199.5 kl/億円から 1991 年には 125.8 kl/億円まで低下した。しかし、1994 年からは再び 135.7 kl/億円の上昇推移を見せている。

表 3-14　大気汚染防止に関連する技術開発および設備投資推移

年代	主な技術開発（年）	主な設備投資
1960	・重油脱硫技術開発着手(67) ・排煙脱硫(活性化炭法)技術開発着手(67)	・高層煙突(着地濃度低減)、重油脱硫装置(間接法)
1970	・排煙脱硫装置実用化(乾式72年、湿式73年) ・排煙脱硝技術開発着手(73) ・排煙脱硝装置実用化(77) ・自動車3元触媒技術開発(77)	・集合高層煙突(140〜180m級)、電気集塵器、脱硫設備(NaOH法、石灰石膏法)、アンモニア接触還元法による大容量排煙脱硝装置 ・排ガス混合装置(NOx低減)、湿式電気集塵器
1980	・コンピュータ電気集塵器開発(81) ・電気自動車・燃料電池技術開発開始(85頃)	・脱硝設備(NH_3還元法)、低NOxバーナー、電気集塵器 ・脱硝設備、脱硫設備(MgOH法)
1990	・排煙脱炭装置(CO_2固定)技術開発(92) ・二酸化炭素の固定化および有効利用の技術開発(92)	・脱硝設備、脱硫設備(MgOH法)、高性能電気集塵装置

ガス対策を条件とした長期かつ低利融資、消費者には規制適合車に対する物品税や自動車取得税軽減措置等を実施したことが挙げられる[19]。

しかし、こうした成果も近年では別の諸要因により相殺されている。厳しい大気汚染規制と関連技術の向上の結果、工場などの生産活動による大気環境への負荷は緩和されているものの、自動車など移動発生源の増加（車保有台数：1985年4,616万台→2000年7,265万台）や都市・地域構造、並びにライフスタイルなどに起因する負荷が増大しているからである。

総量規制などの導入は、発生源の大半が工場である硫黄酸化物の排出抑制に対しては劇的な効果を示した。しかし、表3-15に示したように、自動車からのNO_xについてはそれほど効果が現れていない。交通量のコントロールのための交通流対策といった総合交通対策やディーゼル車への対応など、移動発生源に対してより適切な対応が施されない限り、大都市地域において大気環境が改善される見通しは乏しい。また、これまで対策がおろそかであったベンゼンなどの発ガン性物質、ダイオキシン、重金属などの残留性物質といった有害大

[19) 車の排ガス規制と補助金のパッケージ政策の実態と効果について詳しくは、第4章の第3節を参照。

表 3-15　大気汚染規制政策とその成果

	主な規制政策（年）	成　果（年）
硫黄酸化物	・排出基準設定(68) ・K値規制導入(68) ・総量規制導入(74)	・排煙脱硫装置の設置：102基(70)→1329(80)→2336(00) ・SO_2排出濃度（一般局）：0.055 ppm(68)→0.009(80)→0.005(00)
窒素酸化物	・排出基準設定(68) ・濃度規制導入(73) ・総量規制導入(81)	・排煙脱硝装置の設置：5基(72)→188(80)→1303(00) ・NO_2排出濃度（一般局）：0.023 ppm(68)→0.016(80)→0.017(00)
自動車排ガス	・排ガス許容限度設定(74) ・車種規制実施(93)	・SO_2排出濃度（自排局）：0.036 ppm(71)→0.014(80)→0.006(00) ・NO_2排出濃度（自排局）：0.055 ppm(71)→0.032(80)→0.030(00)

注：環境省（各年度版 a ）から作成。

気汚染物質に関する取り組みも大きな課題になっている。

(2) 水質および廃棄物関連政策

　水質汚濁の対策は、人の健康の保護に関する有害物質対策と、生活環境保全に関する有機汚濁対策の二つの分野に分けて行われてきた。このうち有害物質については、規制の強化および業界の大規模な投資などにより、大部分の地域において健康項目の環境基準をクリアしており、大きな成果をあげているといえる。

　水質対策投資に関しては、1970年に制定された水質汚濁防止法に基づいて水質濃度規制が施行されるようになり、BODなどの低減のための活性汚泥処理施設が活発に導入された。1980年代からは活性汚泥処理施設以外にも排水中のCODやSSの削減、HClの回収などのための加圧浮上装置、廃液燃焼設備などの投資が積極的に行われた（表3-16参照）。

　しかし、有機汚濁対策は依然として残された重要な課題の一つである。都市人口と消費の増加により生活排水量が急増しているため、これを収集・処理する施設が追いつかない状況にある。濃度規制や総量規制などの導入にもかかわらず、20.7％の海域や54.2％の湖沼、そして28.5％の河川で依然として環境基準が達成されておらず、改善は進んでいない（未達成率はいずれも2001年度基準）。なかでも生活排水は、湖沼、内湾、内海および貯水池の水質悪化の最

表3-16 水質汚濁防止・廃棄物対策に関連する技術開発および設備投資推移

年代	主な技術開発（年）	主な設備投資
1960	・し尿処理技術開発（湿式酸化・活性汚泥法）(68)	〈水質関係〉 ・空冷式冷却装置、活性汚泥処理設備(BOD 低減)、生物処理による共同排水処理設備設置（四日市コンビナート）
1970		〈水質関係〉 ・活性汚泥処理設備、凝集加圧浮上設備、テレメータシステム ・廃液燃焼設備(COD 低減) 〈廃棄物関係〉 ・廃棄物焼却炉
1980	・有機汚濁のリサイクル技術研究(87)	〈水質関係〉 ・活性汚泥処理設備、凝集沈殿設備（SS の沈殿分離）、テレメータ装置 ・活性汚泥処理設備、COD 自動分析装置 〈廃棄物関係〉 ・廃棄物焼却炉
1990	・廃棄物ガス熔融発電技術開発開始(91) ・排水中のアンモニア等の分解技術開発(92)	〈水質関係〉 ・活性汚泥処理設備、SS 除去装置

も大きな要因になっている[20]。

一方、廃棄物対策は1990年代の半ばまで、主に廃棄物の焼却による減量化を通じて廃棄物の最終処分量を縮小するように設計されていた。一般廃棄物の排出量は1970年に2,810万トン、1980年に4,394万トン、そして2000年には5,236万トンと大幅に増加してきたが、再利用、再資源化などの努力で最近10年間は年平均増加率が0.4％水準にまで抑えられるようになった。産業廃棄物も排出量は1985年から1990年まで年平均4.8％の高い伸び率を示したが、1990年からは産業廃棄物処理に対する規制強化とともに、景気沈滞による産業活動の鈍化などを反映して、0.2％前後の伸び率に留まっている。

しかし、あと数年のうちに、埋め立て地不足が深刻な問題となってくること

---

20) 例えば、大阪府では生活排水が府全体の水質汚濁要因に占める割合は、1970年では40％であったものの、1994年調査では80％に達したという（大阪府（各年度版））。

が予想される。近年、大都市圏の廃棄物は日本海沿岸などの過疎地域に越境移動されていたが、これをめぐり各地で紛争が起きた。日本では、1990年代半ばまで年間約450万トンの産業廃棄物が海洋投棄されていたが、ロンドン条約の発効で1996年から原則的に禁止され、廃棄物の処理処分問題はさらに厳しくなっている。自治体によっては廃棄物越境を禁止したり、規制強化のための条例をつくる動きも出ている。

廃棄物処理費用も1990年には1.4兆円（国民一人当たり1万1,213円）に達し、また1999年には2.2兆円（国民一人当たり1万7,900円）へと上昇し続けている。一般廃棄物について何らかの形で手数料を徴収している自治体は、1993年には全体の8.0％に過ぎなかったが、2000年には全体の約78％に当たる3,250の自治体に達している。1991年に、OECDが提唱した拡大生産者責任（EPR：Extended Producer Responsibility）原則は、生産者に製品使用後の処理費用の負担までを求めている。最近ではこの原則に基づき、循環型社会形成推進基本法を母法とする個別品目別リサイクル関連法が多く制定されており、ペットボトルなど一部品目ではリサイクル率の著しい向上などの成果に結びついた（表3-17参照）。

ただし、近年のリサイクル関連制度は、現行の大量生産・大量消費・大量廃棄を、単に大量生産・大量消費・大量リサイクル社会システムへ誘導する仕組みとなっており、廃棄物発生の根本的抑制や省資源・省エネルギーを通じたサステナブル社会へ導くシステムにはなっていない。例えば、容器包装リサイクル法の施行（1997年一部施行、2000年全面施行）後、ペットボトルの回収率は急速に増加している。ただし生産量は1997年の約22万トンから2002年の約41万トンへと大幅に増加し、同時にリサイクルのために大量の資源やエネルギーを消費している。また廃棄量は近年減少傾向にはあるものの、2002年にも1997年と同じ水準である約19万トンとなっている（表3-18）。

表 3-17 水質および廃棄物規制政策とその成果

	主な規制政策（年）	成　果（年）
水質	・排水基準設定(71) 　―BOD、COD、有害金属、SS など ・PCB 規制(75) ・総量規制導入(79)	・健康項目の環境基準達成率 　―測定地点数：5,724ヶ所、基準超過地点数：47ヶ所 　―基準達成率：99.2%(00) ・有機汚濁の環境基準達成率 　―COD 達成率　湖沼：41.9%(74)→45.8(01) 　　　　　　　　海域：70.7%(74)→79.3(01) 　―BOD 達成率　河川：51.3%(80)→81.5(01)
廃棄物	・処理施設および方法に関する基準設定(70) ・六価クロム等有害物質規制 ・容器包装、家電、食品、建設廃材、自動車など関連リサイクル法の施行による事業者へのリサイクルコストの負担義務(97〜)	・一般廃棄物排出量：2,810万トン(70)→4,394(80)→5,236(00) ・産業廃棄物排出量：2.4億トン(75)→3.1(85)→4.1(00) ・リサイクル率 　―古紙：48%(80)→50(90)→58.3(01) 　―アルミ缶：41.2%(87)→82.8(01) 　―スチール缶：50.1%(91)→85.2(01) 　―ペットボトル：0.2%(92)→40.1(01)

出所：環境省（各年度版 a）から作成。

表 3-18　ペットボトル生産・回収・廃棄量推移

(単位：千トン、％)

	1994	1995	1996	1997	1998	1999	2000	2001	2002
生産量	150	142	173	219	282	332	362	403	413
自治体回収量	1.4	2.6	5.1	21	48	76	125	162	188
自治体回収率	0.9	1.8	2.9	9.6	17.0	22.8	34.5	40.2	45.5
廃棄量	148	138	167	197	234	256	237	225	192

注：回収率は、時系列データの制約により自治体回収分のみである。事業者回収分をも含めば回収率は、2001年に44.0%、2002年に53.4%となる。
出所：PET ボトルリサイクル推進協議会関連資料から作成。

5　おわりに

　日本は、高度成長期に発生した深刻な産業公害問題の克服に成功した国として高く評価されてきた。この経験は、公害防止装置産業や自動車産業などの分野においては、国際競争力を高める刺激剤の役割も果たしてきた。こうした成

果は、公害裁判や住民運動を契機に行われた政府や自治体の厳しい環境規制と多様な補助金制度、これに対応する企業の環境対策が適切にかみ合ったことに大きく起因している。

しかし、緊急を要した大気汚染、水質汚濁など従来型の産業公害問題への対処には成功したものの、大量生産・大量消費・大量廃棄型社会システムの副産物ともいえる廃棄物問題や、自動車公害問題、そして地球温暖化などの地球規模の環境問題への対応には、はかばかしい成果を見出せていない。このような環境問題への取り組みには、過去の産業公害の克服の経験は必ずしも役立つわけではない。企業も単に規制基準を守り、製造工程から公害を出さないという公害対策だけでは済まされなくなった。原材料の入手から製造、加工、流通、消費に至る製品サイクルのすべてにおいて、環境対策が要求されるようになったのである。

このような状況を踏まえ、これまでの規制中心の政策体系から脱却し、環境対策の新たな体系を構築する必要がある。具体的には、現状の環境の質や汚染負荷とその将来推移などに関する各種の環境情報に基づき、生産者だけでなく一般の消費者にも環境配慮を誘導する効果のある経済的手法の幅広い導入を含める、などの方法である。また、規制とパッケージして公害防止投資を促した要因となった補助金制度も、支給対象を過去の終末処理設備型からクリーナー・プロダクション[21]型や消費者支援型へと移行する必要がある。

さらに具体的には、単に規制法体系を整備するだけではなく、リスクの大きい環境技術開発に対する効果的なインセンティブ・システムの強化、廃棄物排出の根本的な抑制が優先される社会的制度の整備、環境情報の公開や環境教育の充実、下水道・公園・街並みの整備などの生活環境改善への投資拡充などが必要である。また、今後環境への負荷低減に大きな役割が期待される環境ビジネスの育成発展のため、エコラベルやグリーン購入制度の拡充などを通じた市場需要基盤の整備とともに、関連の技術開発や製品の普及を支援する補助金制

---

21) たとえば、汚染物質排出抑制のための工程革新技術、廃棄物の工程内での再活用技術、環境負荷の少ない代替原材料の使用技術などがあげられる。

度の強化も必要であろう。

　近年、地球環境保全のための新しい制度づくりが、日本国内はもとより国際社会でも急進展している。企業活動も、地球環境との共存という課題に取り組むべき大きな節目を迎えている。政府の一部では、税を活用して地球環境問題に取り組もうとする地球温暖化対策税の導入に関する議論が活発に行われている。

　国際的には、環境管理システムの国際規格（ISO14001シリーズ）が1996年からスタートし、国籍を問わずいずれの企業も環境に配慮した生産方法、製品開発への対応を迫られている。こうした動きは、既存の価格・技術体系の変更を通じて企業経営に大きな影響を与えることになる。環境問題は企業にとってのリスクとして、また新しいビジネスチャンスとして、戦略的に取り組むべき切実な課題となっている。

　一方日本は、世界をリードする先進国の一員として国際的に果たすべき役割が期待されている。開発途上国および先進国間でも意見の隔たりが大きい地球温暖化や酸性雨などの地球環境問題への解決に向けて、日本のリーダーシップが求められている。また日本が蓄積してきた環境分野、中でも公害防止分野における技術と経験は世界の注目を浴びており、技術やノウハウの国際協力が期待されている。特に経済の成長期にあるアジア地域での環境技術に対するニーズは高く、この地域での経済大国である日本が果たすべき役割は大きいといえる。

第4章　環境補助金と技術

1　はじめに

　日本の厳しい直接規制と環境補助金のポリシー・ミックスは、第3章で検討したように汚染物質の排出抑制に大きな役割を果たした。この政策組み合わせは、汚染物質の制御だけでなく、関連技術の向上にも大きく貢献してきた。そのなかで、直接規制の役割についてはこれまで多くの研究が行われてきた[1]。しかし、環境補助金についてはその実態はもとより、環境技術の開発・普及促進に果たした役割について十分な検討が進んでいない。

　本章の目的は、これまであまり注目されてこなかった環境補助金についてその実態を詳細に把握したうえで、日本の環境技術の開発・普及に与えた役割を明らかにすることである。そのため、まず公共政策の一手段として環境補助金の位置づけと性格を明確にする。次に、環境補助金を政策金融、租税優遇措置、そして直接補助金の3つに分類し、各補助金の運用実態を時系列データを中心に系統的に整理する。最後に、これらの環境補助金が環境技術の開発と普及に果たした役割と課題を明らかにする。

2　公共政策と補助金

　公共政策とは、公共財の不足、外部性、自然独占、リスクなど様々な市場の失敗を補正することを目的とする、経済主体に対する公的介入といえる。公共

---

[1] 例えば国外の代表的な研究としては、Wenders (1975)、Mendelsohn (1984)、Porter (1995) など、国内では中西 (1992a, b)、伊藤 (1996)、浜本 (1997)、岡 (1997c) などがあげられる。

政策は、社会的公共サービスの供給を中心とする公的提供政策、経済主体の行動を直接コントロールする公的規制政策、そして経済主体の行動を経済的手段を通じて間接的に誘導する公的誘導政策の3つに大別できる（植草（1991）23ページ）。日本をはじめ世界の国々では、公害など外部性問題への対策として直接規制などの公的規制政策、および税・補助金などの公的誘導政策がよく用いられてきた。

そのなかで、補助金は一般に政府または公的機関が特定の事業を実施する者に対し、その事業を支援するために恩恵的に交付する給付金と定義される[2]。したがって、補助金は公共政策のうち公的誘導政策の一領域として位置づけられる。補助金交付の主体は国または自治体であるが、特別の法律に基づいて設けられた法人の場合もある。補助金は、他の公共政策手段と同様、政策対象への補助という公的介入を正当化しうるような、公共性ないし公益性の有無が導入の判断基準となる。補助金を導入したときの社会的余剰が、そうでない場合より大きい場合、補助金政策は社会的に容認されうる[3]。

ただし、補助金政策の導入が社会的厚生上望ましいとしても、最適な補助金政策が実行できるかどうかは必ずしも保証されない。第1章で検討したように、政府は補助金の受給者の正確な内部情報を把握しにくく、受給者はより多くの補助金を獲得するために虚偽報告をするというモラル・ハザードに陥る可能性がある。すなわち、補助金の支給における情報の非対称性問題が出てくる。また第2章で検討したように、環境問題に補助金のみの政策を採用する場合、汚染者負担原則に抵触する問題が発生するなど政治的難点が多くある。さらに補助金を提供する行政とそれを受け取る企業とが結託する場合、補助金政

2）「補助金等に係る予算の執行の適正化に関する法律（補助金適正化法）」では、補助金の定義を国が国以外の者――すなわち自治体、企業、個人など――に対して交付する助成金、負担金、利子補給金、その他の給付金と規定している。補助金の定義を「補助金適正化法」のように捉える場合は、政府が公共提供政策の一環として自治体に給付する各種の交付金（すなわち公共補助金）も補助金の範疇に入れられる。しかし、この定義は予算用語上のものであり、公共補助金は財政の政府間移転（中央政府から地方政府へ）にすぎず、企業、個人など民間に与える補助金とは区別すべきである。

3）この議論について詳しくは、細江（1997）116ページ参照。

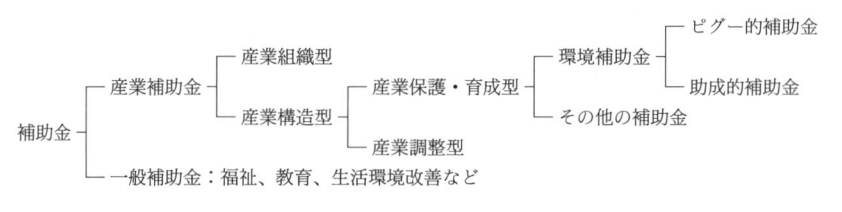

```
                    ┌─ 産業組織型                        ┌─ ピグー的補助金
       ┌─ 産業補助金 ─┤          ┌─ 産業保護・育成型 ─ 環境補助金 ─┤
       │            └─ 産業構造型 ┤                    └─ 助成的補助金
補助金 ─┤                        └─ 産業調整型  └─ その他の補助金
       │
       └─ 一般補助金：福祉、教育、生活環境改善など
```

図4-1　補助金の類型別分類

策は一般国民から納得を得ることができなくなり、社会的効率性も阻害しかねない。こうした問題は、後述するように補助金政策の重要な検討課題となる。

　続いて、日本における補助金の法的根拠について考察する。1955年に制定された補助金適正化法では、国が補助金を交付することについて根拠法令のある「法律補助」と、予算のみを根拠とする「予算補助」とに区別している[4]。法律補助と予算補助の財源は、ともに国の財政（一般会計もしくは特別会計）から調達される。企業や個人など民間に与える補助金が補助金適正化法上の補助金に該当する場合、その執行については同法の規定に従う。一方、同法上の補助金に該当しない政策金融は対象外となり、財政投融資計画として国会の審議と議決を経ることが要請されている。このように、補助金のうち予算補助と政策金融は予算の根拠はあるが、設置における法律の根拠を欠いている。予算のみを根拠とする補助金の交付や政策金融の提供は、行政裁量的であるとの批判が提起されている[5]。

　こうした補助金は、対象主体別に財やサービスの供給者に供与する産業補助金（生産者向け補助金）と、需要者に供与する一般補助金（消費者向け補助金）[6]に大別できる（図4-1参照）。これまで行われてきた環境補助金は、汚染抑制を誘導する目的で主に企業に提供されているので、産業補助金の性格を持って

4）ただし、補助金適正化法は補助金の設置自体を根拠づける法律というより、補助金の定義や、補助金の不正な交付・使用を防止するため補助金の執行に関する基本的規定・手続き・是正措置などを定める法律としての性格が強い。
5）例えば、根岸・杉浦（1997）149～152ページ参照。
6）需要者側の環境配慮への行動を誘導するための、例えば低公害車購入や太陽熱利用住宅建設時に与える補助金がこれにあたる。

いる。以下、産業補助金を分類し、そのなかで環境補助金がどう位置づけられるかについて検討する。

まず、産業補助金は産業内の組織や市場機構に係わる産業組織型と、産業間の構造変化もしくは産業保護・育成に係わる産業構造型に大別できる（図4-1参照）。産業組織型補助金は、主に自然独占型産業の損失を補塡するために提供される補助金である。自然独占型産業では平均費用が逓減するので、価格が限界費用と等しい水準に設定されれば、価格は平均費用に届かず企業は損失を被る。自然独占は、電気・ガス・水道や、郵便・通信・鉄道など公益性が高い部門によく現れるので、多くの国ではこれらの産業を保護・維持するため補助金政策を行ってきた[7]。

次に、産業構造型補助金は、さらに産業保護・育成型と産業調整型に分けられる。前者は、国が特定産業もしくは特定部門を戦略的に保護・育成するため提供する補助金である。産業横断的に研究開発を促進するために与える補助金も、この類型に属する。一方、後者は過剰設備の処分など衰退産業からの資源移動を誘導するために提供される補助金である。

こうした産業補助金の中で、環境補助金は産業保護・育成型補助金に近い性質を持つ。環境補助金は、汚染物質の排出を抑制するための関連設備投資や技術開発（終末処理型もしくはクリーナー・プロダクション型を問わず）を行う企業に対して、コスト負担を緩和するために与えられるケースが最も一般的であった。ただし、環境補助金を広義に捉える場合、リサイクル装置や低公害車、環境配慮型製品などを供給する、いわば環境ビジネスを育成する目的に交付されるケースも含まれる。

環境補助金が、前者のような目的に提供された場合は産業保護型の性格に近く、後者のような場合には産業育成型の性格に近いといえる[8]。既に述べたようにこうした環境補助金は、汚染物質の実際削減量に応じて与えるピグー的補助金と、汚染物質の削減努力に応じて与える直接補助金、政策金融、租税優遇

---

7) しかし近年、電気・通信分野などで大規模ネットワークシステムの分割や情報技術を基盤とした供給システム間の競合が進んだ結果、自然独占性は著しく低下する傾向にある。

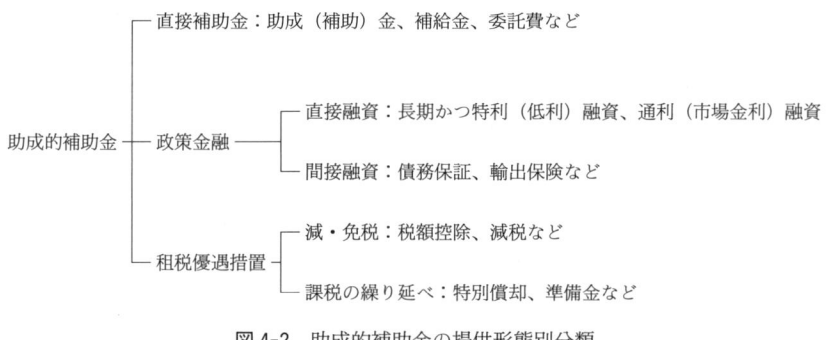

```
                 ┌─ 直接補助金：助成（補助）金、補給金、委託費など
                 │
                 │              ┌─ 直接融資：長期かつ特利（低利）融資、通利（市場金利）融資
助成的補助金 ─────┼─ 政策金融 ───┤
                 │              └─ 間接融資：債務保証、輸出保険など
                 │
                 │              ┌─ 減・免税：税額控除、減税など
                 └─ 租税優遇措置┤
                                └─ 課税の繰り延べ：特別償却、準備金など
```

図 4-2　助成的補助金の提供形態別分類

措置などの助成的補助金に分けられる（図4-2参照）。次節では、現実の環境補助金として多く採用されてきた助成的補助金（以下「補助金」と用語統一する）の実態について詳しく検討する。

3　環境補助金の運用実態

(1) 政策金融

　政策金融は、郵便貯金などのように国の制度や信用に基づいて調達した資金を、民間金融機関より有利な条件（貸出金利、融資期間など）で政策的な必要のある分野へ貸付を行うことである[9]。政策金融は、図4-2に示したように国

---

8) 産業補助金政策の施行における国際的ルールは、WTO（世界貿易機構）の新補助金協定に規定されている。同協定によれば、公正で自由な貿易上の競争を歪曲する場合、産業補助金の供与が禁止されている。しかし、特定性のない一般利用可能性のある補助金のほか、研究開発補助金、地域開発補助金、そして環境補助金は、「グリーン補助金」として一定の要件の下で交付が認められている。環境補助金については、企業が環境基準に適合させるために重い財政的負担を負うこととなり、かつ、助成に当たっては、①一回限りのもので、かつ、費用の20％を上限とすること、②助成が施設の更新または操業に関する費用を負担するものでないこと、③企業の製造過程におけるコストダウンを賄うものでないこと、④すべての企業に利用可能であること、の要件を満たす場合、グリーン補助金と見なされている。

表 4-1　日本政策投資銀行の融資項目別構成比推移

(単位：億円、%)

	1965	1975	1985	1995
融資額合計	1,197	7,662	11,050	18,194
融資項目別構成比合計	100.0	100.0	100.0	100.0
都市・社会基盤整備	－	19.6	14.5	34.9
環境(公害)対策	0.7	27.4	7.5	1.2
エネルギー対策	16	9.1	42.5	31.5
海運	45	10	7	－
技術開発・新規事業育成	－	11	15	16
地域開発	17	15	10	6.5
その他	21.3	7.9	3.5	9.9

出所：日本政策投資銀行（各年度版a）から作成。

や公的金融機関などが自ら融資を行う直接融資（ディレクト・ローン）と、民間金融機関の融資に対する債務保証や保険の提供など、信用補完にとどまる間接融資（インディレクト・ローン）に分けられる[10]。直接融資は、融資対象の公共性の度合に応じ融資金利を市場金利より低く設定する特利融資と、市場金利水準で運用する通利融資に区別できる。

　環境補助金としての政策金融は、第5章で具体的に検討するように、日本の財政投融資手法による政策金融機関の長期かつ低利融資が典型的な例としてあげられる。代表的な環境対策関連政策金融機関は、日本政策投資銀行（旧日本開発銀行）であり、その総融資に占める環境対策融資の割合は、公害の克服が最優先された1970年代の半ばには27.7%にまで達した。しかし、公害問題が鎮静化し始めた1970年代後半から環境対策融資は減少し続けており、その割合も1985年の7.5%、1995年の1.2%に大きく縮小している（表4-1参照）。

---

9) 政策金融については第5章で詳しく検討するので、本節では、租税優遇措置と直接補助金を中心に考察する。

10) ただし、政策金融の場合、民間金融機関より金利や融資期間などの面で優遇された分だけが補助金と見なされる。したがって、民間企業に融資または保証された分がそのまま補助金として見なされることはない。

(2) 租税優遇措置

租税優遇措置は、国が政策的に定めた分野に課税の軽減を通じて経済的支援を行う租税上の特別措置である[11]。この措置は、税法などに需給の基準が厳格に定められており、他の補助金よりも受益者の選定に行政の恣意性が働きにくい点が評価されている。その一方で、要件が満たされれば利用制限が困難であることや、税制の基本原則となる租税負担上の公平性を犠牲にすることが問題点として指摘されている。租税優遇措置は、税額控除や減税などのように課税を免除する（直接補助金の効果に相当する）措置と、特別償却や準備金などのように課税を一定期間繰り延べする（無利子融資の効果に相当する）措置に分けられる（図4-2参照）。

環境補助金としての租税優遇措置は、表4-2に示されているように汚染防止設備購入に対する特別償却や減価償却資産の耐用年数短縮、公害対策に伴う事業用資産の買換特例や税額控除など国税の優遇措置、そして固定資産税および事業所税の減・免税など地方税の優遇措置があげられる。こうした措置は国の財政の減収を伴うものであり、既に述べたように事実上汚染者に直接補助金を与えるのと同じ効果を持つ。ちなみに、日本で行われてきた最も一般的な租税優遇措置として、国税に係わる措置として初年度特別償却、地方税に係わる措置として固定資産税の減税があげられる（表4-2参照）。

企業の公害防止対策関連投資が最も盛んに行われた1975年には、租税優遇措置による国税減収額（公害防止施設に対する特別償却）は610億円となり、全体租税優遇措置減収額の7.7%にも達していた。しかし政策金融と同様に、1980年代から環境対策に関連した租税優遇措置も大きく縮小した（表4-3参照）。たとえば、公害防止設備投資に関する初年度特別償却率は1975年に1/2にまで拡大されたが、1977年に1/3、1982年に1/4、また1992年には18/100にまで引き下げられた（表4-4参照）。

このように、近年、環境対策に関連した租税優遇措置は急速に縮小しつつあ

---

11) 租税特別措置には、租税優遇措置とは逆に政策対象部門の税負担を加重する租税重課措置もある。日本で行われた租税特別措置の一般について詳しくは、和田（1992）を参照。

表 4-2　環境対策関連租税優遇措置

部門	対象設備等	特別	買換	減価	法人	準備	固定	土地	事業	譲渡
大気関連	煤煙処理施設	○	○	○			○	○		
	NOx 抑制施設	○					○			
	粉塵施設	○					○	○		
	特定物質処理施設	○					○			
	軽油脱硫設備	○				○	○			
オゾン層保護関連	省フロン施設				○					
	脱フロン施設	○			○					
省エネルギー等	省エネルギー施設	○								
	代替エネルギー施設						○			
水質関連	汚水処理設備	○		○			○	○	○	○
	汚水処理施設		○							
	海洋汚染	○								
騒音関連	騒音関連設備	○								
悪臭関連	悪臭関連施設						○	○		
廃棄物処理関連	廃棄物処理用設備	○								
	最終処分場					○				
リサイクル関連	廃棄物再生設備	○					○			
	廃棄物再生施設				○				○	
工場施設整備等	工場環境施設	○			○					
	公害防止用設備						○			
地球環境関連	環境技術開発				○					
	生態系保護						○			

注：特別→特別償却、買換→特定資産買換の際の課税特例、減価→減価償却資産の耐用年数の短縮、法人→法人税に係わる税額控除、準備→準備金、固定→固定資産税の課税標準の特例、土地→特別土地保有税の課税標準の特例、事業→事業所税の課税標準の特例、譲渡→譲渡所得税に係わる特例。
出所：産業と環境の会（1997）から作成。

るが[12]、その一方で、1980 年代後半からは自動車排ガス、生活排水、廃棄物問題や地球環境問題が浮上し、低公害車、特定フロン回収設備、廃棄物の再生利用設備、省エネ・新エネ設備などに向けた租税優遇措置は拡充されている

---

[12] 臨時行政調査会の『行政改革に関する第 1 次答申』（1981 年 7 月）では、租税優遇措置の見直しの基準として、ⅰ）適用期限の到来のもの、ⅱ）制度創設以来長期にわたるもの、ⅲ）政策目的の意義が薄れたもの、ⅳ）利用状況が悪く政策効果の期待できないもの、ⅴ）その他当該措置の実態に照らして是正を行うことが適当なもの、などの 5 点をあげている。このうち、環境対策関連租税優遇措置の見直し基準としては、主にⅰ）、ⅱ）、ⅴ）の項目が適用されたといえる。

表4-3 租税優遇措置(全部門)による項目別国税減収額構成比推移

(単位:億円、%)

	1965	1975	1985	1990	1996
租税優遇措置額合計	2,282	7,960	15,250	17,990	17,990
構成比合計	100.0	100.0	100.0	100.0	100.0
貯蓄の奨励	56.7	34.0	53.8	42.9	26.0
住宅・地域開発の促進	3.5	12.0	6.7	20.2	38.8
環境対策	−	7.7	2.5	0.6	0.7
資源開発の促進	2.1	3.6	1.4	0.1	0.2
技術の振興・設備近代化	9.7	13.9	20.7	19.7	14.3
企業内部留保の充実	19.8	11.2	4.3	3.7	4.8
その他	8.2	17.6	10.6	12.8	15.2

注:環境対策による減収額は、主に公害防止設備、無公害生産設備などに対する特別償却による減収額である。
出所:衆議院予算委員会調査室(各年度版)、大蔵省理財局(各年度版)から作成。

表4-4 公害防止設備関連初年度特別償却率の推移

	1967	1975	1985	1990	1996
大気汚染防止設備					
煤煙処理設備	1/3	1/2	22/100	20/100	18/100
粉塵防止設備	1/3	1/2	22/100	20/100	18/100
無公害工程転換	−	1/3	18/100	−	−
脱フロン設備	−	−	−	20/100	18/100
軽油脱硫設備	−	−	−	−	30/100
汚水処理設備	1/3	1/2	22/100	20/100	18/100
騒音防止設備	1/3	1/2	22/100	20/100	18/100
産業廃棄物処理設備	1/3	1/2	22/100	20/100	18/100
地盤沈下対策設備	−	1/3	16/100	15/100	−
石油代替エネルギー利用設備	−	−	−	−	30/100
リサイクル設備	−	1/3	16/100	14/100	25/100

出所:政府関係資料から作成。

(表4-4、表4-5参照)。

　地方税においても、公害防止設備投資に対する固定資産税の非課税や減税、リサイクル設備に係る事業所税の減税、そして低公害車購入に対する取得税の減税などの租税優遇措置が行われた。特に固定資産税の非課税・減税措置は、新規の公害防止設備だけではなく過去の投資分にも適用された。そのため、新規の公害対策を誘導するほか、企業の公害防止関連コストの負担を軽減する効果があったといえる。固定資産税の優遇措置は特別償却措置とは異なり、たと

表4-5 1990年代に導入された主な環境関連租税優遇措置

優遇措置名	年度	措置対象	措置内容	関連法
エネルギー需給構造改革投資促進税制	1992	エネルギー有効利用設備、新エネルギー利用設備、石油代替エネルギー利用設備など	30%特別償却又は7%の税額控除	租税特別措置法
再生資源利用促進準備金制度	1993	再生資源利用製品の市場開拓に要する費用	積立限度額:対象費用の15%	省エネルギー・リサイクル支援法
特定環境技術開発促進税制	1993	省エネルギー技術、フロン対策技術、リサイクル技術などに関する試験研究費	税額控除:特別試験研究費の6%	省エネルギー・リサイクル支援法
リサイクル基盤強化税制	1995	再商品化設備に対する特別償却	25%特別償却	容器包装リサイクル法
再商品化施設に係わる事業所税の特別措置	1995	一般廃棄物の運搬又は再生施設に対する事業所税の減税	資産割及び新増設:3/4控除 従業者割:1/2控除	容器包装リサイクル法

出所:政府関係資料から作成。

表4-6 公害防止設備関連固定資産税優遇措置の推移

	1963	1967	1975	1985	1990	1996
大気汚染防止設備						
煤煙処理設備	非課税	非課税	非課税	非課税	非課税	1/6課税
粉塵防止設備	—	非課税	非課税	非課税	非課税	1/6課税
無公害工程転換	—	—	1/2課税	3/5課税	—	—
脱フロン設備	—	—	—	—	—	2/3課税
軽油脱硫設備	—	—	—	—	—	2/3課税
汚水処理設備	非課税	非課税	非課税	非課税	非課税	1/6課税
騒音防止設備	—	1/3課税	1/3課税	1/3課税	1/3課税	2/3課税
産業廃棄物処理設備	—	非課税	非課税	非課税	非課税	1/6課税
地盤沈下対策設備	—	非課税	1/6課税	1/4課税	—	—
石油代替エネルギー利用設備	—	—	—	—	—	2/3課税
リサイクル設備	—	—	1/2課税	3/5課税	3/5課税	2/3課税

出所:政府関係資料から作成。

え赤字決算になっても関連設備を取得すれば受けられたため、企業にとっては相当なメリットになった。この措置も、国税と同様に1975年以降は縮小傾向にあり、1992年までは非課税となっていたが、1993年からは1/6課税に縮小されている（表4-6参照）。

(3) 直接補助金

直接補助金は、政府が財政資金から企業や個人など政策対象に直接支給する貨幣給付である。直接補助金は、支給された分がそのまま財政の負担になるため、環境分野においては汚染物質の排出を革新的に減らす環境技術の開発など公共性の高い分野に限られている。

国レベルで実施された最初の環境関連直接補助金は、1966年に発足した大型工業技術研究開発制度（通称「大型プロジェクト制度」）である。これを契機に、1970年代から重要技術研究開発費補助金制度、技術改善費補助金制度に「公害特別枠」などが設けられ、民間企業が行う環境技術開発に対して直接補助金が与えられた（表4-7参照）。

大型プロジェクト制度は、社会的・経済的ニーズの大きい大規模な工業技術のなかで、長期の開発期間と大きなリスク負担を伴うものについて国が開発資金を全額負担し、官・学・民の協力体制のもとに研究開発を行う制度である。

表4-7　公害防止技術開発関連補助金制度

制　度	補　助　対　象	補助率
〈大型プロジェクト制度〉 （支給機関：工業技術院）	・官、学、民の共同研究開発プロジェクト（共通） ・機械、装置、部品などの試作研究、または運転試験（共通）	
・排煙脱硫技術開発		経費の全額
・重油脱硫技術開発		経費の全額
・電気自動車		経費の全額
・資源再生利用技術		経費の全額
〈重要技術研究開発費補助金制度〉 （支給機関：工業技術院）		
・重要技術研究開発	・応用研究、工業化試験等を行う者	経費の1/2以内
・公害対策技術研究開発	・工業化・実用化試験等を行う者	経費の3/4以内
・クローズド・プロセス技術研究開発	・工業化試験を行う者	経費の2/3以内
・公害防止技術企業化開発	・特定の公害防止技術の企業化開発を行う者	経費の1/2以内
〈技術改善費補助金制度〉 （支給機関：中小企業庁）		
・一般課題	・特定テーマの技術研究、試作を行う中小企業又は中小企業団体	経費の1/2以内
・特定公害防止技術開発	・同上	経費の3/4以内

出所：通商産業省（各年度版a）から作成。

表 4-8　大型プロジェクト制度による環境関連補助金推移

(単位：百万円)

	1969-1971	1972-1974	1975-1977	1978-1981
補助金総額	15,134	25,138	41,417	62,839
（うち環境対策関連補助金）	940	4,183	1,731	7,624
脱硫技術	940	—	—	—
電気自動車	—	3,781	1,454	—
資源再生利用技術	—	402	277	7,624

注：同制度による環境対策関連補助金の支給は1981年までとなっている。
出所：通商産業省（各年度版 a）から作成。

発足当年には、当時世界的にも技術が確立されていなかった「排ガス脱硫技術」、1967年には「重油の直接脱硫技術」の2つのプロジェクトに対して補助が行われた。

これらの脱硫プロジェクトには、1966年からの5カ年計画により、日本特有の産業構造および立地条件に適した脱硫技術を早急に開発することが求められた。この制度により開発された乾式脱硫法は、実用性に劣るなどの理由により需要者側から採用されず、技術的にみる限り失敗であったとの認識もあった（例えば飯沼（1970））。しかし、大型プロジェクトによる技術開発方式は、汚染物質の排出企業、公害防止装置メーカーや学界などプロジェクト参加者の間で多くの実験データが蓄積される契機となり、第3章でも考察したようにK値規制など革新的な規制手法の導入を可能とする要因になった。大型プロジェクトによる環境補助金は、その後、各年代の環境技術需要に応じる形で電気自動車の開発、そしてリサイクル技術の開発へ補助対象が移り変わった（表4-8参照）。

重要技術研究開発費補助金制度は、1950年に産業の知識化を促進するため、民間企業の行う重要技術分野における研究開発プロジェクトを補助する目的で創設された。1971年度からこの制度に「公害特別枠」が設けられ、緊急な開発が必要とされた公害対策技術について、実用化のための試験研究に対し補助金が交付された（表4-9参照）。その後、無公害生産工程の技術開発に係わるクローズド・プロセス技術、1973年から導入されたNO_x排出規制に備えた排煙脱硝技術などについても補助金が支給された。この補助金に対する環境関連

表 4-9 重要技術研究開発費補助金の交付推移

(単位:百万円)

	公害対策関連技術				省エネルギー技術	一般技術、住宅システム	合計
	公害対策技術	クローズド・プロセス技術	NOx対策技術	公害防止企業化技術			
1971	200					1,800	2,000
1972	300	370				1,650	2,320
1973	400	820		340		1,700	3,260
1974	434	849	600	337		1,939	4,159
1975	898	299	685	—		2,012	3,894
1976	1,470	←環境保全対策技術枠に一体化				2,382	3,852
1977	752				(新設)	2,651	3,403
1978	721				358	1,957	3,036
1979	797				331	1,938	3,066
1980	710				349	1,981	3,040
1981	544				381	2,000	2,925
1982	523				624	1,796	2,943
1983	402				477	1,261	2,140
1984	297				367	986	1,650
1985	146				140	1,137	1,423

注:1983年からは予算ベース、また、同制度は1989年に廃止された。
資料:通商産業省(各年度版a)から作成。

表 4-10 主な環境技術開発関連補助金の推移

(単位:億円)

	重要技術研究開発費補助金	うち環境対策	石油代替エネルギー技術実用化補助金	新発電技術実用化開発費補助金	エネルギー使用合理化技術実用開発費補助金	産業活性化技術研究開発費補助金
1971-75	156.3	65.3	—	—	—	—
1976-80	164.0	44.5	24(1980新設)	(1981新設)	—	—
1981-90	129.3	21.5	157	24.6	—	26.8
1991-94	(1989廃止)	—	62.2	14.7	30.4(1993新設)	(1988廃止)
合計	449.6	124.6	243.2	39.3	30.4	26.8

出所:通商産業省(各年度版a)から作成。

助成申請件数は、1975年には59件(うち31件が採択、1件当たり平均補助金額は6000万円)に達したが、1985年には申請件数が7件(うち6件が採択、1件当たり平均1100万円)に減り、結局1989年には廃止された。

1980年代以降、排煙脱硫や排煙脱硝など終末処理型技術に関する補助金は縮小・廃止されつつあるが、その一方で、メタノール、石炭、自然エネルギー、未利用エネルギーなど石油代替エネルギーの実用化技術開発を中心とす

る新エネルギー技術開発に対する補助金制度は、新設・拡充されている（表4-10参照）。

4　環境補助金と技術革新

　以上のような環境補助金は、第Ⅰ部で検証したようにPPP逸脱度が小さく、また厳しい直接規制とのコンビネーションとして選択されたので導入における政治的コストの少ない手段であった。また、日本における直接規制と補助金のポリシー・ミックスは、表4-11で示したように環境技術の開発や革新と密接な関係にあった。

　技術開発への第1次的なインセンティブは、企業が規制基準をクリアしようとする過程で生まれる。例えば中西（1994）は、日本の製紙産業が厳しい排水規制に対応し、生産工程改善によって排水負荷を画期的に減らした事例を紹介している。同研究によれば、日本の製紙産業のCOD負荷削減量（1970年～1989年を想定）は、その84％が製品の転換や黒液回収率の向上など工程内処理技術の開発により達成されており、終末処理による削減量は16％に過ぎないという。浜本（1998a）は、日本の製造業は、始めは規制水準をクリアするために終末処理中心の環境対策を行ったが、その費用負担の増大が、結局生産工程自体を効率化するための研究開発を促したという[13]。

　ただし第1章でも検討したように、厳しい直接規制のみでは汚染削減のための持続的な技術開発インセンティブは与え難い。直接規制は補助金とのポリシー・ミックスにより、汚染者に汚染削減技術開発へのインセンティブを促す手段となる。なお第2章で考察したように、直接規制は規制水準が厳しくなっても、補助金のバックアップにより汚染者側の政治・経済的抵抗を和らげ、容易に導入・執行できる。

---

13) また浜本（1999）は、環境規制に対する企業の技術的対応について、日本の製紙産業と苛性ソーダ産業の環境対策を事例として取上げている。

表 4-11　規制プラス補助金のポリシー・ミックスと環境技術開発

年度	環境関連規制	環境関連補助金制度	環境関連技術開発
1958	・水質保全 2 法制定		
1960		・開銀、汚水処理施設融資開始	
1962	・煤煙規制法制定		
1963		・開銀、煤煙処理施設融資開始	
1965		・煤煙処理施設耐用年数短縮	
		・環境事業団、公害防止事業開始	
1966		・工業技術院、脱硫技術に大型プロジェクト補助金助成開始	・排煙脱硫(湿式、乾式)技術開発着手
1967	・公害対策基本法制定		・排煙脱硫(活性化炭法)技術開発着手
1968	・大気汚染防止法制定 →SOx K 値規制導入 ・騒音規制法制定	・開銀、石油低硫黄化及び重油脱硫設備融資開始 ・公害防止施設の特別償却(初年度 1/3)新設	
1969	・SOx 環境基準設定		
1970	・水質汚濁防止法、廃棄物処理法など制定	・開銀、排煙脱硫設備融資開始	・騒音防止装置生産開始
1971	・BOD、COD、SS、有害金属規制 ・SOx K 値第 3 次規制 ・煤塵第 2 次濃度規制	・開銀、公害防止融資枠を設定し、重点融資項目とする ・工業技術院、重要技術研究開発費補助金制度に公害枠設定	・重油脱硫装置輸出開始 ・産業廃棄物処理装置生産開始
1972	・SOx K 値第 4 次規制 ・悪臭防止法施行	・公害防止準備金制度創設(売上高の 0.3-0.6%)	・排煙脱硫装置実用化(乾式) ・排煙脱硫装置輸出開始
1973	・NOx 固定発生源の排出規制開始	・環境事業団、産廃処理業者向け融資開始	・排煙脱硝技術開発着手 ・排煙脱硫装置実用化(湿式)
1974	・SOx 総量規制導入	・工業技術院、NOx 対策技術に補助金交付	
1975	・PCB 等の廃棄禁止 ・NOx 第 2 次濃度規制	・廃棄物再生設備の特別償却(初年度 1/3)新設	・排煙脱硝装置生産開始
1977	・NOx 第 3 次濃度規制		・自動車の 3 元触媒技術開発
1978	・水質総量規制導入	・中小公庫、省エネ貸付開始 ・省エネ設備の特別償却(初年度 1/4)新設	
1981	・NOx 総量規制導入		・コンピュータ電気集塵機研究開発 ・有機汚泥のリサイクル技術開発
1983	・浄化槽法制定		
1988	・オゾン層保護法制定	・環境事業団、合併処理浄化槽・脱フロン施設を融資対象に追加 ・特定フロン設備の特別償却(初年度 21/100)新設	・フロン処理技術開発 ・CO_2 回収・固定(排煙脱炭)技術開発
1991	・リサイクル法制定	・規制適合車特別償却新設	・廃棄物発電技術開発
1992	・自動車 NOx 総量抑制法制定	・環境事業団、産廃処理施設・一体緑地の整備について融資新設	・触媒湿式酸化処理(排水中のアンモニア等の分解)技術開発
1994		・省エネ・リサイクル支援法に基づく環境技術開発促進税制など新設	
1995	・容器包装リサイクル法制定		
1996		・廃棄物利用エネルギー装置特別償却新設	

注:開銀→日本開発銀行、中小公庫→中小企業金融公庫。

以下、直接規制と補助金のポリシー・ミックスが技術開発を促した例を考察する。大型プロジェクト補助金制度の発足で開発が着手された排煙脱硫技術は、規制プラス補助金の政策パッケージによって生まれた膨大な公害防止投資需要によって実用化が可能となった。また公害防止装置に対する需要増加は、波及的に公害防止設備資材及び部品など関連産業の投資を増加させ、関連技術の開発を促進する要因となった[14]。

大森（1992）によれば、日本の公害防止装置市場の創出・維持において、財政投融資の積極的な役割を認めることができるという。すなわち、財政投融資による補助措置の実施と排出規制要件の強化は、公害防止装置市場の需給両サイドの成長を促進する。これにより技術革新が一層加速され、革新的技術の商品化が国内市場を一巡し、さらに広く海外に輸出しうる比較優位が形成されたと指摘している。

次に、厳しい自動車排ガス規制と補助金のポリシー・ミックスが、関連技術の開発および製品の普及を促した例を考察する。第1章で触れたが、このポリシー・ミックスでは、生産者のみならず消費者にも補助金を与えた。日本で本格的に行われた自動車排ガス規制は、1974年に設定された昭和50年排ガス規制である。この規制は、当時世界に先立っていた米国の規制よりも厳しい水準であった（図4-3参照）。その後、昭和51年排ガス規制、昭和53年排ガス規制、そして平成12年規制などへと強化されてきた（表4-12参照）。規制スケジュールの明示による市場不確実性の低減、生産者向け補助金による技術開発コストの軽減、そして消費者向け補助金による販売促進効果は、当時としては画期的な三元触媒技術の実用化成功と規制適合車の普及拡大に大きく貢献した

---

14) このメカニズムは以下のようにまとめられる。すなわち1966年に大型プロジェクトを実施→1967年に日本初の重油脱硫装置の実用化→1968年に硫黄酸化物に対するK値規制の導入→大気汚染防止投資需要増加（脱硫装置生産額：1961年の4億円から1969年の252億円へ拡大）→1969年に日本初の硫黄酸化物に対する環境基準設定（年平均0.05 ppm）→1970年に日本開発銀行（当時）の排煙脱硫装置に対する長期かつ低利融資実施、公害防止施設に対する特別償却制度創設→1972、1973年に排煙脱硫技術（湿式）の実用化および輸出開始→1973年に硫黄酸化物環境基準強化（年平均0.04 ppmへ）、1974年に硫黄酸化物総量規制導入→1975年に脱硫装置生産額1,749億円でピークを迎える。

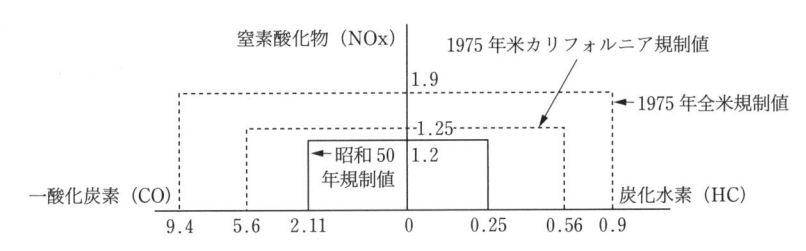

```
              窒素酸化物（NOx）
                         ┌──── 1975年米カリフォルニア規制値
                       1.9
                ┌───────────────┐ ←─ 1975年全米規制値
                ·······1.25·······
                │ ┌─昭和50─┐1.2 │
                │ │ 年規制値 │   │
一酸化炭素（CO）│ └──────┘    │  炭化水素（HC）
            9.4  5.6  2.11   0   0.25  0.56 0.9
```

図 4-3 日米の乗用車排ガス規制値比較（10 モード車基準、単位：g/km）
出所：環境省（各年度版 a）から作成。

（表 4-12 参照）[15]。

2001 年度には、自動車税制のグリーン化が施行され、低公害車の購入の際に取得税軽減（2.2〜2.7%軽減等）および自動車税軽減（2 年間 50%軽減等）措置が行われた[16]。これらの消費者向け補助金の効果は、対象車種によって異なるものの、車 1 台当たり約 22,000〜82,000 円と試算される（表 4-13 参照）。また低公害車は、低燃費による車 1 台当たり年間約 15,000〜56,000 円の燃料費節約効果も期待できる。これら 2 つの効果により、クリーンエネルギー車およびハイブリッド車の普及台数は、2000 年に 74,770 台、2001 年に 106,409 台、2002 年には 130,329 台へと大きく伸びており、低排出ガスおよび低燃費車の普及率も 2002 年度 61.2%から 2003 年度には 64.0%へと拡大してい

---

15) 当時の環境庁の試算によれば、昭和 50、51 年度規制に対応するための車 1 台当たり価格上昇率（昭和 48 年度規制適合車の価格に対する価格上昇率）は、約 10%であったという（環境庁環境白書（1977）56 ページ参照）。これは、1975〜1978 年の規制適合車に対する消費者向け補助金（取得税、物品税、自動車税を合わせれば軽減水準は 4〜6％水準（表 4-13 参照））を考慮すると、車販売に大きな影響を与える水準ではなかったといえる。当時新車の国内販売台数は、1975 年の 430 万台から 1976 年には 410 万台に停滞したものの、1978 年に 468 万台、1980 年に 502 万台、そして 1982 年に 526 万台へ伸びた（日本自動車工業会（各年度版）による）。
16) ここで低公害車とは、電気自動車・天然ガス車・メタノール車などのクリーンエネルギー車、ハイブリッド車、そして低燃費かつ低排出ガス車（PM、NOx に関する平成 12 年基準排出ガス規制を 25%以上クリアした車）の総数を指す。また、車齢 11 年を経過するディーゼル車（ガソリン車、LPG 車は 13 年を経過）については、自動車税を 10%重課している。ただし、2003 年度に自動車税制のグリーン化は、租税軽減措置のための財源不足などにより、低燃費かつ低排出ガス車を中心に縮小された。

表 4-12 排ガス規制プラス消費者向け補助金と関連技術開発推移

排ガス規制の経緯	消費者向け補助金	主な排ガス関連技術開発(年)[3]
〈乗用車[1]〉		
○昭和48年規制(2.18)	○1973.4～1974.3	
	・取得税軽減：自家用・営業用1％	・点火時期制御装置(73)
	・物品税軽減：課税標準の1/4軽減	・排気ガス再循環装置(73)
○昭和50年規制(1.20)	○1974.4～1974.9	
	・取得税軽減：自家用4％、営業用2％	・酸化触媒システム(74)
	・物品税軽減：課税標準の1/8軽減	
○昭和51年規制(0.85)	○1975.4～1978.8	
	・取得税軽減：自家用3～4.875％、営業用1～2.875％	・三元触媒装置(EFI方式)(78)
○昭和53年規制(0.25)	・物品税軽減：課税標準の1/10～1/4軽減	・三元触媒装置(2次空気システム)(78)
	・自動車税の一部軽減	・三元触媒装置(キャブレター燃焼制御方式)(82)
	○1989.4～1991.2	
	・取得税軽減：自家用4.75～4.875％、営業用2.75～2.875％	・メタル担体触媒(89)
		・NOx吸蔵還元型三元触媒(94)
●平成6年規制(0.2)	・自動車税軽減：自家用7,500円、営業用10,300円	・空燃化(A/F)センサー(96)
●平成9年規制(0.08)		・ハイブリッドシステム(97)
○平成12年規制(0.08)		
〈バス・トラック[2]〉		
○昭和49年規制(770)	○1973.4～1974.9	
	・取得税軽減：自家用1～4％、営業用1～2％	
○昭和52年規制(650)		
○昭和54年規制(540)	・物品税軽減：課税標準の自家用1/4～1/8、営業用1/8軽減	・電子制御ディーゼル(82)
	○1988.12～1992.2	・ディーゼル排気ガス再循環装置(83)
○平成元年規制(400)	・取得税軽減：自家用4～4.875％	・電子制御ディーゼル排気ガス再循環装置(87)
	・自動車税軽減：自家用4,000～24,500円、営業用3,200～19,000円	
○平成6年規制(6.0)	○1992.2～1996.2	
●平成6年規制(0.7)	・取得税軽減：自家用4～4.9％、営業用2～2.9％	・ディーゼル酸化触媒(93)
○平成10、11年規制(4.5)		・ディーゼルスモッグコントロールシステム(95)
●平成10、11年規制(0.25)		

注1：( )内は規制基準値であり、規制単位はg/km、○はNOx、●はPM。
 2：( )内は規制基準値であり、規制単位は昭和49年～平成元年まではppm、平成6年以降はg/km、○はNOx、●はPM。
 3：自動車T社のケース。
出所：国土交通省、日本自動車工業会、自動車T社関連資料から作成。

表4-13 低公害車の自動車税グリーン化と燃料費節約効果

項目 車種	取得税軽減額(円)	自動車税軽減		グリーン化効果額(円)	ガソリン消費(l/年)		燃料費差(円/年)[1]	総費用節約(円/10年)[2]
		軽減率(%)	軽減額(円)		当該車	通常車		
P (T社)	48,000	50	34,000	82,000	345	901	55,607	638,073
O (H社)	15,000	25	22,000	37,000	909	1,205	29,573	332,728
M (N社)	15,000	13	7,000	22,000	510	658	14,769	169,691

注1:年間走行距離を10,000 km、ガソリン価格を100円/lとして計算。
 2:グリーン化効果額と燃料費差10年間分を合計したものである。
出所:岡(2000)から作成。

る[17]。

　石谷(2001)は、1993~1996年の消費者の車選好行動をモデル化し、観察期間の4年間にグリーン税制を導入した場合の車販売台数などの変化をシミュレーション分析している。同分析では、低燃費など低公害車へのシフトに加えて年間約6%のCO_2削減率が確認されている[18]。消費者向け補助金は、汚染者負担原則への逸脱問題も比較的少なく(第1章の表1-4参照)、厳しい排ガス基準をクリアした規制適合車や、排ガスを画期的に減らす低公害車の普及拡大に貢献する手段であるといえる。

　Kemp(1997)は、技術開発補助金の技術革新効果、そして設備投資補助金(例えば政策金融や租税優遇措置)の技術拡散効果を認めている(表4-14参照)。同研究によれば、ヨーロッパにおいて課徴金プラス補助金の政策組み合わせにより、環境技術の開発に一定の成果を収めた例がいくつか報告されている。例えば、ドイツの工場排水に対する直接規制、課徴金と補助金の3つの政策パッケージや、自動車排ガス課徴金と低公害車に対する補助金の組み合わせがその例である。特に、排ガス課徴金による税収増加分を低公害車への補助金として支給した政策は、技術革新を効果的に誘導した。その結果、低公害車の普及率

---

17) 普及率は、全体車の新規登録台数の中で低燃費かつ低排出ガス車が占める割合である。また、2003年度は、4月から9月までの普及率である(国土交通省関連資料(2004))。
18) ただし、岡(2000)などは、自動車保有税のグリーン化は、実際の燃料消費行動に意図したとおりの影響を与える保障がないので、理想的な環境税がもつ費用効率性などの利点を持たないという。

表 4-14　環境政策手段別技術革新効果の比較

政策手段		一般属性	技術革新効果	政策実施のための与件
直接規制		・政策効果が広範でかつ即効性がある ・汚染削減の費用構造の異なる汚染者が多数存在する場合非効率である	・既存技術の拡散効果がある ・技術革新の効果がある	・汚染者間の汚染削減の限界費用の差が少ないこと ・汚染者が排出削減のため採用可能な技術が存在すること
税、課徴金		・費用効率的である ・企業の環境コストの負担が大きい ・導入において政治的な難点がある	・既存技術の拡散効果がある ・技術革新の漸進的効果がある	・異なる汚染削減の費用構造を持っている汚染者が価格反応的であること ・環境目標を達成するための多様な技術が存在すること
排出権取引制度		・費用効率的である	・技術革新及び拡散効果がある	・税、課徴金と同じ ・汚染権の取引及びモニタリングコストが大きくないこと
補助金	技術開発補助金	・低級技術に支給する可能性がある ・汚染者側のモラル・ハザードの可能性がある	・技術革新の効果がある	・技術に対する市場需要がまだ存在しない場合 ・将来政策について不確実性が存在する場合 ・技術革新によって得られる利益の専有が困難な場合
	設備投資補助金	・汚染者負担原則に抵触しやすい ・汚染者側のモラル・ハザードの可能性がある	・既存技術の拡散効果がある	・産業の国際競争力が規制の緩い国に比べて不利になる場合

修正：Kemp（1997）323ページ表を加筆修正。

が、1986年15%から1990年には90%にまで拡大する成果をあげたという。

5　おわりに

　本章で検討したように、環境補助金は環境技術に対する市場需要が脆弱である場合、技術革新を誘導する有効な政策手段となる。クリーナー・プロダクション技術開発を誘発しうる課徴金や税の場合、企業のコスト負担が大きく

（汚染削減コストプラス課徴金）、実際に国際競争にさらされている産業への導入には政治的な難点が多い。また、技術開発に応じて規制がさらに厳しくなるという規制方式の場合には、むしろ技術開発抑制のディスインティブとして働く可能性があり、企業には、技術開発に努めるより規制の緩い地域や国へ工場を移転する選択も生じうる。このように規制的手法単独では、技術革新へのインセンティブを与え難い。こうした意味で、補助金の技術革新機能についての意義と有効性を改めて評価すべきである。

ただし今日の環境問題の対策のためには、産業公害時代とは違った新しいタイプの補助金制度が求められている点にも留意すべきである。補助金制度は、指定設備に対する現行の長期固定金利付融資型中心から、新技術が育ちやすいベンチャー型中心に移行し、また革新的環境技術の市場普及効果の高い消費者向け補助金にも注目することが望ましい。従来の補助金方式は、確かに硫黄酸化物や窒素酸化物など終末処理型技術でコントロール可能であった産業公害問題の対処には有効であった。しかし、クリーナー・プロダクション技術の成長が欠かせないCO_2対策問題、そして廃棄物の抑制やリサイクル問題など、今日の環境問題の対処には上で述べた意味で限界があるといえよう。

これまでの補助金制度は、汚染物質の排出が少なくかつ技術革新能力を持つ企業（たとえばエンジニアリング関連企業など）よりも、終末処理型公害防止投資を行う企業に相対的に有利となっていた。汚染物質の排出を画期的に減らす新しい技術を採用する環境投資や関連製品の普及、リスクの大きい環境ビジネスの育成については、補助金支給の対象として積極的に検討すべきである。OECD（1975）は、汚染物質の排出を革新的に減らす新技術が発明企業にのみ帰属するのではなく、一定期間経過した後に広く用いられることが期待されるならば、明らかに公共財的性質を持つと示唆した。

ただし、企業に技術開発を一任するベンチャー型補助金は、情報の非対称性から生じるフリーライダー問題（例えば低級技術の開発など）に陥りやすい問題点がある。いわば「補助金の失敗」問題である。これを防ぐためには、政府（または政策執行機関）は、絶えず新しい環境技術の動向を察知しなければならないであろう。

第5章　日本の財政投融資と環境補助金

1　はじめに

　これまでに検討してきた政策金融、租税優遇措置、そして直接補助金などの環境補助金は、欧米諸国でもよく用いられており、日本特有のものとはいえない。しかし、財政投融資手法による政策金融は、その規模の大きさや日本独特な運用の仕組みなどにより、学術的見地からも注目されてきた。

　政策金融は、低利融資による金銭的優遇金利効果（いわゆるグラント・エレメント効果）と長期のアベイラビリティ供与効果の二つの補助金的機能をもつ。政策金融は、これらの補助金効果により企業の公害防止投資に大きなインセンティブを与え、高度成長期に激甚であった公害の克服に大きく貢献した。

　本章では、財政投融資による政策金融が日本の環境対策に果たした役割と問題点について、実態分析を通じて検討する。まず財政投融資を活用した政策金融の運用状況を調べたうえで、同手法による環境補助金的機能や企業の公害防止投資に与えたインセンティブ効果を定量的に分析する。これらの考察を踏まえ、環境政策の一手段としての同手法の問題点と有効性を評価する。近年、財政投融資制度自体に対する全面的な改革が叫ばれて久しいが、同手法による補助金運用の課題を環境政策の観点から検証する。

2　財政投融資と政策金融

　従来から、郵便貯金、国民年金など国の制度や信用によって低コストで集められた資金は、日本政策投資銀行（旧日本開発銀行）や環境事業団（旧公害防止事業団）などの財政投融資対象機関（以下、財投機関と略す）に供給されてき

た[1]。財投機関はこの資金を民間では供給され難い社会資本の整備や産業の育成などの分野に、民間金融機関より長期かつ低利の条件で貸し付けた[2]。また、産業公害が大きな社会問題となった1960年代半ばからは、民間企業の公害防止設備投資についても財投機関による同様の政策金融が行われた。

財政投融資資金は、その原資となる郵便貯金には元利払い、厚生・国民年金には年金の受給、簡易保険には保険金の支払いを保証していた。これらの資金は、1951年に資金運用部資金法が制定されて以来2001年3月までは同法の規定により、国債・地方債・金融債の購入や、国・地方自治体・特殊法人への運用にのみ活用された（図5-1参照）。また、財投機関が金融市場から借り入れた資金（政府保証借入）や債券（政府保証債）も、財政投融資資金の中に含められた。これは、財投機関が能動的に集めた資金という意味で郵便貯金や簡易保険などとは性格が異なるが、政府が返済について最終的に責任を負い、かつ、財政投融資に深い関わりがあるため、財政投融資原資に加えられていた[3]。一般に、政策金融もしくは公的金融と呼ばれるものは、こうした財投機関による財政投融資資金を政策対象部門へ供給する長期かつ低利融資を意味している。

財政投融資に関わる金利としては、資金運用部が郵便貯金などから資金の預託を受ける際の預託金利、資金運用部が財投機関に貸出する際の財投金利（但し、預託金利と等しい）、財投機関が民間企業などに融資する際の貸付金利がある。通常の財投機関の貸付金利は、概ね預託金利と長期プライムレート[4]の間で決められていたが、政策的に低利融資を行う必要のある場合には、預託金

---

1) 例えば、財政投融資資金の約4割を供給していた郵便局は法人税や預金保険料などが減免されていた。通産省の諮問機関である産業構造審議会は、この減免額は1997年に7,391億円に達するとの試算をまとめていた。
2) 吉田・小西（1996）は、日本が1950年代に財政投融資制度を導入した目的として、国民に重い税負担をかけずに社会間接資本を整備すること、民間の資金配分の融合的機能を行うこと、融資事業の効率化を図ることの3点をあげている。
3) ただし財政投融資制度は、2001年4月からは郵便貯金や年金積立金などの資金運用部への預託廃止、財投機関自ら必要な資金の調達をすることなどを主な内容とする新しいシステムがスタートした。
4) 民間金融機関が運用する長期貸付の最優良金利を意味する。

第5章　日本の財政投融資と環境補助金　99

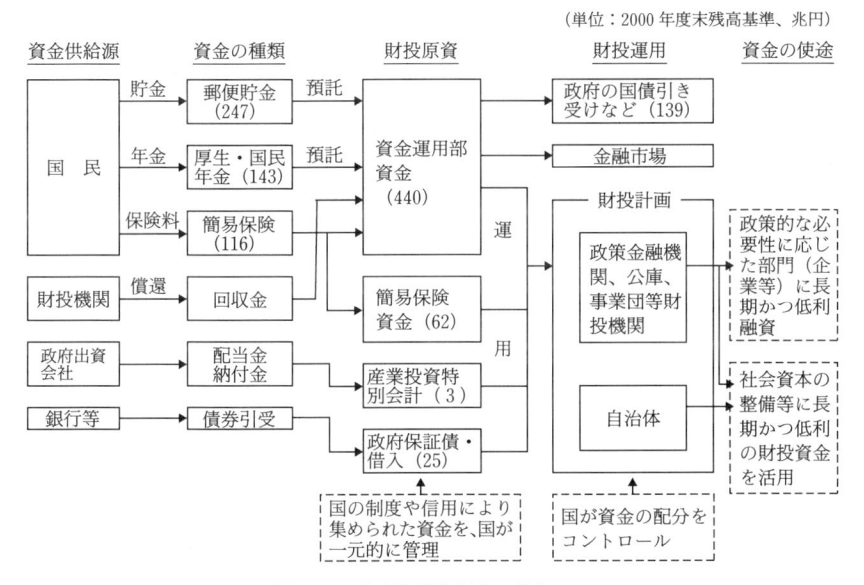

(単位：2000年度末残高基準、兆円)

```
資金供給源        資金の種類              財投原資              財投運用        資金の使途

            貯金   郵便貯金    預託                          政府の国債引き
                  (247)                                    受けなど (139)
 国  民     年金   厚生・国民   預託    資金運用部
                  年金 (143)          資金                  金融市場
            保険料 簡易保険            (440)      運
                  (116)                                    財投計画
                                                                            政策的な必
 財投機関   償還   回収金               簡易保険             政策金融機      要性に応じ
                                       資金 (62)    用      関、公庫、      た部門(企
                                                            事業団等財       業等)に長
 政府出資          配当金                産業投資特             投機関          期かつ低利
 会社              納付金                別会計 (3)                            融資

 銀行等            債券引受              政府保証債・                          社会資本の
                                        借入 (25)            自治体          整備等に長
                                                                            期かつ低利
                                                                            の財投資金
                                   国の制度や信用により   国が資金の配分を   を活用
                                   集められた資金を、国が コントロール
                                   一元的に管理
```

図5-1　財政投融資制度の仕組み[1]

注1：財政投融資制度の改革が行われる前（2001年3月）までの仕組みである。
出所：大蔵省理財局（2001）から作成。

利よりもさらに低く設定される場合もあった。

　実際、財投機関による政策金融は、金利や償還条件を民間金融より有利に貸し付け、政策対象となる産業や企業に実質的な補助金を与える効果を持っていた。例えば、基幹産業の再建が急務とされた戦後復興期には、電力、鉄鋼、石炭、海運などの戦略産業に重点的に配分された（表5-1参照）。

　公害問題が大きな社会問題となった1970年代に入ってからは、企業の公害防止設備投資に対して政策金融による貸付が本格化した。財投機関による政策金融は、概ね環境規制とパッケージで行われた。環境規制プラス財政投融資による政策金融の代表的な例は、1968年の硫黄酸化物に対するK値規制の導入に伴う、日本政策投資銀行による石油低硫黄化および重油脱硫施設への融資である（第4章の表4-11参照）。

　1970年の大気汚染防止法改正強化、廃棄物処理に対する規制強化に伴い、環境事業団は粉塵防止施設などを融資対象に追加し、また日本政策投資銀行

表 5-1 財政投融資の使途別構成比推移

(単位：億円、%)

	1965	1975	1985	1995	1998
全財投機関の融資額	16,206	93,100	208,580	402,400	366,592
構成比合計	100.0	100.0	100.0	100.0	100.0
住宅・生活環境整備	26.3	38.1	40.1	51.7	53.1
（うち環境対策[1]）	(0.2)	(3.7)	(0.8)	(0.3)	(n.a.)
中小企業	12.6	15.6	18.0	15.3	16.7
農林漁業	7.2	4.1	4.3	3.0	2.4
道路・通信	21.8	20.7	17.2	12.3	10.8
産業・技術	7.8	3.0	2.9	3.1	2.4
貿易・経済協力	7.5	7.7	5.4	4.7	4.1
地域開発	7.0	3.3	2.4	2.6	2.9
その他	9.8	7.5	9.7	7.3	7.6

注1：日本政策投資銀行、環境事業団、中小企業金融公庫、中小企業事業団、国民金融公庫など5つの機関の実績基準である。環境対策関連財政投融資について、これらの5つの機関の政策金融が全体の約95％を占めている。
出所：財務省（各年度版 a）から作成。

は、公害予防・悪臭防止・廃棄物処理施設等に対する融資を開始した。1976年には、廃棄物処理法の改正強化と振動規制の実施をパックにして、同事業団は産業廃棄物処理施設についての融資を拡充し、振動防止施設も新たに融資対象に追加した。

しかし、第4章でも指摘したように公害問題がほぼ克服できた1980年代以降には、財投機関の環境対策に関連した政策金融の規模は大幅に縮小された。例えば、環境事業団の環境対策融資は1975年に1,265億円とピークであったが、1980年に230億円、1985年には201億円と急速に縮小した。日本政策投資銀行の環境対策融資も、1975年2,103億円から1980年に1,141億円、1985年には829億円と大きく減少した。こうして、財投機関の全融資に占める環境対策政策金融の割合は、1975年の3.7％から1985年に0.8％、1995年には0.3％と著しく減少した（表5-1参照）。

一方、1980年代後半からは地球環境問題が政治的・社会的に急浮上し、日本の環境政策も従来の国内的な対策を基本とした枠組みから、地球環境保全を視野に入れた枠組みへと大きくシフトするようになった。国内的な環境問題も、従来の産業公害問題中心から自動車排ガス、生活排水、廃棄物処理および

リサイクル問題などに多様化した。こうした問題に対処するため、オゾン層保護法、リサイクル法、自動車 NO_x 総量抑制法などが次々に制定された。

財投機関の政策金融の融資パターンも大きく変容し、重点融資部門であった終末処理型公害防止施設についての融資規模が大幅に縮小した反面[5]、石油エネルギー代替利用設備、特定フロン回収施設、廃棄物再利用施設などが新たな融資部門として浮上した。現在、財投機関はこうした新しい環境問題に対応するため、融資対象の置き換えや融資枠の再設定など、事業方向の転換を模索している。

こうした財政投融資による政策金融は、資金調達や配分の具体的な仕組みからみて、日本独特の制度といえよう。しかし、日本の財政投融資制度と同様に、政策的必要性の高い分野に政策金融機関などを通じて政策金融を活用する制度は、欧米先進諸国でも多くみられる。各国の政策金融の規模に関する定義が必ずしも明確ではないものの、量的基準では日本が最も大きく、英国は僅かな水準に留まっている[6]（表5-2参照）。

政府と政策金融機関の資金調達方法は、日本と諸外国とではかなり異なっている。日本は政策金融の原資を主として郵貯や年金などから調達してきたが、欧米諸国は税収と国債発行で賄っている。政策金融機関についても、日本は政府からの借入金に依存していたが、欧米は資金調達の大部分を、機関それぞれの債券発行によって賄っている。例えば、アメリカの州・地方政府では産業収入債（industrial revenue bond）と呼ばれる非課税債（tax-exempt security）の発行が認められており、調達された資金は電力・ガス供給設備、空港・港湾の

---

5) そのほか、終末処理型設備に対する政策金融の需要が大きく縮小した企業側の要因として、金融自由化の影響で政策金融に対するメリットが相対的に小さくなったこと、企業の大型公害防止投資が一巡したこと、窒素酸化物など一部汚染物質に対する環境規制が緩和されたことなどが挙げられる。例えば産業と環境の会（1997）の調査では政策金融を利用しないと答えた54社（調査に対する回答社77社）の中、その理由について「金利面でのメリットが少ないから」24社、「希望する設備が対象外だったから」12社、「手続きが煩雑だから」7社、「制度を知らなかった」3社、「その他」14社となっている。

6) 英国は古くから企業の長期資金を調達する資本市場が発達してきたので、政策金融の役割は限定されていた。特に1979年サッチャー政権誕生以来、政策金融機関の統廃合などの措置により政策金融の規模はさらに縮小された。

表 5-2 政策金融制度の国際比較

	日 本	米 国	フランス	ドイツ	英 国
主な資金供給機関・制度	資金運用部→財政投融資機関	連邦信用計画（FCP）→政府後援企業（GSE）	預金供託公庫（CDC）→特殊金融機関	特殊課題金融機関（KMS）→復興金融公庫（KFW）等	国家貸付資金（NFL）
主な資金調達方法	郵便貯金、公的年金、簡易生命保険、政府保証債等	租税、国債（貯蓄国債を含む）等	郵便貯金、貯蓄金庫、政府保証等	租税、国債等	郵便貯金、国民保険基金、国債等
主な政策金融対象	住宅、自治体、中小企業、貿易・対外援助、農業、社会資本整備等	住宅、教育、中小企業、貿易・対外援助、農業等	住宅、自治体、中小企業、社会資本整備等	住宅、自治体、中小企業、貿易・対外援助、基幹産業等	住宅、自治体、社会資本整備等
政策金融の貸出額（1996.12末、兆円、円換算）	172.3	39.4	29.3	13.1	1.5

出所：全国銀行協会連合会（1997）、竹内（1998）から作成。

輸送設備、上下水道設備、そして公害防止設備などへの投資を支援している。

3 政策金融の運用実態

(1) 財投機関の概要

　財投機関による政策金融は、大企業向けの場合は日本政策投資銀行などを、また、中小企業向けは中小企業金融公庫、国民金融公庫、中小企業事業団などを通じて行われてきた（表5-3、5-4参照）。環境事業団は環境対策を専門とする唯一の財投機関であるが、融資対象者を特に限定せずに政策金融を行ってきた。環境対策のための政策金融を行っていた財投機関の中では、環境事業団、日本政策投資銀行、そして中小企業金融公庫の役割が重要であった（表5-5）。企業の環境対策がピークに達していた1975年における政策金融の割合は、こ

表 5-3　財投機関の環境対策関連政策金融の条件比較（その 1）

(1975 年 3 月末基準)

融資機関	主な融資対象	主な融資対象施設	融資比率	融資金利[1]	返済期間[2]	融資限度
公害防止事業団（現環境事業団）	大企業 中小企業 自治体	共同公害防止施設	大企業 70% その他 80%	大企業 8.2% その他 5.0%	機械 15 年 その他 20 年	なし
		個別公害防止施設	大企業 50% その他 80%	大企業 8.2% その他 6.3%	15 年以内	
		産廃処理施設	大企業 50% その他 80%	4.5〜8.7%	15 年以内	
日本開発銀行（現日本政策投資銀行）	大企業	公害防止、予防施設	50%	8.7%	10 年程度	なし
		廃棄物再資源化施設	50%	9.9%	10 年程度	
		公害移転	50%	9.0%	15 年以内	
		新技術の企業化[3]	50%	8.0%	10〜15 年	
中小企業金融公庫	中小企業	公害防止施設	なし	7.5%	15 年以内	1.5 億円
		公害防止事業費事業者負担金[4]	なし	共同 7.5% その他 9.4%		
		公害移転、工場環境	なし	8.4%、9.4%		
		新技術の企業化[3]	なし	8.5%		
国民金融公庫	中小企業	中小企業金融公庫と同じ	なし	中小企業金融公庫と同じ	15 年以内	1,800 万円
中小企業事業団	中小企業	共同公害防止施設等	80%	無利子	20 年以内	なし
		工場など集団化事業	65%	2.7%		
		公害防止設備リース	65%	2.7%	12 年以内	
中小企業設備近代化資金	中小企業	公害防止施設[5]	50%(国 25%、自治体 25%)	無利子	12 年以内	500 万円
		うち海水汚濁、廃棄物処理施設等[5]	50%(国 25%、自治体 25%)	無利子	5 年以内	500 万円

注 1：融資金利は 1975 年 3 月基準であるが、現在殆どの財投機関の融資金利は、2％前後水準に統一されている（表 5-4 参照）。
　2：大体 1〜3 年の据置期間が含まれている。
　3：国産技術振興枠での融資である。
　4：公害防止事業費事業者負担法の規定する事業者負担金を負担する場合の融資である。
　5：中小企業近代化資金等助成法に定められている中小企業者（資本金 1 億円以下、従業員数 300 人以下）を対象にする融資である。
出所：各財投機関の融資関連資料から作成。

表 5-4　財投機関の環境対策関連政策金融の条件比較（その2）

(2002年11月末基準)

融資機関	主な融資対象	主な融資対象施設	融資比率	融資金利	返済期間[1]
環境事業団[2]	自治体 中小企業 その他	公害防止関連集団設置建物（企業団地）	自治体90% 中小企業90% その他80%	自治体1.00% 中小企業1.15% その他1.30%	15年以内
	自治体	大気汚染及び地球温暖化対策関連緑地	90%	1.30%	20年以内
	自治体、第1、3セクター、中小企業	産業廃棄物処理施設・一体緑地	80〜90%	1.00〜1.45%	10〜20年以内
日本政策投資銀行	大企業	省エネルギー対策	50%	1.35〜2.2%	10〜20年
		新エネルギー・自然エネルギー開発	40%	1.35〜2.2%	
		公害防止事業	40%	1.55〜2.2%	
		エコビル整備事業	40%	1.45〜2.1%	
		環境配慮型企業活動支援	40%	1.35〜2.0%	
		環境負荷低減型エネルギー供給	40%	1.35〜2.2%	
中小企業金融公庫	中小企業	公害防止施設、ダイオキシン削減施設、オゾン層保護関連施設	特になし[3]	0.95〜1.45%	5〜20年
		廃棄物排出抑制施設、騒音防止施設		1.2〜1.7%	
		温室効果抑制関連施設		0.95〜1.45%	
国民生活金融公庫	中小企業	石油代替エネルギー設備、省エネルギー設備、環境対策資金	7,200万円以内	0.8〜1.6%	15年以内

注1：大体1〜3年の据置期間が含められている。
　2：環境事業団の融資は、同事業団が融資対象者の申し込みを受け当該施設を建設した後、融資対象者に長期・低利融資で譲渡する「建設譲渡事業」の一環として行われている。環境対策関連融資専門の業務は、1999年10月から日本政策投資銀行に移管されている。
　3：ただし、融資金額の4億円までには右側の「特別利率」、そして4億円超過時には「基準利率」（1.60〜1.90%）が適用されている。
出所：各財投機関の融資関連資料から作成。

表 5-5　主要財投機関における環境対策政策金融の実績推移

(単位：億円)

年度	合計	環境事業団		日本政策投資銀行	国民金融公庫	中小企業金融公庫	中小企業事業団
		融資事業	建設譲渡				
1962	1			1			
1963	2			2			
1964	5			5			
1965	32		16	15		1	
1966	60	24	24	10		2	
1967	80	12	60	6		2	
1968	93	25	50	12		2	4
1969	175	40	99	27		3	6
小計	448	101	249	78		10	10
1970	346	190	111	31	2	11	1
1971	760	380	73	245	10	45	7
1972	1,067	311	157	424	15	145	15
1973	1,779	550	178	762	31	211	32(15)
1974	2,924	800	219	1,627	26	215	29(8)
1975	3,866	1,265	270	2,103	17	180	27(4)
1976	3,233	801	246	1,983	15	170	15(3)
1977	2,243	373	304	1,387	20	138	20(1)
1978	2,043	168	399	1,332	14	116	12(2)
1979	1,644	235	347	884	15	154	8(1)
小計	19,905	5,073	2,304	10,778	165	1,385	166(34)
1980	1,879	230	343	1,141	11	147	7(0.3)
1981	1,773	400	345	877	11	132	6(1.5)
1982	1,752	391	337	866	8	137	12(0.5)
1983	1,777	356	310	950	6	140	13(1.5)
1984	1,909	227	341	1,178	4	151	13(1.3)
1985	1,571	201	370	829	5	145	21(−)
1986	1,322	117	400	713	4	82	6(0.3)
1987	1,177	130	400	536	4	103	4(−)
1988	1,332	173	400	600	7	141	11(−)
1989	1,592	200	490	606	16	275	5(−)
小計	16,084	2,425	3,736	8,296	76	1,453	98(5.4)
1990	1,595	250	490	574	24	240	17(0.4)
1991	1,690	300	500	686	27	164	13(0.3)
1992	1,860	350	538	760	17	188	7(0.3)
1993	2,068	370	533	609	74	460	22(0.3)
1994	1,563	339	270	647	46	251	10(0.7)
1995	1,195	408	343	221	29	179	15(−)
小計	9,971	2,017	2,674	3,497	217	1,482	84(2)
合計	46,408	9,616	8,963	22,649	458	4,330	358(41.4)

注：中小企業事業団の（　）内はリース実績。
資料：各機関別資料から作成。

の3つの機関で全財投機関の環境対策融資の約95％を占めていた。

　しかし、財政投融資は企業の環境対策費用のすべてを対象にするわけではない。これは、主に設備投資に直接要する資金に限定された。しかも政策金融の融資比率、利子率、そして償還期間などは分配問題および施設の公害防止寄与度などを考慮し、融資対象企業（例えば、大企業と中小企業）および設備の種類（例えば、共同防止施設と個別防止施設）によって条件が異なった。通常、設備の維持・管理費用などは政策金融の対象外であった。

　一方、前述のように1970年代までの財投機関の貸付金利は、原則として資金運用部の預託金利と民間銀行の長期プライムレートとの間で運用された。大企業向け融資の場合、概ね市中の長期プライムレートより約1～2％・ポイント、中小企業の場合約2～3％・ポイント低く設定されていた（表5-6参照）。

　このうち日本政策投資銀行、中小企業金融公庫などの融資専門機関は、融資金利を大体長期プライムレートと資金運用部からの借入金利（財投金利と等しい）との間で運用した。一方、環境事業団や中小企業事業団など融資と事業の両方を行う機関では、中小企業向け融資に対しては資金運用部の借入金利よりさらに低く設定し、その逆鞘分は国の一般会計から利子補給を受けていた。

　しかし、1980年代から財投機関の融資金利と長期プライムレートとの差は縮小しつつあり、両金利の差は現在殆どなくなっていた。金融自由化の進展、低成長時代への移行、そして民間部門の資金不足現象の緩和に伴い市場金利も大幅に下落し、財政投融資＝低金利の図式は維持できなくなった。財投機関による政策金融は、10年以上の安定した長期資金という点ではまだ民間金融機関の融資に比べ利点があるものの、資金調達コスト面からのメリットはほとんどなくなっている状況にある。

(2) 財投機関別政策金融の運用実態

(a) 環境事業団

　環境事業団は企業や自治体などの公害防止・環境保全対策を支援するため、1965年に公害防止事業団法の成立を契機に厚生省と通産省の所管（1971年に

表 5-6 財投機関の環境対策関連融資金利の推移

(単位：各年度3月末基準金利、%)

年度	長期プライムレート	資金運用部借入金利	日本政策投資銀行(公害枠)	環境事業団(個別公害施設)			中小金融公庫(公害枠)	中小企業事業団
				大企業	中小企業	自治体		
1965	8.3	6.5	7.5	7.5	7.0		7.0	
1966	8.0	6.5	7.0	7.5	7.0		7.0	
1967	7.9	6.5	7.0	7.0	6.5		7.0	
1968	7.9	6.5	7.0	7.0	6.5		7.0	0.0 [2.7]
1969	8.1	6.5	7.0	7.0	6.0		7.0	0.0 [2.7]
1970	8.2	6.5	7.0	7.0	6.0		7.0	0.0 [2.7]
1971	8.5	6.5	7.0	7.0	6.0		7.0	0.0 [2.7]
1972	8.5	6.5	7.0	7.0	6.0		7.0	0.0 [2.7]
1973	7.7	6.2	7.2	6.7	5.5		6.7	0.0 [2.7]
1974	9.4	7.5	8.2	7.7	6.0		7.2	0.0 [2.7]
1975	9.9	8.0	8.7	8.2	6.3		7.5	0.0 [2.7]
1976	9.2	7.5	8.2	7.7	6.0		7.2	0.0 [2.7]
1977	9.2	7.5	8.2	7.7	6.0		7.2	0.0 [2.7]
1978	7.6	6.5	7.2	6.7	5.75		7.0	0.0 [2.7]
1979	7.1	6.05	6.75	6.25	5.75		6.55	0.0 [2.7]
1980	8.8	8.0	8.7	7.35	6.5		8.3	0.0 [2.7]
1981	8.8	8.0	8.7	8.2	7.35		8.5	0.0 [2.7]
1982	8.4	7.3	8.0	7.5	6.65		7.8	0.0 [2.7]
1983	8.4	7.3	8.0	7.5	6.65		7.8	0.0 [2.7]
1984	7.9	7.1	7.8	7.3	6.45		7.6	0.0 [2.7]
1985	7.4	7.1	7.3	7.2	6.45	5.45	7.6	0.0 [2.7]
1986	6.4	6.05	6.3	6.2	5.65	5.15	6.3	0.0 [2.7]
1987	5.2	5.2	5.2	5.2	4.85	4.65	5.2	0.0 [2.7]
1988	5.5	5.0	5.4	5.2	4.6	4.5	5.4	0.0 [2.7]
1989	5.7	4.85	5.55	5.05	4.55	4.4	5.35	0.0 [2.7]
1990	7.5	6.2	6.9	6.4	5.65	5.3	6.7	0.0 [2.7]
1991	7.5	6.6	7.3	6.8	6.0	5.55	7.1	0.0 [2.7]
1992	6.0	5.5	5.9	5.8	5.15	4.75	5.9	0.0 [2.7]
1993	4.9	4.4	4.8	4.7	4.3	4.3	4.8	0.0 [2.7]
1994	4.4	4.3	4.4	4.4	4.2	4.2	4.35	0.0 [2.7]
1995	4.5	4.65	4.2	4.65	4.45	4.45	4.2	0.0 [2.7]
1996	3.2	3.4	3.4	3.4	3.4	3.4	3.4	0.0 [2.7]

注1：1970年までは年末基準。
　2：公害防止設備投資についての融資は、融資開始後最初の2～3年間は表の金利よりさらに0.1～0.5%・ポイント低い金利が適用された。
　3：環境事業団の自治体向け金利は産業廃棄物処理施設に対する融資金利である。
　4：[　]内は公害防止設備リース事業資金金利である。
資料：財務省（各年度版a）、各財投機関別資料から作成。

表 5-7　環境事業団の環境対策事業の推移

(単位：億円)

事業対象	1970	1975	1980	1985	1990	1995	1965～1995
建設譲渡事業合計	111	270	342	371	490	344	8,965
共同公害防止施設	2	9	−	2	−	−	48
共同利用建物	26	47	182	126	261	155	3,616
工場移転用地	60	107	45	126	110	−	2,325
共同福利施設	23	107	115	117	74	102	2,487
大気汚染対策緑地	−	−	−	−	24	63	303
国立国定公園施設	−	−	−	−	21	14	150
産廃処理・一体緑地	−	−	−	−	−	10	36
融資事業合計	190	1,265	230	201	250	408	9,615
産業公害防止施設	190	1,241	172	126	64	68	7,156
産廃処理施設	−	24	58	75	185	305	2,422
市街地土壌汚染防止	−	−	−	−	−	35	35
合併処理浄化槽設置	−	−	−	−	0.3	0.2	2

出所：環境事業団（各年度版）から作成。

環境庁へ移管）のもとで設立された。当時、既に日本政策投資銀行が公害防止投資について政策金融を行っていたが、工業地帯など工場の密集地域の公害問題は、個別企業レベルの努力だけで早急に解決するには限界があった。このため、企業の公害防止対策に直接関与し指導する、環境事業団のような公害対策専門機関の設立が緊急に要請された。

　環境事業団の事業は、環境事業団法の規定により建設譲渡事業と融資事業を2本の柱としていた（表5-7参照）。建設譲渡事業は、産業公害を防止するために共同で利用する施設を企業や自治体などに代わって事業団が直接設置し、長期かつ低利の返済条件で譲渡する事業である。融資事業は、公害防止施設を共同または個別で設置しようとする企業に対して、その設置に必要な資金を融資する事業である。融資事業の対象は、他の財投機関とは違い、大企業、中小企業、自治体、第3セクター、第1セクターなどと多様化している（表5-8参照）。ただし融資事業は、後述するように財政投融資制度の改革の一環として、1999年10月より日本政策投資銀行に移管された。

　設立当時から1995年までの総事業規模は、日本政策投資銀行の2兆2,649億円に次ぐ1兆8,579億円（融資事業9,614億円、建設譲渡事業8,965億円）に

表5-8 環境事業団の政策金融実績（1966〜1995年）

(単位：億円、％)

融資対象	大企業	中小企業	第3セクター	第1セクター及びセンター	公益法人	地方自治体	合計
融資額	5,622	2,764	414	373	2	440	9,615
（構成比）	(58.5)	(28.7)	(4.3)	(3.9)	(0.0)	(4.6)	(100.0)

注1：( ) 内は構成比。
 2：第3セクターとは、自治体が資本金もしくは出資金の一部を出資して設立した法人である。
 3：第1セクターとは、自治体のみが設立に係わる法人である。
 4：センターとは、「広域臨海環境整備センター法」に基づき設立された法人である。
出所：環境事業団（各年度版）から作成。

表5-9 環境事業団の決算推移

(単位：億円)

	1965〜1969	1970〜1974	1975〜1979	1980〜1984	1985〜1989	1990〜1995
収入合計	305	3,020	6,608	6,405	6,199	8,594
財投借入金	248	2,139	2,689	1,939	1,794	4,418
政府助成金	14	102	314	367	335	451
政府出資金	2	2	—	—	—	—
政府補助金	5	59	145	156	143	207
政府交付金	7	41	169	211	192	244
（利子補給金）	(1)	(3)	(45)	(129)	(124)	(150)
業務収入	43	774	3,604	4,090	4,049	3,698
その他	—	5	1	9	21	27

注：1989年までは決算額基準、1990〜1995年は予算額基準。
資料：公害防止事業団（1991）、環境事業団（1996）から作成。

達している（表5-7参照）。環境事業団の政策金融は、融資条件などが他財投機関より有利に設定されていた。例えば融資に対する償還期間は、おおよそ15〜20年の超長期（日本政策投資銀行は10年程度）で行われており、融資金利も1990年代の低金利時代に入る前までは他の財投機関より低く設定されていた。特に中小企業については、環境事業団の調達金利よりさらに低い金利で融資を行った。例えば、1975年頃の中小企業向けの共同公害防止施設に対する融資金利は、当時財投機関の借入金利である8.0％より3％・ポイント低い5.0％に設定されていた。この逆鞘を解消するため、環境事業団は国の一般会計から利子補給を受けていた（表5-9参照）。

(b) 日本政策投資銀行

　日本政策投資銀行では、財投機関のうち最も早い段階から、企業の環境対策施設投資について政策金融が行われた。1960年に日本で初めて汚水処理施設について長期かつ低利融資が行われて以来、1960年代には重油脱硫設備、排煙脱硫設備、アスファルト脱硫施設などの石油低硫黄化設備に対する融資が行われた。

　1970年代前半には液化天然ガス発電、無公害工程転換に対する融資を開始し、塩素の循環使用により廃酸問題が生じない製造設備、水銀問題に対応するため苛性ソーダ製法転換緊急対策融資がなされた。1970年代半ば頃からは、石油低硫黄化、液化天然ガス受入施設、無公害化施設など公害予防施設、苛性ソーダの水銀法から隔膜法への製法転換緊急対策、そして工場環境整備の5つの部門へ重点的な融資が行われた。その他、公害移転、廃車処理業、公害防止技術の企業化などに対する融資も行われた。

　日本政策投資銀行の総融資に占める環境対策関連融資の割合は、公害問題の克服が最優先された1970年代の半ばには27.7％まで達した。しかし、緊急に進められた国や企業の公害対策が功を奏し、産業公害問題が鎮静化し始めた1980年代からは、日本政策投資銀行の融資も資源エネルギー対策部門へ移行し（表5-10参照）、環境対策関連融資の割合は1980年代初めに10％、1980年代末には4％水準まで低下した。

　1990年代に入ると、汚染物質の排出を削減するという狭義の意味での公害防止施設に対する融資の割合は1％水準にまで減少し、環境対策関連財投機関としての日本政策投資銀行の役割は以前に比べて著しく低下した。近年、日本政策投資銀行は自然エネルギー、液化ガス発電などのエネルギー多様化、廃棄物のリサイクル部門などへ融資の重点を移行している（表5-4、表5-11参照）。

(c) 中小企業金融公庫

　中小企業金融公庫は、1953年に中小企業金融公庫法の制定により中小企業の合理化、近代化に必要な長期設備資金の融資を行うことを目的に設立された。1965年には「産業公害防止施設貸付」を設け、中小企業の公害防止設備

表 5-10　日本政策投資銀行の総融資中環境対策融資の構成比推移
(単位：％)

	1965	1970	1975	1980	1985	1990	1995
環境対策融資/総融資	0.7	0.9	27.4	11.7	7.5	3.8	1.2
資源エネルギー対策融資/総融資	—	10.9	9.1	36.3	42.5	28.4	31.5

出所：日本政策投資銀行（各年度版ａ）から作成。

表 5-11　日本政策投資銀行の環境対策関連融資推移
(単位：億円)

	1965	1970	1975	1980	1985	1990	1995	1962〜1995
環境対策融資額	15	31	2,103	1,141	829	574	221	22,649
（総融資中割合(％)）	(0.7)	(0.9)	(27.4)	(11.7)	(7.5)	(3.8)	(1.2)	(6.7)
石油の低硫黄化施設	—	24	392	32	—	—	—	1,930
液化天然ガス受入	—	—	150	371	380	209	66	5,593
無公害工程転換施設	—	—	7	246	15	4	—	1,199
煤煙・粉塵・汚水処理	14	—	783	307	243	187	—	8,242
産廃処理施設	—	—	55	20	11	1	—	661
排煙脱硫施設	—	4	433	42	122	83	—	2,481
排煙脱硝施設	—	—	—	93	32	58	—	775
再資源化・リサイクル施設	—	—	—	—	—	—	34	350
エネルギー環境調和整備	1	—	—	—	—	—	98	276
その他	—	3	283	30	26	32	23	1,142

出所：日本政策投資銀行（各年度版ａ）から作成。

投資に対して長期かつ低利融資を開始した。貸付財源には、他の財投機関と同様に財政投融資資金が大部分を占めているが、政府出資による資本金と政府からの借入金、そして政府引受および政府保証に係わる中小企業債券の発行により調達した資金も含まれている。

日本政策投資銀行と同様、融資の仕組みについては所管省庁から決められた融資方針に基づき、各企業に対し債務返済能力などの金融上の審査を行い融資を実施した。1960年代における環境対策関連政策金融の対象は、初期的産業公害ともいうべき煤塵、粉塵、汚水・廃液、鉱害に関する公害防止施設のみと限定されていた。1970年、公害関連法律の拡充・強化を契機に既存の産業公害防止施設貸付が拡充され、「産業公害防止貸付」が新しく設けられた。

産業公害防止貸付の融資対象には、騒音規制法に規定する騒音発生施設、公害規制地域から特定地域へ工場を移転する際にかかる費用などが追加された。

1971年からは、産業廃棄物処理施設や悪臭防止施設なども融資対象に含まれた。また1973年には、公害防止のための事業転換を行うために必要な資金に対しても積極的な融資が行われたが、他の財投機関と同様、1974年をピークに融資は減少した。ただし、1990年代からは既存の産業公害防止貸付として、省エネルギー資金と公害移転などの資金が加えられた「環境対策貸付」が新しく設けられており、近年、同貸付の融資枠も拡充されている。

4　政策金融の環境補助金機能

(1) 政策金融の優遇金利効果

　財投機関による政策金融の補助金効果は、既に述べたように、民間金融機関の融資より低金利であることから生じる優遇金利効果、および長期のアベイラビリティ供与による期間補完的効果に大別される。このうち期間補完的効果は、定量的な測定が技術上非常に困難であるため、本項では優遇金利効果のみを試算の対象とする。

　通常、民間金融機関による融資は融資期間を問わず変動金利が適用されるが、財投機関による政策金融は返済期間まで融資契約時の金利に固定される。したがって、融資が行われた時点の政策金融の優遇金利効果は、返済期間中固定された優遇金利と常に変動する市場金利との差による、融資を受けた企業の実質的支払い差額を割引率で割り引いた現在価値の総額として示される。本項では、以下の式に基づいて政策金融の優遇金利効果を算定する。

　まず、k期における優遇金利で借りた場合と市場金利で借りた場合の実質的支払いの差額をΔP_k（k期の優遇金利効果分）とする。これは式5-1によって与えられる[7]。

---

7) 式の誘導は、松野 (1997) 参照。

式5-1 $\Delta P_k = (1-t) \cdot I \cdot e \cdot \left(1 - \dfrac{k-1}{m}\right) \cdot (r-i)$

ただし、 t：法人税率
I：企業の公害防止設備投資額
e：政策金融による融資比率
r：市場金利
i：政策金融による優遇金利
m：返済期間

また、割引率が j である割引因子 ρ を $\rho = 1/(1+j)$ とすると、全融資期間中優遇金利分の現在価値総額 ΔP は式5-2で表される。

式5-2 $\Delta P = (1-t) \cdot I \cdot e \cdot (r-i) \cdot \sum_{k=1}^{m} \left(1 - \dfrac{k-1}{m}\right) \cdot \rho^k$

$= (1-t) \cdot I \cdot e \cdot (r-i) \cdot \dfrac{\rho}{1-\rho} \cdot \left(1 - \dfrac{\rho}{1-\rho} \cdot \dfrac{1-\rho^m}{m}\right)$

しかし、式5-2に基づく優遇金利効果の測定は融資が行われた時点から返済期間までの市場金利（r）の予測を伴うため、実際には困難である。本項では、財投機関別における政策金融の優遇金利効果を式5-1に基づき融資時点から返済期間まで毎期（k）測定し、それを年度ごとに合算する方式で求めた。ただし、試算では次のような仮定を置いた。

まず、財投機関から借りる場合は、民間銀行で借りる場合に比べ支払い利息の減少により法人税などの支払いが増加するが、この影響は無視した（$t=0$）。また、企業の公害防止設備投資額（I）と融資比率（e）は、その合計値に当たる政策金融額（$I \times e$）を用いた。市場金利（r）は、民間銀行の長期プライムレートを採用した。各財投機関の優遇金利と市場金利は、毎年3月末基準金利を用い、市場金利は1年間変動しないことを仮定した。毎年の各財投機関の政策金融は3月末に一括に行われ、かつ、10年均等分割返済されることを想定した。データはすべて経常価額で計算した。

これらの仮定のもとで試算した結果が、表5-12に示されている。この表により明らかなように、日本政策投資銀行の優遇金利効果は1975年には80.3億円とピークとなっている。一般に、高金利時代であった1970年代半ばまでは

表 5-12 財投機関別政策金融の優遇金利効果推移

(単位：億円)

年度	合　計	環境事業団	日本政策投資銀行	中小企業金融公庫
1965	0.2	0.1	0.1	−
1966	0.6	0.4	0.2	−
1967	1.4	1.2	0.2	−
1968	2.4	2.0	0.4	−
1969	5.7	4.3	1.4	−
小計	10.3	8.0	2.3	−
1970	11.0	9.1	1.7	0.2
1971	24.8	18.6	5.2	1.0
1972	40.6	26.1	11.1	3.4
1973	37.4	25.7	8.8	2.9
1974	139.3	75.9	48.0	15.4
1975	219.9	118.5	80.3	21.1
1976	184.7	104.4	62.3	18.0
1977	178.1	105.2	54.0	18.9
1978	4.9	35.3	−34.8	4.4
1979	−34.6	17.3	−52.5	0.6
小計	806.1	536.1	184.1	85.9
1980	157.3	86.1	56.5	14.7
1981	135.0	78.1	44.6	12.3
1982	86.1	59.0	20.2	6.9
1983	79.4	55.2	17.9	6.3
1984	27.3	33.6	−7.3	1.0
1985	−19.6	10.0	−26.8	−2.8
1986	−92.7	−19.4	−64.1	−9.2
1987	−154.9	−40.6	−99.8	−14.5
1988	−92.6	−22.2	−60.9	−9.5
1989	−53.4	−5.1	−43.0	−5.3
小計	71.9	234.7	−162.7	−0.1
1990	96.8	60.1	24.8	11.9
1991	104.0	59.6	32.9	11.5
1992	1.7	11.8	−7.8	−2.3
1993	−72.3	−21.1	−41.7	−9.5
1994	−88.1	−32.1	−41.1	−14.9
1995	−60.2	−20.4	−28.6	−11.2
小計	−18.1	57.9	−61.5	−14.5
合計	870.2	836.7	−37.8	71.3

出所：式 5-2 を用いた試算による。

「正」を示していた。しかし、第1章でも説明したように1980年代半ばからは、市場金利の下落に伴い優遇金利効果は「負」に転じた。特に、日本政策投資銀行の優遇金利効果は、全融資期間（1965～1995年）を通じて−37.8億円の「負」と試算された。

環境事業団のケースでは、中小企業や自治体に対しては日本政策投資銀行よりさらに低い金利で融資を行ったことを反映し、全融資期間中（1965～1995年）には836.7億円の「正」の優遇金利効果を示した。一方、低金利時代に入った1980年代半ばからは、日本政策投資銀行のケースと同じように「負」の優遇金利効果を見せている。これらの試算は、企業が財投機関から融資を受けた際、期待されていた財政投融資による政策金融＝補助金効果の等式が必ずしも成立していないことを示唆している。

(2) 政策金融の公害防止設備投資インセンティブ効果

本項では、政策金融の投資インセンティブ効果を定量的に評価するため、公害防止設備投資関数を推定した。推計には以下の方法を用いた。推定期間は1968～1996年である。投資関数の独立変数としては、政策金融の融資規模および優遇金利分を取り入れた。このほか、推定のパフォーマンスを高めるため、公害防止設備投資の誘引に一定の役割をしたと考えられる租税特別措置による国税減収額[8]を追加した。

政策金融の優遇金利分は、民間銀行の長期プライムレートと、日本政策投資銀行の公害防止投資貸出金利との差を代理変数として採用した。推定式は式5-3のように表される[9]。ここで、すべての変数は自然対数をとっており、し

---

[8] 公害防止設備投資に対する減税効果が最も大きかった特別償却措置による国税減収予想額である。他の租税特別措置によるもの（例えば地方税減税など）は、時系列データの入手困難のため除外した。

[9] この投資関数は、企業の公害防止設備投資に大きい影響を与えたと推測されている環境規制水準が独立変数に含まれていない。規制水準は、その定量化が技術的に困難であり、たとえ独立変数として取り入れても、規制とパッケージとして行われた政策金融の融資額と多重共線性の問題を起こしやすい。したがって、関数は規制水準を独立変数として考慮に入れていない。

たがって推定された係数は各独立変数の投資弾力性を意味する。変数はGDPデフレータで実質化されている。

式5-3　$\ln(X/P) = \alpha + \beta \ln(M/P) + \gamma \ln(T/P) + \delta \ln(r-i)$

X：大企業の公害防止設備投資額（億円、経常価格、通商産業省（各年度版b）調査基準）

P：GDPデフレータ（指数、1995＝100）

M：大企業向け公害対策政策金融額（億円、経常価格）

T：公害防止設備投資関連租税特別措置による国税減収予想額（億円、経常価格）

r：民間銀行の長期プライムレート（年利、％）

i：日本政策投資銀行の公害防止投資貸出金利（年利、％）

関数の推定は、各独立変数の公害防止設備投資インセンティブ効果を、環境政策の展開過程別に比較してみるために①1968～1996年、②1968～1980年、③1980～1996年の3つの時期に区分して行った。ここで①は、第3章で分類したように環境政策の形成・確立・調整・再編期の全期間に当たる。また②は環境政策の形成・確立期に、③は環境政策の調整・再編期に当たる。各区間別推定の結果は表5-13に示されている[10]。

区間①について推定した結果、まず政策金融の融資規模は1％の有意水準で、優遇金利分は5％の有意水準で公害防止設備投資にプラスの影響を及ぼしたことが明らかになった。その反面、租税特別措置の公害防止設備投資に対する影響は統計的に棄却された。また、政策金融の融資規模の投資弾力性（0.521）は、租税減収額（0.057）および優遇金利分（0.126）の投資弾力性より大きく、独立変数の中では融資規模の投資に与えたインセンティブ効果が最も大きく現れた。これは、厳しい規制に備えて大規模な公害防止投資を執行せざるを得なかった企業にとって、政策金融の長期安定的な投資資金調達源とし

10）推定法は、推定区間①は、誤差項に1階の自己相関を想定して最尤法（$\rho = 0.7283$）を採用した。また推定区間②、③の場合、統計的パフォーマンスなどを考慮し最小自乗法（OLSQ）を選択した。

表5-13 公害防止設備投資関数の推定係数

推定区間	定数項	独立変数			推定式の統計値
		$\ln(M/P)$ (政策金融)	$\ln(T/P)$ (租税特別措置)	$\ln(r-i)$ (優遇金利)	
① 1968〜1996年	4.622 (5.665)**	0.521 (3.892)**	0.057 (0.557)	0.126 (2.238)*	DW=1.990 R^2=0.985
② 1968〜1980年	2.743 (12.125)**	0.634 (4.254)**	0.180 (1.135)	0.325 (2.916)*	DW=1.305 R^2=0.851
③ 1980〜1996年	2.884 (5.305)**	0.302 (1.046)	0.113 (0.614)	0.056 (0.986)	DW=2.192 R^2=0.266

注1:( )内は推定係数のt値であり、**は1％、*は5％の統計的有意水準を示す。
 2:DWはダービン・ワトソン比、R^2は決定係数を示す。
 3:独立変数のアルファベットM、P、T、r、iは式5-3の定義に従う。

ての役割が、投資への誘因として少なからず寄与したためと説明できる。

　政策金融の大きなメリットとして期待される優遇金利効果は、関数の推定式では低く評価された。ただし、データの制約により中小企業に対する優遇金利分が、この推定式に含まれていないことを考慮すると、実際の優遇金利効果は、推定されているよりは大きいと推測される。

　租税特別措置が公害防止設備投資の誘因となる、という仮説は棄却された。初年度特別償却など租税特別措置は、納税の繰り延べによって無利子融資と同様の効果を持っており、金利が高かった高度成長期に投資のメリットとして強く働いたと予想される。しかし、租税特別措置の場合、時系列データの制約により特別償却による減収額のみ係数の推定に用いられたこと、そして1980年代半ばから財政健全化の動きとともに減税規模が大幅に縮小したことなどが、投資インセンティブとしての制約要因であったと思われる。

　次は、区間②と区間③、そして区間①の推定結果について比較してみる。区間②では、区間①と同様、政策金融の融資規模は1％の有意水準で、優遇金利分は5％の有意水準で公害防止設備投資にプラスの影響を及ぼした。他方、区間③ではいずれの推定係数の影響も統計的に棄却された。したがって区間③においては、少なくとも統計的には、政策金融や租税優遇措置いずれの変数も公害防止設備投資への誘因にはならなかったことになる。

投資弾力性の場合、政策金融の融資規模は区間②（0.634）が区間①（0.521）および区間③（0.302）より大きく、政策金融の優遇金利効果も推定区間②（0.325）が、区間①（0.126）、そして③（0.056）より大きく現れた。これらの推定結果は、政策金融の公害防止設備投資インセンティブ効果は環境政策の形成・確立期には大きく現れたものの、調整・再編期においては統計的信頼が得られないほど著しく縮小されたことと解釈できる。

租税特別措置の投資弾力性は、区間②（0.180）で最も大きく現れたものの、区間①（0.057）、③（0.113）ともに、公害防止設備投資に影響を与えたという仮説は棄却された。これは区間①の場合と同様の要因であると考えられる。以上の分析結果、政策金融の信用供給機能（融資規模）は公害防止設備投資のインセンティブとして有効に働き、特に環境政策の形成・確立においては（厳しい直接規制とパッケージされることで）、その効果は大きかったことが統計的にも検証されたといえる。

5　政策金融の評価と課題

日本の財政投融資による政策金融は、環境規制政策と適切にかみ合い、高度成長期における公害の克服に一定の役割を果たしたと評価できる。政策金融は、国の投資資源を環境部門へ誘導した効果も大きく、汚染防止関連ストックの蓄積や環境に優しい技術の開発に重要な役割を果たしてきたといえる。また、小西（1996）によれば財投機関のきめ細かい融資サービスと速やかな融資執行は、企業の公害防止投資促進に大きく寄与したという。

財政投融資による政策金融は、ピグー的補助金とは違って基本的には国の一般予算から補助金をあまり受けずに運用することが可能でもあった。政策金融の融資金利が、少なくとも資金運用部からの借入金利以上の水準で設定される限り、財投機関は国から利子補給を受ける必要はなくなる。国が利子補給金の形式で補助金を支給する場合は、融資条件等について大企業と中小企業を差別化して適用すると、一般国民からの理解も得られやすい。しかし、政策金融

は、第1章で検証したように他の類型の補助金よりはPPP逸脱度の低い手段ではあるものの、汚染者負担原則を逸脱するという問題から免れたとは言い難い。国の信用を背景に、一般国民から集めた資金を汚染者に長期かつ低利といった優遇的条件で配分する仕組みは、汚染者負担原則にそぐわないという批判を受ける余地はある。

　また、いずれの機関も、それぞれの設立趣旨に応じてその対象となる企業の規模、融資対象設備や技術が始めから限定されていた。各機関は、毎年、政策官庁や財政当局の政策判断によって見直された資金枠、融資分野、融資の条件などの融資規定に則って貸付を実行した。したがって、財投機関は自らの技術的審査能力や新しい環境技術についての需要予測評価機能などが脆弱であり、政府の政策執行機関としての役割にとどまっていた[11]。財投機関のこうした機能の欠如は、1980年代以降に台頭した生活型汚染や廃棄物のリサイクル問題などへの対策に、財投機関が後れをとっている1つの要因にもなっていた。

　環境問題の関心が従来の産業公害問題から地球規模の環境問題へ移行するのに伴い、政策金融の役割も現在大きな転換期を迎えている。従来のような特定の公害防止施設の採用に限定する硬直的な財政投融資方式では、企業に新しい技術開発へのインセンティブを付与し得ない。これからの財政投融資は、地球規模の環境問題への対応には欠かせない環境技術の革新と、21世紀の有望産業といわれている環境ビジネスを育てる新しい役割が期待される。

　これらの技術や産業を育成するためには、既存の財政投融資手法の見直しが必要である。すなわち、現在の終末処理型設備に対する長期かつ低利融資型中心から、新技術への革新機能の高いベンチャー投資型中心に移行することが望ましい。こうした技術の育成・普及のために、より積極的に財政投融資の補助金的機能を活かすべきである。

　さらに、1990年代半ばから低金利時代に入り、財政投融資のコスト上の優位がなくなっている。また、デリバティブ（金融派生商品）のような新しい金融技法の進展により、民間金融機関も今まで財投機関独自の領域であった固定

---

[11] 各財投機関の技術審査の仕組みについて詳しくは小西（1996）を参照。

金利付長期金融の提供機能が可能となっている。こうした点も考慮に入れると、これからの財投機関は、プロジェクトの審査と評価、技術情報の収集と発信機能強化などの質的側面での補完が必要であろう。財投機関のこうした機能の向上は、民間資金を環境部門へ誘引するシグナルとしての役割も期待できる。

　一方、財政投融資制度は、金融・資本市場の自由化、財政再建など経済環境の変化とともに、市場と公共の論理の混在によるルールの不明確化、その実行機関である一部財投機関の運営の非効率性の問題等が浮き彫りになっている。また、国家財政にも大きな負担をかける要因であるため、抜本的な改革が行われている。

　現在、財政投融資の改革についての論点は、財政投融資資金の入り口である郵貯・簡保の民営化および郵貯・簡保や公的年金の自主運営と、出口である財投機関の整理・統廃合、民営化および運営効率化に要約される。この改革により、国の資金運用部から低コストの安定的な資金を自動的に調達している財投機関の現行の制度は、事実上不可能となった[12]。

　今後の財投機関の資金調達方法としては、個々の財投機関がそれぞれの責任の下に発行する「財投機関債」[13]、政府が政策目的に必要な量だけ一括して発行する政府保証付きの「財投債」[14]、そして両者の併用の3つの手法が考えられる。環境補助金の運用に当たっては、「財投機関債」と「財投債」の併用の

---

12) ただし、財政投融資制度の改革がスタートした2001年4月以降の7年間は、経過措置として引き続き郵便貯金、年金積立金、簡易保険が財投債の一定量を引き受けることとなり、財政投融資制度の入り口の部分は事実上旧制度の仕組みが維持されるようになった。
13) 財投機関債は、政府保証付きのものも考えられるが、ここでは政府保証のないものに限定する。政府保証のない財投機関債の場合、財投機関の経営状態がデフォルト（債務不履行）リスクの変動を通じて債券価格に反映する。したがって、財投機関債による資金調達方式は、財投機関の経営効率化へのインセンティブを与える可能性を持つ。しかし、こうした資金調達方式では、財投機関は公共性が高くてもリスクが高いプロジェクトには進出しにくくなる。
14) 政府保証付きの財投債は、資金調達の規模の経済を最大限に維持し、低コストの資金が調達できるというメリットを持っている。しかし、この方式は、投資プロジェクトの市場評価や、財投機関の財務内容を厳しくチェックするインセンティブを伴わない問題点がある。

方が望ましいであろう。そもそも財政投融資は「金融的手法を用いた財政政策」すなわち「準財政政策」といわれており、その本質はあくまでも財政活動である。したがって、厳正な基準により公共性が高いと判断された環境保全事業については、低コストの財源を投入し、場合によっては財政からの補助金も検討すべきである。

　また、プロジェクトの性質によって、民間金融機関の方が財投機関より効率的であると判断されるケースもありうる。この場合には、政府が民間金融機関などに対し、利子補給や債務保証を行うことも、検討すべき課題といえる[15]。なお、既存の財政投融資機能を代替もしくは補完しうる、新しい環境対策財源機能の強化も模索すべきである。例えば、環境賦課金または環境税を積極的に導入し、そこから集められた税収を民間企業の技術革新を誘導するために用いること、などである。

---

15) この考え方について詳しくは、西崎ほか (1997)、31ページ参照。

第Ⅲ部

韓国の環境政策と
環境予算制度

第6章　韓国の環境政策と環境予算財源調達制度

1　はじめに

　韓国では、1980年代半ばまで経済成長政策が優先されたため、環境政策は工場から排出される有害物質の最小限のコントロールに留まっていた。国の財政資金も、産業育成部門に優先配分される一方で、環境部門への配分は非常に限られていた。しかし1988年のソウルオリンピックを契機に、快適な生活環境を求める国民の声が急速に高まり、政府はその対応に迫られるようになった。環境政策は産業公害対策の強化とともに、上下水道など生活環境関連基盤施設の整備、および森林保護など自然環境の保全対策なども重視するようになった。

　これらの環境問題への対策には多くの財源が必要である。1980年代後半からは、従来の一般会計中心から使途が予め指定されている各種の特別会計財源に、そして汚染原因者から徴収する多様な環境賦課金財源に強く依存するようになった。1990年代に入ると環境賦課金の料率引上げなどを通じた汚染原因者負担金の拡充に加え、受益者負担原則に則った水利用負担金制度が創設されるなど、環境予算財源の調達経路の多様化が一層進められた。

　こうした環境予算財源は、所得分配など政治的な考慮により、主に自治体の上下水道整備など、生活環境関連基盤施設建設のための補助金として活用されてきた。近年、韓国の環境予算は財源の調達・配分仕組みの不透明性や非効率性、財源の過度な中央集権的調達構造、そして環境予算の環境保全に対するインセンティブ機能の低下などの問題点が露呈されている。また、財源の調達および配分権限が多くの省庁に分散されており、予算財源管理の分断的構造に加え、予算の調達・配分権限を巡った関係省庁間の軋轢などの問題点も生じている。近年、こうした問題点の改善が模索され続けているが、詳細なデータ分析

に基づいた体系的研究はあまり見られない。

　本章では、まず韓国の環境政策の展開過程を概観し、環境予算財源調達の構造的変化過程を時系列データに基づき詳細に検討する。韓国の環境予算財源は環境部[1]をはじめ多くの省庁に分散管理されているが、ここでは、日本との比較考察を若干交え、双方の予算制度の問題点やメリットを活用する方法を検証する。こうした分析を踏まえ、今後の環境予算財源の望ましい調達や配分に関する方向性を提示する[2]。

2　環境政策の展開過程

　韓国では1960年代に入ってから工業化政策がスタートし、工場からの排煙や廃水による環境汚染が社会問題として認識されるようになった。1963年には、環境対策関連最初の法律である公害防止法が制定されたが、公害を制御するには具体的手段を欠いており、名目上の法律に過ぎなかった[3]。

　当時最大の工業地域である蔚山で発生した大気汚染問題を契機に、1971年にはこの公害防止法が改正され、硫黄酸化物に対する排出許容基準や排出施設設置許可制度が導入された。また、1970年代後半には急速な重化学工業化・都市化の過程で発生した公害や生活環境問題に対処するため、環境対策関連単一立法である環境保全法が1977年に制定された[4]。これにより、二酸化窒素や粉塵に対する環境基準の設定、汚染物質の総量規制制度の導入など、直接規制方式を中心とした環境政策が展開された（表6-1参照）。

　1980年には、韓国最初の環境専門担当行政として、環境庁[5]が日本より9

1）中央政府の組織の名称において、韓国の「部」は日本の「省」に当たる。
2）本章の検討を踏まえ、次の第7章では、韓国の環境予算財源の部門別および主体別配分の仕組みと課題を明らかにする。
3）公害防止法は、当時経済開発を最優先した社会的雰囲気などに押され、施行規則が立法6年後の1969年に制定されるなど、実効性に欠いていた法律であった。
4）韓国の環境保全法の制定は、日本の類似の法律である大気汚染防止法（1968年制定）及び水質汚濁防止法（1970年制定）に比べ7〜9年後れをとっている。

表6-1 日韓の環境政策の展開過程比較

年代	日 本	韓 国 直接規制関連	韓 国 経済的手段関連
1960年代	・煤煙規制法制定(62) ・公害対策基本法制定(67) ・大気汚染防止法制定(68) 　→ SO_2 環境基準設定	・公害防止法制定(63) 　→産業公害安全基準規定 ・公害防止法施行令制定(69) 　→排出許容基準、排出施設設置許可制度導入	
1970年代	・水質汚濁防止法制定(70) ・廃棄物処理法制定(70) ・大気汚染防止法改正(74) 　→ SOx 総量規制導入 ・水質汚濁防止法改正(78) 　→水質総量規制導入	・環境保全法制定(77) 　→ SO_2 環境基準設定	・合成樹脂廃棄物処理事業法制定(79) 　→事業者に廃樹脂の処理・収集費用を賦課
1980年代	・大気汚染防止法改正(81) 　→ NOx 総量規制導入	・廃棄物管理法制定(86)	・環境保全法改正(81) 　→排出賦課金の導入 　→環境汚染防止基金設置
1990年代以降	・リサイクル法制定(91) ・環境基本法制定(93) ・容器包装リサイクル法制定(95) ・環境影響評価法制定(97) ・家電リサイクル法制定(98) ・建設リサイクル法制定(00) ・グリーン購入法制定(00) ・循環型社会形成推進基本法制定(00)	・環境政策基本法制定(90) ・大気環境保全法制定(90) ・水質環境保全法制定(90) ・騒音・振動規制法制定(90) ・環境影響評価法制定(93)	・廃棄物管理法改正(91) 　→廃棄物預置金の導入 　→廃棄物管理基金設置 ・環境改善費用負担法制定(91) 　→環境改善負担金の導入 ・資源節約再活用促進法改正(93) 　→廃棄物負担金の導入 ・環境改善特別会計法(94) 　→環境関連基金の統合管理 ・飲料水管理法制定(95) 　→水質改善負担金の導入

注:( )内は年度。

年遅れて発足した。1980年代に、全国の工業地帯を中心に公害問題が深刻となったが、当時軍事政権の強力なイニシアティブにより経済成長優先の政策が続けられた[6]。国の公害規制は緩い水準に留まっており[7]、各地方自治体の環境行政もほとんど整備されていなかったため、個別汚染源に対する行政の

---

5) 環境庁は、1990年に環境処(処は、韓国の行政組織上、庁と部の中間に位置づけられている)として昇格された後、1995年には環境部として再昇格された。

チェックはおろそかであった。その結果、主要工業地帯を中心とした地域住民の公害による健康被害が大きな社会問題となった。例えば、1980年代半ば頃には、銅山と製錬所の所在する温山地域で公害病が発見され、これは国際的にも大いに関心を集めた。

しかし、1980年代後半に起こった政治的民主化の急進展とともに、1988年ソウルオリンピック開催を契機として、世論もそれまで環境を軽視した高度経済成長政策に対する評価を改めた。これを背景として、1990年には日本の「公害国会」に相当する臨時国会が開催された。そこでは、環境関連単一立法であった環境保全法が廃止され、日本の環境基本法に当たる環境政策基本法をはじめ、大気環境保全法、水質環境保全法、騒音・振動規制法、有害化学物質管理法、そして環境紛争調停法など6つの法律が制定され、環境関連法律が個別立法中心に整備されるようになった。

日本では、環境汚染を制御するために、一貫して厳しい直接規制中心の環境政策が展開された。他方韓国の環境政策の特徴は、1980年代以降、特定の大気および水質汚染物質を排出する事業者に負担金を賦課する排出賦課金制度などの経済的手法も活発に導入された点である。ただし、韓国の環境賦課金の主な目的は、第8章で考察するように汚染者に汚染物質排出抑制へのインセンティブを与えるより、環境関連公共事業の実施や自治体および民間事業者へ環境補助金を提供するための財源調達にあったといえる[8]。韓国では国の財政能力が脆弱であったうえ、日本のような財政投融資制度も十分整備されていなかったため、多くの環境政策や環境補助金への財源は、これらの環境賦課金に

---

6) 日本の場合は、既に1970年にそれまで「公害対策基本法」で明示されていたいわゆる公害対策と経済発展との「調和条項」が削除されるなど、経済から環境を重視する政策への転換が行われた。韓国の場合、環境政策基本法に盛り込まれていた「自然の利用と開発は、調和と均衡を維持する範囲内で行われるべきである」という条項は1999年の法改正により削除された。

7) 例えば、SO_2環境基準は日本の0.04 ppm/日(1968年設定)に比べ、韓国は0.15 ppm/日(1978年設定)とかなり緩い。

8) 環境部の内部資料によれば、韓国の環境賦課金制度が、汚染抑制にインセンティブを与える経済的手法として位置づけられるようになったのは1997年からである。それ以前は主に環境保全のための財源調達手段として認識されていたという。

大きく依存した。

　例えば、1981年に導入された環境汚染防止基金は排出賦課金を主な財源としており、政府の環境汚染防止事業、環境汚染による被害の救済、中小企業の汚染防止施設投資などに対する長期かつ低利融資に用いられた。なお、環境汚染防止基金の支援対象も、自治体の下水終末処理場の設置資金、民間事業者の汚水浄化施設の設置資金融資などへ拡大された。また、1991年に設置された廃棄物管理基金は、リサイクル可能な製品や容器の製造業者などから預託される「廃棄物預置金」、そしてリサイクル困難な製品や容器の製造業者などに賦課される「廃棄物負担金」が財源となり、主に再生資源の備蓄、廃棄物預置金の払い戻し、廃棄物のリサイクル施設の設置・支援などへ用いられた[9]。

　1994年、環境予算関連法律である環境改善特別会計法の制定により、それまでに分散運用されていた環境関連財源が、環境部により一元的に管理されるようになった。環境汚染防止基金および廃棄物管理基金は、環境改善特別会計に統廃合され、環境部が所管する環境予算の中心的な財源として用いられた。

　1995年には、ゴミ手数料の従量制が全国的に施行されるなど、一般家庭のゴミ排出量の抑制を目的とした経済的誘因制度も導入されている[10]。また「環境技術開発支援法（1994年）」「環境親和的産業構造転換促進法（1995年）」の制定により、環境産業育成と環境技術開発の促進のための環境政策の拡充が進められている。

---

9) 環境関連賦課金制度について詳しくは、第8章を参照。
10) 韓国でゴミ手数料の従量制は、一般家庭のゴミ排出量の削減に大きく寄与したと評価されている。韓国で1人当たり1日ゴミ排出量は、従量制が施行される前の年である1994年には1.33 kgであったが、2000年には0.98 kgにまで減っている。環境部資料によれば、ゴミ手数料は自治体によって異なるが、ゴミ処理費用の中、ゴミ手数料による住民負担率は50〜70％となっている。

3 環境予算の分類と推移

(1) 環境予算の分類

韓国では、環境保全および対策関連予算(以下、環境予算と略す)の配分や執行に関わる主務省は環境部である。しかし実際には、表6-2のように環境部をはじめ、建設交通部、行政自治部(日本の総務省に当たる)、農林部、海洋水産部、財政経済部(日本の財務省に当たる)など、多くの省が関わっている[11]。

したがって環境予算の調達・配分の仕組みを分析するためには、各省に分散管理されている予算の体系的分類やデータの整理が必要となる。一般会計、特別会計、および基金など中央政府が管轄する予算会計システムのうち、環境保全に関わる財源を中心に分類すると、もっとも狭義での環境予算は環境改善特別会計(表6-3でⅠ分類)といえる[12]。これは、環境部の唯一の歳入予算である。

また、財政融資特別会計(財政経済部所管)、農漁村特別会計(農林部所管)、国有財産管理特別会計(財政経済部所管)の3つの会計財源のうち、予算の申請や配分、執行のすべてを環境部が行っている環境関連財源と環境改善特別会計を合わせて、環境部所管予算(表6-3でⅡ分類)として分類する[13]。一般に、環境部の歳出予算とはこの環境部所管予算を指している。

また、地方譲与金管理特別会計(行政自治部所管)のうち、水質汚染防止部門に用途指定されている財源を、上記の環境部所管予算に合わせて環境部管轄

---

11) 環境保全関連予算が多くの省にまたがって管理されている状況は、日本を始め欧米諸国でもよく見られる。これは、環境問題の多様性、複雑性、不可分性、政策指向性などによる一般的な現象ともいえる。これにより、環境政策調整や予算配分と執行過程で、重複管理などによる非効率性が生まれやすいともいわれている。
12) 以下の分類方法は、基本的には環境部の分類に従っているものの、各分類の名称や分類毎の包括範囲は、筆者の基準によって調整されている。
13) 環境部唯一の歳入会計である環境改善特別会計は、環境部が環境保全や改善関連全般の部門について財源の配分権限を持っている。しかし、これらの3つの会計の環境関連財源は、会計法律により財源の用途が予め特定部門に指定されており、事実上環境部の財源配分に関する権限は限られている。

表6-2　環境政策対象部門と主な所管省

所管部門	主な所管事項	主な所管省[1]
環境汚染の防止・制御関連	・環境管理・指導、環境影響評価 ・大気汚染の制御・管理 ・水質（海洋を含む）汚染の制御・管理 ・廃棄物の制御・処理	環境部 環境部 環境部、海洋水産部 環境部
自然環境保全関連	・森林保護、植林管理 ・国立公園保全・管理[2] ・野生動植物保護	環境部、農林部 環境部 環境部
生活環境改善関連	・上水道管理・建設[3] ・下水処理場建設、下水管渠整備、畜産廃水処理 ・都市緑化、公園造成	環境部、建設交通部、農林部 環境部、農林部 環境部、建設交通部
環境技術・産業育成等関連	・環境関連技術開発、環境産業育成 ・環境教育・訓練 ・国際協力	環境部、産業資源部 環境部 環境部、外交通商部

注1：部門別所管省は、関連予算の執行権限基準で分類した。
　2：国立公園保全・管理機能は、1998年に行政自治部から環境部へ移管された。
　3：上水道事業の中、広域上水道事業は建設交通部、地方上水道事業は環境部、農漁村生活用水開発は農林部が担当している。

予算（表6-3でIII分類）として分類する。水質汚染防止関連の地方譲与金について、予算の最終的執行は行政自治部が行うものの、予算の使途別調整や配分は環境部に委任されているので、その性格は表6-3のII分類の環境部所管予算と事実上それほど変わらない。

この予算に、他省直轄の環境関連予算、すなわち建設交通部所管の広域上水道関連予算、農林部所管の農漁村生活用水開発関連予算、そして海洋水産部所管の海洋保全関連予算を含めて中央政府の環境予算（表6-3でIV分類）として分類する。ここで提案した分類は、各省に分散されている環境関連予算を広範に捉える利点がある反面、環境予算として明確な区分がつかない予算をいかに分類すべきかという難点もある。例えば上記の中央政府の環境予算には除外されている、産業資源部の省エネルギー関連予算や環境産業育成関連予算、農林部の育林関連予算などがこれに当たる[14]。

さらに、上記の中央政府の環境予算に、公共資金管理基金と漢江水系管理基金から支出される水質汚染防止資金を合わせて、統合財政基準環境予算として

表6-3　環境予算の分類

分類	a	b	c	d	e	f	予算額[1]
I	環境改善特別会計	→環境部歳入予算					11,682
II	環境改善特別会計	他省所属の環境部への委任予算	→環境部所管予算				14,336
III	環境改善特別会計	他省所属の環境部への委任予算	水質汚染防止関連地方譲与金	→環境部管轄予算			28,629
IV	環境改善特別会計	他省所属の環境部への委任予算	水質汚染防止関連地方譲与金	他省所管の環境関連予算	→中央政府の環境予算		33,210
V	環境改善特別会計	他省所属の環境部への委任予算	水質汚染防止関連地方譲与金	他省所管の環境関連予算	水質改善関連基金	→統合財政基準環境予算	36,579
VI	環境改善特別会計	他省所属の環境部への委任予算	水質汚染防止関連地方譲与金	他省所管の環境関連予算	水質改善関連基金	自治体の環境予算	―

注1：2002年度予算基準、単位は億ウォン（1ウォン＝約0.1円）。
出所：環境部内部資料（1998）に基づき加筆修正。

分類する（表6-3でV分類）。基金は中央政府の予算としては捉えられていないが、中央政府の公共経済活動の指標となる統合財政[15]の範疇には入るので、基金からの環境関連財源も環境予算として見なされる。

　最後に、環境予算の範囲を中央政府だけでなく自治体を含む公共部門すべての環境関連予算まで拡張することも可能である（表6-3でVI分類）。しかし、自治体の環境予算は、関連統計の未整備や中央政府からの自治体への補助予算と

---

14) 本節で環境予算として分類されるのは、配分や執行などに環境部が関わる予算、若しくは環境部以外の省の管轄予算のうち環境（生活環境を含む）保全を第1の目的とする予算に限る。例えば、産業資源部所管の省エネルギーや環境ビジネス育成関連予算は、結果的には環境保全に繋がる場合もあるものの、主たる目的はあくまでも産業育成であって、必ずしも環境保全が優先となる予算とは言い難いために、これには分類していない。
15) 現在韓国では公共経済活動に関する体系的分類のため、統合財政収支を作成している。統合財政収支は、IMFの分類に従って、中央政府の一般会計、18の特別会計、34の基金、4つの非金融公企業特別会計に構成されている。

の二重計上問題などもあり、正確な把握が非常に困難である。したがって本章で検討対象となる環境予算の範囲は、自治体の環境予算を除く中央政府の統合財政上の予算（表6-3でV分類）までとする。

(2) 環境予算の推移

　以上のような環境予算は、1990年代に入ってから環境重視政策への転換に伴い、規模の面において拡大されるようになった。統合財政基準環境予算（表6-3のV分類）が中央政府全体予算に占める割合は、1986年に1.49％、1990年に1.06％に留まっていたが、1992年に1.37％、1994年に1.66％、1998年には2.33％まで拡大した。ただし、アジア金融危機を契機に1998年以後からは景気回復優先政策の影響を受け、統合財政基準環境予算の割合も1998年の2.33％をピークに2000年には2.32％、2003年には2.12％と停滞している（表6-4、表6-5参照）[16]。

　一方、日本の場合、国全体の予算に占める環境保全経費の割合は、1971年に0.68％、1979年には1.58％でピークに達した後、1987年には1.03％まで落ちた。その後再び増加し、1996年には環境保全経費対象範囲の拡充などもあって、1.60％と再びピークに達した。しかし、近年になって韓国と同様に1998年に1.48％、2000年に1.46％、2002年に1.17％と停滞している（表6-5参照）。

　環境予算の規模で見ると、環境部が環境処から昇格した1990年には統合財政基準環境予算の規模は3,447億ウォンであったが、2002年には3兆6,579億ウォンへと12年間に約10.5倍も拡大している。同じ期間中、中央政府全体の予算規模は5.9倍しか増加していないことを考慮すると、この10年余りの間に、環境関連部門への予算財源の優先的な配分が行われてきたことが分かる。

---

[16] 1998年に、当初は、環境部所管予算が前年比11％増加と編成されたが、アジア金融危機直後に見直され3.0％増加にとどまった。2000年に入っても、政府予算が経済活性化のための情報インフラ投資の拡充、教育・医療事業拡大などへ重点配分される傾向にある中で、近年の環境予算の拡大は伸び悩んでいる状況である。

表6-4 中央政府の環境関連予算推移

(単位：億ウォン、%)

	1988	1990	1992	1994	1996	1998	2000	2002	2003
環境予算[1] 合計	2,876	3,447	6,138	11,612	22,406	28,121	30,581	33,465	34,519
（政府予算[2] 対比）	(1.56)	(1.06)	(1.37)	(1.66)	(2.24)	(2.33)	(2.32)	(2.28)	(2.12)
（GDP 対比）	(0.23)	(0.19)	(0.26)	(0.36)	(0.54)	(0.63)	(0.57)	(0.59)	(0.56)
環境部所管予算合計	773	1,172	1,396	4,716	8,851	11,131	13,023	14,336	14,036
上水道整備	−	−	−	1,251	2,386	2,171	2,442	3,296	2,433
水質汚染防止関連	278	476	125	572	2,438	3,520	4,092	3,322	3,366
廃棄物管理	48	69	289	430	1,881	2,666	2,865	2,889	3,086
大気保全	27	41	20	27	105	74	465	647	856
自然保全	−	−	3	9	49	483	742	887	913
環境技術・産業育成	−	−	43	184	1,217	1,184	1,267	1,895	1,813
環境管理等	420	316	325	204	775	1,033	1,150	1,400	1,569
廃棄物管理基金[3]	−	95	374	767	−	−	−	−	−
環境汚染防止基金[3]	n.a.	175	217	1,272	−	−	−	−	−
行政自治部環境予算合計	−	−	2,444	4,070	6,005	8,269	9,916	15,181	16,805
水質保全地方譲与金	−	−	2,125	2,490	3,978	6,676	9,317	14,293	15,873
地方交付金	−	−	−	1,000	1,000	1,000	−	−	−
農漁村生活用水	−	−	−	200	600	553	599	888	968
国立公園管理[4]	−	−	319	380	427	40	−	−	−
建設交通部環境予算合計	2,103	2,275	2,148	1,916	3,753	5,782	5,231	2,828	2,738
広域上水道	854	736	1,174	1,716	3,753	5,782	5,231	2,828	2,738
地方上水道[5]	540	510	794	200	−	−	−	−	−
工業団地下水処理場等[5]	225	240	180	−	−	−	−	−	−
都市下水道	484	789	−	−	−	−	−	−	−
農林部環境予算合計									
農漁村生活用水	−	−	−	−	400	340	361	408	408
海洋水産部環境予算合計									
海洋保全	−	−	−	−	116	199	450	457	532
基金のうち環境予算財源									
公共資金管理基金	−	−	150	910	3,281	2,400	1,600	255	−
漢江水系管理基金[6]	−	−	−	−	−	−	2,034	3,114	2,634

注1：統合財政基準環境予算（表6-3でV分類）から漢江水系管理基金を除いた額である（環境部の環境予算分類基準には漢江水系管理基金は含まれていないためである）。
　2：一般会計と特別会計の歳出純計基準である。
　3：廃棄物管理基金と環境汚染防止基金は、1995年に環境部歳入予算である環境改善特別会計に統合されている。
　4：国立公園管理予算は1998年に行政自治部から環境部へ移管されている。
　5：水管理政策の一元化のため、建設交通部所管予算であった都市下水道、工業団地の下水処理場および地方上水道事業は、各々1991年、1992年、1994年に、環境部に移管されている。
　6：漢江水系管理基金の2000年度は、徴収実績基準である。
　7：1ウォンは約0.1円（2003年平均基準）。
出所：環境部（各年度版b）、環境部（各年度版g）などから作成。

表6-5 環境予算推移の韓日比較

(単位:億円、%)

	1986	1988	1990	1992	1994	1996	1998	2000	2002
韓国[1] (構成比[2])	206 (1.49)	288 (1.56)	345 (1.06)	614 (1.37)	1,161 (1.66)	2,241 (2.24)	2,812 (2.33)	3,058 (2.32)	3,347 (2.28)
日本[1] (構成比[2])	10,944 (1.07)	12,848 (1.14)	13,402 (1.10)	15,514 (1.13)	25,124 (1.64)	27,441 (1.60)	27,222 (1.48)	30,420 (1.46)	29,099 (1.17)

注1:全中央省庁の環境保全関連予算額である(漢江水系管理基金を除く)。但し、韓国の場合ウォンを円で換算した額である(為替レートは、1ウォン=0.1円を適用)。
 2:国の全予算(一般会計と特別会計を含む)に占める、中央省庁の環境保全関連予算の割合である。
 3:日本の場合、1996年度からの環境保全経費については、環境基本法に基づき策定された環境基本計画に対応して、対象範囲が拡充されたものを組み替えた予算額を基準に計算した。
 4:両国の環境予算の規模を直接比較するのは、環境予算の定義や包括範囲などの差が存在するので難点がある。例えば日本の場合、原子力開発利用の推進関連予算(2002年度予算案928億円)は地球温暖化対策関連の環境保全経費として計上されているものの、韓国では環境保全予算として分類されていない。環境保全関連予算の包括範囲は、概ね、日本のほうが韓国より広く捉えられている。
出所:環境部(各年度版g)、環境省(各年度版c)から作成。

　こうしたなか、1990年代以降、韓国の環境予算は環境部所管予算へと著しく統合・一元化する傾向を見せている。統合財政基準環境予算(第V分類)に占める環境部所管予算(第II分類)の割合は、1986年の26.8%から2002年の39.2%へと増加している。この変化は、例えば以下の具体例で知ることができる。水質の効果的な管理を図るため、1991年に都市下水道事業、1992年に工業団地の下水処理場関連予算が、そして1994年には地方上水道事業関連予算が、それぞれ建設交通部から環境部へ移管された。1998年には国立公園の保全・管理機能が内務部(現、行政自治部)から環境部に移管され、環境部所管の自然保全関連予算が大幅に増加されるようになった。

　ところで、日本の場合、環境省予算が中央政府全体の環境保全関連経費に占める割合は9.1%(2002年度予算基準)にとどまっている。両国における環境保全関連経費に関する定義の違いなどはあるものの、韓国の方が環境関連予算の配分・執行権限の環境部(省)への一元化が進んでいるといえる(表6-6参照)。

表6-6 環境担当行政と環境予算規模の日韓比較

	韓国	日本
主務省名（現）	環境部	環境省
設立年	環境庁1980年 環境処1990年 環境部1995年	環境庁1971年 環境省2001年
職員数（2001年末基準）	1303人[1]	1131人
環境省所管予算（2002年度基準）	1兆4336億ウォン	2644億円
環境省所管予算/中央政府環境予算（％）	39.2	9.1
中央政府環境予算/中央政府全予算（％）	2.28	1.17
〈環境省の所管事務[2]〉		
環境汚染の制御・管理	○	○
廃棄物抑制・リサイクル	○	○
自然環境保全	○	○
上水道整備建設	△（建交部と分担）	×
下水道整備建設	○	△（浄化槽のみ）
環境技術・産業育成	△（産資部と分担）	×（経産省が中心）
化学物質審査規制	△（審査のみ）	○

注1：環境部直轄の国立環境研究院職員239人が含まれている。日本の場合、国立環境研究所は、2001年4月から独立行政法人化されている。
　2：両国環境部（省）の所管業務の項目で、○は専門担当業務、△は他の省との分担業務、×は所管しない業務を意味する。
　3：建交部は建設交通部、産資部は産業資源部、そして経産省は経済産業省の略である。

4　環境予算財源の調達

　環境予算の財源は、主に一般会計、5つの特別会計、そして2つの基金[17]から調達されている（図6-1参照）。そのうち5つの特別会計が環境関連予算の中心的な財源となっており、一般会計や基金からは特別会計の不足分を補う形で調達されている。以下、環境予算財源の調達状況について考察する。

---

17) 韓国では、財源の調達と支出の独立性が高く要求される部門に、55個の基金が設置・運用されている。特にアジア金融危機後に、社会信用保証関連の基金増加などで基金の規模が急速に拡大され、全体基金の規模は国の一般会計（2001年末基準）の2.2倍に達している。

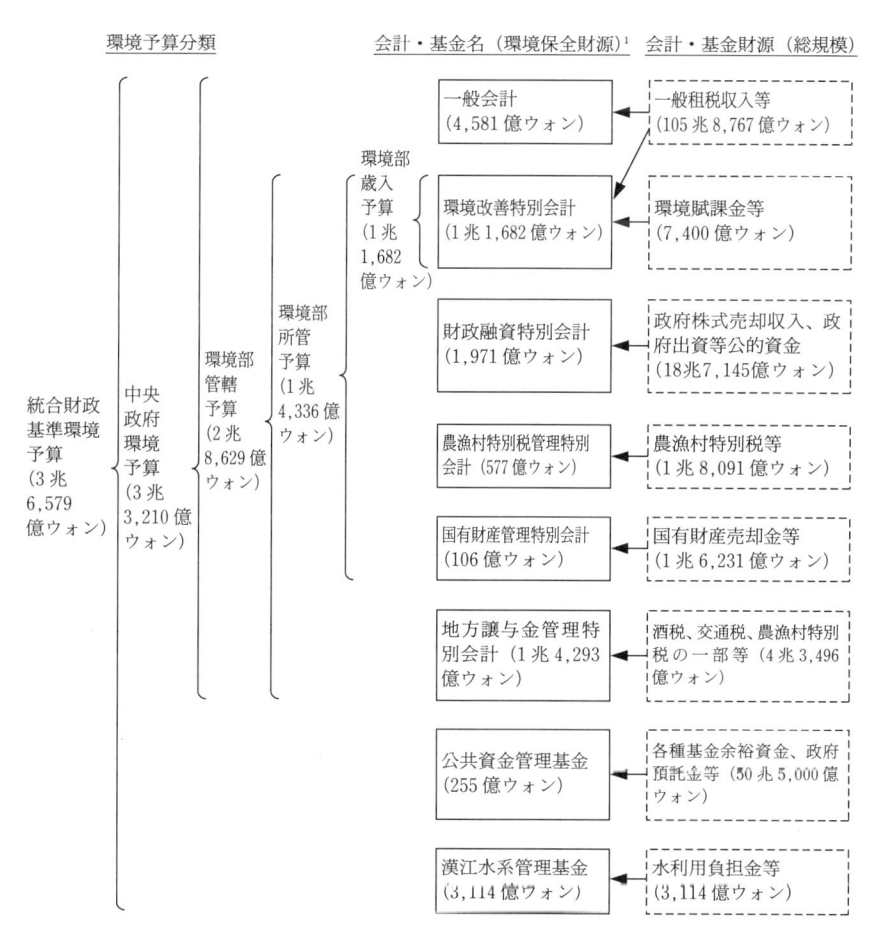

図6-1　中央政府の環境予算財源調達内訳（2002年度予算）

環境予算分類	会計・基金名（環境保全財源）[1]	会計・基金財源（総規模）
統合財政基準環境予算（3兆6,579億ウォン）／中央政府環境予算（3兆3,210億ウォン）／環境部環境予算（2兆8,629億ウォン）／環境部所管轄予算（1兆4,336億ウォン）／環境部所管予算（1兆4,336億ウォン）／環境部歳入予算（1兆1,682億ウォン）	一般会計（4,581億ウォン）	一般租税収入等（105兆8,767億ウォン）
	環境改善特別会計（1兆1,682億ウォン）	環境賦課金等（7,400億ウォン）
	財政融資特別会計（1,971億ウォン）	政府株式売却収入、政府出資等公的資金（18兆7,145億ウォン）
	農漁村特別税管理特別会計（577億ウォン）	農漁村特別税等（1兆8,091億ウォン）
	国有財産管理特別会計（106億ウォン）	国有財産売却金等（1兆6,231億ウォン）
	地方譲与金管理特別会計（1兆4,293億ウォン）	酒税、交通税、農漁村特別税の一部等（4兆3,496億ウォン）
	公共資金管理基金（255億ウォン）	各種基金余裕資金、政府預託金等（50兆5,000億ウォン）
	漢江水系管理基金（3,114億ウォン）	水利用負担金等（3,114億ウォン）

注1：（　）内の金額は、2002年度における各会計及び基金の予算から配分される環境保全関連財源である（1ウォンは約0.1円）。
出所：環境部（各年度版c）、財政経済部（2002）から作成。

(1) 環境部所管予算財源

(a) 環境改善特別会計

　環境改善特別会計は、前述したように特別会計のうち唯一の環境部歳入会計である。これは、各種の環境賦課金財源への依存度が高いという特徴を持って

いる。環境改善特別会計の財源は、一般会計からの繰入金、そして環境賦課金財源および会計からの融資償還金となる自体歳入の2つに大別できる。このうち、環境改善特別会計に占める自体歳入の割合は、1995年に60.4％、1998年に62.0％、2000年に58.6％、2002年に63.3％と若干高くなっている。環境賦課金財源の中では環境改善負担金の割合が最も高く、ついで、廃棄物負担金、排出賦課金、廃棄物預置金[18]の順となっている（表6-7、6-8参照）。環境改善特別会計は、財源の使途が非常に限られている他の環境関連特別会計や基金財源と異なり、環境改善および保全などに関わる全般的用途に充てられている。

(b) 財政融資特別会計

財政融資特別会計は、1953年に戦後（朝鮮戦争）の経済開発に必要な資金を調達するために設置されたものである。当初は財政投融資特別会計として運営されていたが、1996年に投資事業が一般会計に統合されてから会計の名称が財政融資特別会計へ変更された。同会計の主な財源（2000年度基準）は、国民年金、政府保有株式売却金、郵便貯金など公的資金からの預託金が8兆7,867億ウォン、一般会計からの繰入金が6兆2,055億ウォン、融資償還金が4兆8,784億ウォンとなっている。2002年度の全会計予算18兆7,145億ウォンのうち、環境関連財源は1.0％に当たる1,971億ウォンが計上されている。財政融資特別会計からの環境関連財源は、自治体の環境関連基礎施設の整備や、民間事業者の汚染防止設備投資のための融資事業に充てられている[19]。

(c) 農漁村特別税管理特別会計

農漁村特別税管理特別会計は、1994年にWTO加入を契機に、農漁村の生活安定と農産物の競争力強化を支援する目的に設置された会計である。同会計は、租税減免額（減免額の20％）、不動産の取得税（税額の10％）、特別消費税

---

[18] 廃棄物預置金は、2003年から「生産者責任再活用制度」の導入により廃止された。生産者責任再活用制度」について詳しくは、第8章を参照。

[19] 日本でも、韓国の財政融資制度に当たる財政投融資制度が1950年代に社会資本の整備や特定産業育成を目的に導入された。日本の財政投融資規模は、2000年度基準で43兆6760億円であり、これは同年度韓国の財政融資特別会計の約22倍に当たる規模である（1円＝10ウォンとして試算）。日本の財政投融資制度について詳しくは、第5章を参照。

表6-7 環境改善特別会計の財源調達推移

(単位:億ウォン)

	1995	1996	1997	1998	1999	2000	2001	2002
環境改善特別会計歳入	4,194	5,985	7,921	8,776	9,072	10,505	11,467	11,682
会計自体歳入	2,533	3,584	4,631	5,441	5,634	6,152	6,767	7,400
〈環境賦課金〉								
環境改善負担金	976	1,592	2,217	2,908	3,104	3,566	4,076	4,440
(施設物負担金)	532	790	858	1,033	1,120	1,096	1,221	1,262
(自動車負担金)	444	802	1,359	1,875	1,984	2,470	2,855	3,178
排出賦課金	172	208	422	605	597	507	338	280
(大気賦課金)	n.a.	71	256	503	518	442	258	106
(水質賦課金)	n.a.	137	166	102	79	65	81	173
廃棄物預置金	315	337	633	521	377	440	340	239
廃棄物負担金	361	364	584	472	477	514	526	507
水質改善負担金	398	262	256	269	257	157	125	238
生態系保全協力金	—	—	—	—	25	—	30	43
〈その他〉								
融資償還・利息金	177	396	466	582	683	821	1,205	1,384
タバコ出資金	134	161	—	—	—	—	—	—
その他	—	264	53	84	114	148	127	270
一般会計繰入金	1,661	2,401	3,289	3,335	3,438	4,353	4,700	4,282

注:1ウォンは約0.1円(2002年平均基準)。
出所:環境部(各年度版b)から作成。

(税額の10%)などに課される農漁村特別税からの税収を主な財源としている。同会計の2002年度予算1兆8,091億ウォンのうち、環境関連財源には、農漁村地域の生活用水開発や廃棄物総合処理施設建設支援などへ全会計の3.2%に当たる571億ウォンが配分されている。

(d) 国有財産管理特別会計

国有財産管理特別会計は、国家保有の施設・財産の管理を目的として1994年に設置されており、国家財産の売却代金が主な財源となっている。会計の使途は政府各機関庁舎の新築・移転、国有林の管理などとなっている。2002年度の全会計予算1兆6,231億ウォンの中、環境関連予算は106億ウォンが配分されており、主にソウル近郊の金浦に所在する総合環境研究団地の造成事業に充てられていた。ただし、2003年度からは同研究団地の造成事業(1992~2002年)の終了に伴い、支援が中止された(表6-9)。

表6-8 環境改善特別会計の財源調達内訳

項目	財源調達源	関連法律
〈環境賦課金〉		
排出賦課金	・排出基準を超過して水（BOD、カドミウムなど17種類）および大気汚染物質（硫黄酸化物、アンモニア、粉塵など10種類）を排出する事業者 ・1997年からは特定汚染物質（水質はSS等、大気は硫黄酸化物等）については排出基準以下の事業者も含まれる	大気環境保全法 水質環境保全法
環境改善負担金	・流通・消費部門の施設物（床面積160m²以上）及び軽油自動車	環境改善費用負担法
廃棄物預置金	・リサイクル可能な製品・容器（ガラス瓶、PETボトル、紙パック等9種16品目）の製造および輸入業者	資源節約再活用促進法
廃棄物負担金	・リサイクル困難な製品・容器(有毒物容器、紙オムツなど9種11品目)の製造および輸入業者	資源節約再活用促進法
水質改善負担金	・飲料水（ミネラルウォーター）製造および輸入業者（平均販売価格の7.5％）	飲料水管理法
生態系保全協力金	・環境影響評価対象事業の事業者に開発による生態系損害面積1m²当り250ウォンを賦課	自然環境保全法
廃棄物輸出入手数料	・廃繊維、廃皮など廃棄物輸出入業者（輸出入額の1/100）	廃棄物の国家間移動に関する法律
〈その他〉		
タバコ出資金	・国内製造タバコ（1箱当たり4ウォン）	タバコ事業法
融資償還利息金	・会計から融資した融資金の償還および利息金	
財政融資借入金	・財政融資特別会計からの借入金	財政融資特別会計法
海外借入金	・海外からの借入金	外資導入法
〈一般会計繰入金〉	・環境特別会計歳入不足分を補うための一般会計からの繰入金	環境改善特別会計法

　この研究団地には、造成事業が終了した2002年にそれまでに分散して立地していた国立環境研究院、環境管理公団、環境資源公社（旧韓国資源再生公社）など環境部関係の国策機関が入居した。以上の環境改善特別会計および、財政融資特別会計など3つの会計からの環境関連財源は、環境部が財源の配分や執行を担当しているという意味で、環境部所管予算（もしくは環境部歳出予算）と称される（表6-9参照）。

表6-9 環境部所管(歳出)予算の財源調達構造の推移

(単位:億ウォン)

	1995	1996	1997	1998	1999	2000	2001	2002	2003
合　　計	7,942	8,851	10,802	11,131	11,536	13,023	14,143	14,336	14,036
環境改善特別会計	4,194	5,985	7,921	8,776	9,072	10,505	11,467	11,682	12,241
財政融資特別会計	2,942	2,249	2,228	1,830	1,878	1,886	1,960	1,971	1,115
農漁村特別会計	449	425	425	363	376	388	527	577	680
国有財産特別会計	357	193	228	162	210	243	189	106	―

注:1ウォンは約0.1円(2002年平均基準)。
出所:環境部(各年度版b)から作成。

(2) その他の環境予算財源

(a) 地方譲与金管理特別会計

地方譲与金管理特別会計は、中央政府が財政能力の脆弱な自治体の特定事業を奨励するために1991年に設置されたものである[20]。自治体は地方譲与金制度を活用し、地方の道路整備、水質汚染防止など中央政府の指定する特定事業に必要とされる経費を賄っている。地方譲与金の財源は導入初期には国税である酒税、電話税となっていたが、2002年には酒税と農漁村特別税からの繰入金(農漁村特別税の23/150)となっている(表6-10参照)。

これらの税は、地方譲与金管理特別会計の財源として財政自立度の低い自治体の支援に充てられている。地方譲与金の使途は、導入当初には主に自治体の道路整備に限定されていたが、近年は多様化され2002年度の地方譲与金管理特別会計予算(4兆3,496億ウォン)は、道路整備に39.5％、水質汚染防止に32.8％、農漁村開発に9.1％、青少年育成に0.8％、地域開発に17.8％が配分されている。このうち水質汚染防止事業への配分割合は、1992年17.0％、1998年23.3％、2002年32.8％へと高くなっている(詳しくは表6-4の行政自治部所管予算参照)。

(b) 公共資金管理基金

公共資金管理基金は、1994年に各種の基金の余裕資金を統合管理し、公共的目的に活用するために設置された。この基金は、洛東江フェノール汚染事

---

[20] 韓国の地方譲与金制度について詳しくは張(2000)を参照。

表6-10 地方譲与金と基金の財源調達内訳

項　目	財源調達源	関連法律
地方譲与金管理特別会計	・酒税の100％、交通税の14.2％、農漁村特別税繰入金の23/150 →うち水質汚染防止事業については、酒税の46.6％、農漁村特別税繰入金（23/150）の50％の配分が法定化されている	地方譲与金管理特別会計法
公共資金管理基金	・政府管理基金の余裕資金	公共資金管理基金法
漢江水系管理基金	・漢江水系を上水源とする住民に賦課される水利用トン当たり110ウォンの水利用負担金	漢江水系上水源水質改善および住民支援法

件[21]などを契機に、水質汚染防止関連地方譲与金の不足分を補うことを目的として、水質汚染防止部門にも一部配分されている。この基金は各種基金の余裕資金、国債などから調達されており、2002年度予算規模は50兆5,000億ウォンとなっている。このうち環境対策は、水質改善事業のために自治体が地方債を発行する場合、その地方債の引き受けのための財源として255億ウォンが配分されている。

(c) 漢江水系管理基金

漢江水系管理基金は、首都圏の水供給源である漢江上流の水質改善事業のための財源を調達する目的に、1999年に「漢江水系上水源水質改善および住民支援等に関する法律」の制定を契機として設置された基金である。この基金の特徴は、基金の財源が受益者負担原則に基づいて調達されていることである。すなわち、漢江上流水を上水源とする首都圏住民に、1999年から水道水1トン当たり80ウォンの水利用負担金[22]を賦課し、漢江上流の水質保全事業に必要な経費を調達している。

2002年にはこの水利用負担金から2,532億ウォンを徴収し、漢江上流地域

---

21) 洛東江フェノール汚染事件の経緯などについて詳しくは、服部（1993）を参照。
22) 水利用負担金は、2001年からは110ウォン、そして2003年からは120ウォンに引き上げられている。環境部内部資料によれば、4人家族が月20トンの水を使用する場合、毎月2400ウォンの負担となる。水利用負担金の賦課水準は、環境部長官、ソウル市や京畿道など関係自治体の長、韓国水資源公社の長などで構成される漢江水系管理委員会で決定される。

表6-11　漢江水系管理基金の財源調達と支出
(単位：億ウォン)

		2000	2001	2002
調達	水利用負担金	1,754	2,307	2,532
	利子収入	15	24	15
	前年度繰り越し金	265	378	563
	その他	−	39	4
	合　計	2,034	2,748	3,114
支出	住民支援(環境親和的農業育成等)	603	601	896
	環境基礎施設設置および運営	773	805	1,405
	環境親和的清浄産業育成	63	78	111
	土地買収	65	557	415
	余裕資金預託	378	564	11
	保護区域内緑地造成等	152	143	276
	合　計	2,034	2,748	3,114

注：1ウォンは約0.1円（2002年平均基準）。
出所：環境部（2002c）から作成。

の下水処理施設設置および運営費、上水源保護区域内の住民支援および環境ビジネス育成などに充てられている[23]。また、上水源保護地域の住民の土地利用や建築制限などの財産権制約に対する経済的補償、土地買収などの水質改善とは直接関係のない部門に対し、2002年予算では全体の54.9％が支出されている（表6-11参照）。

　以上のように、環境部が予算の配分や執行を担当する環境改善特別会計（第Ⅰ分類）および環境部所管予算（第Ⅱ分類）の場合、汚染原因者負担金である各種の環境賦課金からの財源に多く依存している。一方、環境部管轄予算（第Ⅲ分類）や中央政府全体の環境予算（第Ⅳ分類）基準では、環境と直接関わりのない特定財源が財源調達の中心になっている。また、統合財政基準環境予算（第Ⅴ分類）では、受益者負担金からの調達が加わるなど、環境予算財源調達の多様化が一層進んでいる（表6-12参照）。

---

23) 2002年に「上水源水質改善および住民支援等に関する法律」の制定により、同年の下半期から漢江を始め、洛東江（100ウォン/トン）、錦江（130ウォン/トン）、嶺山江（130ウォン/トン）などいわゆる4大江を上水源とする水利用者にも水利用負担金が賦課されるようになった。各水系管理基金の2003年度予算財源調達規模は、漢江2,634億ウォン、洛東江1,651億ウォン、錦江543億ウォン、嶺山江485ウォンとなっている。

表6-12 環境予算の財源調達源別構成比(2002年度予算基準)

(単位:%)

分類	予算区分	租税		汚染原因者負担金	受益者負担金	その他[1]	合計
		一般税	目的税				
I	環境改善特別会計	36.7	0.0	49.2	0.0	14.1	100.0
II	環境部所管予算	29.9	17.7	40.0	0.0	12.4	100.0
III	環境部管轄予算	14.5	60.2	19.5	0.0	5.8	100.0
IV	中央政府の環境予算	24.0	53.4	17.3	0.0	5.3	100.0
V	統合財政基準環境予算	22.1	50.0	16.0	7.1	4.8	100.0

注1:各会計からの融資元利金の償還金などが含められている。
出所:環境部(各年度版b)、環境部(各年度版c)から作成。

5 環境予算の財源調達上の課題

　近年、韓国では財政改革の一環として、財政の非効率性や硬直化を招きやすいような各種の目的税など、特定財源を主な財源とする特別会計の縮小・廃止に関する議論が盛んである。現在、環境保全予算の財源は環境改善特別会計などの5つの特別会計に大きく依存しているので、既存財源の拡充とともに新しい財源の確保が主な課題となっている。

　さらに、汚染抑制の誘因効果が少ないといわれている各種の環境賦課金の料率体系の改編、賦課対象物質の拡大を通じ、汚染削減インセンティブ機能の強化と賦課金財源基盤の拡充を同時に図って行く必要がある。なお、上下水道整備・建設のための財源調達には、環境資源を利用する者が適正な価格を支払うよう、受益者負担原則に基づいた財源調達を強化することが望ましい。表6-13で示されているように、韓国の上水道料金は供給原価の75.2%(家庭用の場合49.2%)、下水処理料金は供給原価の53.3%に過ぎず、関連施設の建設・運営は政府の財政資金に大きく依存している。受益者負担原則の強化は環境資源の節約にも貢献できる。

　その一方、既存の特別会計の環境財源配分機能について大幅な見直しを行う必要がある。韓国の環境保全財源の中で最も多くの割合を占めている使途指定の特定財源(2002年度基準75.4%)の場合、これまで特定環境関連公共財の供

表6-13　上下水道の販売単価と供給原価の比較
(単位：ウォン/トン)

	販売単価	供給原価	販売単価/供給原価（％）
上水道	445.4	592.3	75.2
下水道	114.1	214.1	53.3

注：下水道は1999年平均基準、1ウォンは約0.1円（2001年平均基準）。
出所：行政自治部（1999）から作成。

給には貢献してきたものの[24]、近年は財源配分過程で硬直化や非効率性の問題に直面している。既存の特別会計財源は、使途を特定環境対策に限定するより環境保全全般に広く用いる財源として活用することが望ましいであろう。

既存の特別会計は、環境改善特別会計を除けば、その財源を汚染原因者や受益者負担の原則とは関係の薄い酒税や農漁村特別税などに依存している。これは、会計財源の一部を環境保全財源として転用することが政治的に容易な会計から調達していることを意味する。今後は、既存の特別会計のほかに、特に環境と深くかかわるエネルギー関連税を財源とする特別会計の環境財源配分機能を拡充していく必要がある。

現在、このような性格を持つ特別会計としては、揮発油と軽油に賦課される交通税[25]などを主な財源とする交通施設特別会計、原油段階で課せられる石油輸入負担金などを主な財源とするエネルギーおよび資源事業特別会計、そして電気料金の一定割合（4～5％水準）を財源とする電力産業基盤基金がある（表6-14参照）[26]。これらの会計の財源は、エネルギー利用に関する施設（例えば道路）利用料という受益者負担金とともに、エネルギー利用に伴う環境負荷コ

---

24) 例えば下水道普及率で見ると、韓国は、1995年の45.2％から2001年にはOECD国家平均水準である73.2％まで上昇している（環境部（各年度版 a）を参照）。
25) 交通税の2002年度歳入予算額10兆1,286億ウォンのうち、85.8％に当たる8兆6,903億ウォンは、交通施設特別会計に、残り14.2％に当たる1兆4,383億ウォンは地方譲与金特別会計に繰り入れられている。既に述べたように、地方譲与金特別会計に繰り入れられている交通税は地方の道路整備支援財源等として使途指定されている。
26) これらの会計の性格は、各々日本のガソリン税など交通燃料関連税を主な財源とする「道路整備特別会計」、石油石炭税を主な財源とする「石油およびエネルギー需給高度化対策特別会計」、そして電源開発促進税を主な財源とする「電源開発促進対策特別会計」に類似している。日本のエネルギー特定財源関連会計について詳しくは第9章を参照。

表6-14 エネルギー関連特定財源の日韓比較（2002年度予算基準）

韓国（億ウォン）			日本（億円）		
関連会計	主な財源	主な使途	関連会計	主な財源	主な使途
エネルギーおよび資源事業特別会計	石油輸入賦課金(9,946) 灯油販売賦課金(2,485) LNG輸入賦課金(969) 融資償還金等(10,347) その他(2,928)	石油備蓄・開発等(16,328) 石炭・廃鉱対策等(5,207) 省エネルギー対策(3,000) 代替エネルギー普及対策(234) その他(1,906)	石油およびエネルギー需給高度化対策特別会計	石油石炭税(4,800) 原油関税(380) 会計余剰金等(1,099)	石油備蓄・開発・流通構造改善等(4,033) 省エネルギー対策(1,209) 新エネルギー対策(643) 石炭対策等(394)
合計	(26,675)	(26,675)	合計	(6,279)	(6,279)
交通施設特別会計	交通税（揮発油税および軽油税）(86,903) その他(45,656)	道路整備(82,600) 港湾・空港整備等(49,559) その他(400)	道路整備特別会計	揮発油税(28,442) 石油ガス税(280) その他(17,437)	道路整備・建設等(46,159)
			合計	46,159	46,159
			空港整備特別会計	航空機燃料税等(1,075)	空港整備等(1,075)
合計	(132,559)	(132,559)	合計	(1,075)	(1,075)
電力産業基盤基金	電力産業基盤基金負担金(9,100) その他(897)	電源地域対策等(4,000) 原子力開発(275) 新エネルギー開発(60) 石炭産業支援(1,600) その他(4,062)	電源開発促進対策特別会計	電源開発促進税(3,767) その他(1,160)	電源地域振興対策等(2,446) 新エネルギー開発利用等(1,006) 原子力の開発利用等(1,475)
合計	(9,997)	(9,997)	合計	(4,927)	(4,927)

注1：新エネルギーとは、太陽エネルギー、風力エネルギー、廃棄物発電、バイオマス、燃料電池などを指す。
 2：1ウォンは約0.1円（2002年平均基準）。
出所：両国の各会計関連統計から作成。

ストという汚染原因者負担金の2つの性格をも持っている。しかし、これまで道路利用など受益者負担の側面だけ強調した結果、環境保全とは相容れない道路・港湾建設や油田開発など大型プロジェクトに主に充てられてきた。

　近年、エネルギーおよび資源事業特別会計には、企業の省エネルギー施設設置や老朽化したエネルギー関連施設の代替など、エネルギー利用合理化に対す

る長期かつ低利融資資金（2002年度予算額：3,000億ウォン）が配分されている。今後は新エネルギーの開発やクリーナー・プロダクション技術など、エネルギー・サステナビリティの確保と革新的な環境技術の開発へのインセンティブ機能を促す資金として活用する方法を模索する必要がある。とりわけ、今後は大規模道路建設や石油開発プロジェクト事業への需要が減ることが予想されることもあり、交通税の名称を「交通環境税」に、また石油輸入賦課金の名称を「石油環境賦課金」などに変更することによって、上記の2つの特別会計の環境保全財源配分機能を高めていくことを積極的に提言したい。

　一方、韓国では、これまでに汚染原因者負担原則に則った環境賦課金制度は積極的に導入されてきた。しかし、経済主体に広く環境保全への行動を誘導する炭素税の場合、京都議定書で温室効果ガスの数字目標国から除外されていることもあり、導入に関する議論はあまり進んでいない。日本の場合、炭素税についての産業界の抵抗は根強く存在しているものの、導入についての議論は進んでいる。炭素税は、企業活動のみならず一般国民のライフスタイルを環境保全型へ誘導させる効果を持っており、社会システムのグリーン化を促す要因となる。炭素税の導入は、新しい財源の確保はもちろん地球環境問題の解決も貢献できるので、韓国は一層真剣な議論を深めるべきであろう。

第7章　韓国の環境補助予算制度

1　はじめに

　環境予算とは、環境政策の目標達成のための政府の資金支出体系ともいえる。環境政策は、環境予算の調達・配分・執行の過程を通じて実現される。したがって、一国の環境予算制度についての考察は、その国の環境政策の実態分析や評価にも有用な作業となる。

　第6章では、韓国の環境予算の財源調達における実態と今後の望ましい方向性について検討した。本章では、環境予算が誰に配分されたか（主体別配分構造）、そしていかなるところへ配分されたか（部門別配分構造）を時系列データに基づき詳しく分析する。これらの分析を踏まえ、韓国の環境予算が使途上に抱えている問題点と環境保全インセンティブ機能を高めるための今後の課題を明らかにする。本章は、第6章の考察に続き韓国の環境予算制度の分析に関する終結編として位置付けられる。

2　環境補助予算の主体別配分

　主体別配分で見た韓国環境予算の顕著な特徴は、自治体および民間事業者へ提供する補助予算の割合が高く、その中でも特に前者への割合が非常に高いことである（表7-1参照）[1]。自治体への補助予算（2002年度予算基準）は、環境改善特別会計基準で53.5％、環境部所管予算（表6-3の第Ⅱ分類予算）基準で58.0％、そして環境部管轄予算（表6-3の第Ⅲ分類予算）基準で見て78.9％の割合を占めている。補助予算は、提供形態別に無償で与えられる直接補助予算と、元金と利子の償還が義務付けられる長期かつ低利融資予算に分けられる。

表7-1　環境部所管予算の主体別配分の構成比推移

(単位：％)

	1996	1997	1998	1999	2000	2001	2002
構成比合計	100.0	100.0	100.0	100.0	100.0	100.0	100.0
環境部直轄事業	26.6	25.0	26.9	28.3	27.3	29.7	30.1
直接補助金	26.4	29.5	33.4	32.4	35.2	31.0	29.3
自治体	25.6	27.7	30.1	30.2	33.2	29.4	26.7
民間	0.8	1.8	3.3	2.2	2.0	1.6	2.6
融資	47.0	45.5	39.7	39.3	37.5	39.3	40.6
自治体	35.7	35.3	30.2	30.2	29.5	30.5	31.3
民間	11.3	10.2	9.5	9.1	8.0	8.8	9.3

出所：環境部（各年度版ｂ）から作成。

　直接補助予算の場合、自治体に対しては環境改善特別会計、農漁村特別税管理特別会計の２つの環境部所管予算の他に、地方譲与金管理特別会計、国有財産管理特別会計、漢江水系管理基金などから財源が提供されている。民間事業者に対して配分される予算は、環境改善特別会計が唯一の財源であり、補助対象事業も再活用備蓄施設設置など一部事業に限られている（表7-2参照）。直接補助予算は必要な経費の全額が提供される例は殆どなく、中央政府の事業審査により対象事業や提供される自治体の行政単位（首都、広域市、一般市、農漁村など）別に、10％から80％の幅で異なる補助率が適用されている（表７３参照）[2]。直接補助予算の補助率は、水質保全関連事業が他の事業に比べ高く、また自治体の行政単位が小さいほど高く設定されている。ここで、補助事業の選

---

1) 一般に、中央政府が自治体に与える補助予算は、一般補助金（Unconditional Grants）と条件付補助金（Conditional Grants）とに分けられる。一般補助金とは、用途に制限がないことから政府間の単なる所得の移転効果を持つにすぎない。これに当たる補助金としては、地方交付税が挙げられる。他方、条件付補助金とは、中央政府が特定の地方公共財の供給増大を誘導する目的に、所要経費の一定割合（定率）もしくは一定額（定額）を支給するものである。自治体間の財政能力の格差を緩和する目的ならば一般補助金のほうが効果的であるものの、外部性を抑制する点では、中央政府が用途を特定公共財に制限する条件付補助金のほうが効果的であるといわれている。環境予算のうち直接補助予算は、ここでいう条件付補助金の性格を持っている。
2) 中央政府が自治体に提供する直接補助予算の自治体規模別配分方法について、詳しくは張（2000）を参照。

表7-2 環境改善特別会計予算の直接補助金運用の推移

(単位：億ウォン)

		1996	1997	1998	1999	2000	2001	2002
	環境改善特別会計枠合計	1,909	2,757	2,060	2,892	4,191	3,858	3,621
自治体補助	経常補助合計	448	435	486	622	688	572	389
	上水源保護区域住民支援	58	58	54	56	50	41	34
	下水処理場利子補塡	340	348	415	552	603	507	315
	畜産廃水処理施設利子補塡	11	7	6	4	4	3	2
	リサイクル施設利子補塡	26	13	11	10	7	3	1
	環境基礎施設運営費	−	−	−	−	8	6	6
	青少年環境体験教育活性化	−	−	−	−	7	8	8
	その他	13	9	−	−	9	4	20
	資本補助合計	1,387	2,129	1,874	2,009	3,243	3,065	2,866
	高度浄水処理施設	547	289	46	142	120	145	139
	島嶼地域生活用水開発	−	−	121	153	186	247	358
	下水処理施設	164	500	500	500	500	67	−
	漢江水質保全特別事業	−	−	−	−	300	300	300
	工業団地廃水終末処理場	28	98	280	288	364	239	101
	ゴミ埋立場	250	311	274	253	240	263	290
	ゴミ焼却施設	−	624	583	560	660	690	614
	生ゴミ処理(飼料化など)施設	−	−	70	113	111	131	127
	天然ガス市内バス普及	−	−	−	−	123	141	139
	その他	398	307	−	−	639	842	798
民間補助	経常補助合計	47	39	33	22	25	43	58
	韓国環境政策・評価研究院支援	44	36	30	20	15	25	39
	民間環境団体支援	3	3	3	2	2	2	2
	野生動物密猟防止	−	−	−	−	−	7	7
	その他	−	−	−	−	17	9	10
	資本補助合計	27	154	213	239	236	178	308
	再活用備蓄施設設置	−	124	163	159	139	93	124
	廃棄物回収処理事業者	17	−	−	−	−	−	−
	軽油車低公害技術開発	10	−	−	−	−	−	−
	工業団地下水処理場設置	−	30	50	80	97	63	54
	工業団地廃水終末処理場設置	−	−	−	−	−	22	126
	その他	−	−	−	−	−	−	4

注1：1ウォンは約0.1円（2002年平均基準）。
　2：合計欄の金額と各項目の合計は必ずしも一致しない。
出所：環境部（各年度版b）から作成。

表7-3 自治体への補助予算の補助率体系

補助率	環境部所管予算	地方譲与金管理特別会計
10%		下水終末処理（広域市）
30%	ゴミ焼却施設（一般市単独設置）、ゴミ埋立施設、生ゴミ公共処理施設、公共再活用基盤施設、自然環境保全利用施設	下水道管渠整備（広域市）、汚染河川浄化事業（広域市）
40%	ゴミ焼却施設（広域市広域設置）	
50%	高度浄水処理施設[1]、農漁村生活用水開発、工業団地廃水処理場、ゴミ焼却施設（一般市郡広域設置）、非衛生埋立地整備、天然ガスバス普及（バス購入・燃料価格差補助）、野生動物管理	下水終末処理（一般市・郡）、下水道管渠整備（一般市・郡）
60%		畜産廃水処理施設（広域市）
70%	農工団地廃水処理場（優先支援農漁村）、首都圏上水源管理、島嶼地域生活用水開発、青少年環境体験活性化	汚染河川浄化事業（一般市・郡）
80%		畜産廃水処理施設（一般市・郡）

注1：高度浄水処理とは、一般の浄水処理工程に、活性炭濾過やオゾン処理など新しい浄水工程を加えた処理であり、悪臭の除去などに優れているといわれている。
出所：環境部（各年度版 e）から作成。

定及び補助率の設定は、費用便益分析などの客観的根拠というよりは、中央政府の恣意的な政策的判断に基づく。

例えば、下水処理施設という類似の事業であるにもかかわらず、広域市においては下水終末処理事業より下水道管渠事業の補助率が高く、同じ下水道管渠事業でも新規工事より改・補修工事についての補助率が高く設定されている。同一の下水終末処理事業でも、湾岸地域の終末処理場は融資対象事業となるが、その他の地域では直接補助対象事業になる。また、上水道開発事業の中でも、建設交通部所管の広域上水道開発事業は100％補助、島嶼地域生活用水開発は70％補助、農漁村生活用水開発は50％と異なっている。

ゴミ焼却施設は1996年まで融資対象事業であったが、ゴミの焼却処理を誘導する目的で1997年から直接補助対象事業へと変更されている。近年、ゴミ焼却処理の広域化を促すため、ソウル市及び広域市の場合、自治体の単独設置については補助を中止し、2つ以上の自治体の共同設置事業の場合は補助率を引き上げている（表7-4参照）。

表7-4 ゴミ焼却場に対する国庫補助率

(単位:%)

	2000年まで	2001年から		備考
		単独施設	広域施設	
ソウル市	20	なし	30	単独施設補助中断
広域市	30	なし	40	単独施設補助中断
一般市・郡	30	30	50	

出所:環境部(2002b)から作成。

表7-5 環境部所管予算の融資事業の推移

(単位:億ウォン)

会計項目別	融資対象	融資条件(年利、償還期間[1])	融資額(年度)						
			1996	1997	1998	1999	2000	2001	2002
環境改善特別会計枠合計			1,911	2,692	2,588	2,651	3,000	3,593	3,847
中小都市上水道開発[2]	自治体	5.41%、10年	300	500	480	494	461	637	934
一般下水処理施設	自治体	同上	−	500	500	500	500	67	0
湾岸地域下水処理場	自治体	同上	−	870	895	933	1,125	1,803	1,592
下水道管渠整備	自治体	同上	700	356	225	212	200	200	200
下水スラッジ処理施設	自治体	同上	−	−	−	−	−	−	205
農工団地廃水処理施設	自治体	同上	14	9	8	11	4	20	5
その他	自治体	同上	597	7	−	1	−	−	45
リサイクル産業育成	民間	5.91%、7年	300	450	480	500	500	600	600
天然ガスバス普及[3]	民間	5.0%、7年	−	−	−	−	210	266	266
財政融資特別会計枠合計			2,242	2,228	1,830	1,878	1,886	1,960	1,971
地方上水道改良事業[4]	自治体	5.41%、10年	1,300	1,500	1,250	1,338	1,187	1,200	1,125
都市廃棄物焼却施設	自治体	同上	184	−	−	−	−	−	−
工業団地廃水終末処理場	民間	同上	112	68	−	−	159	120	106
中小企業汚染防止施設[5]	民間	5.91%、10年	586	600	540	500	500	600	700
環境技術産業化	民間	同上	60	60	40	40	40	40	40

注1:融資条件は2002年基準であり、償還期間には3年の据置期間が含まれている。
 2:中小都市上水道開発事業に対する優遇金利は、2001年までには3.75%が適用されていた。
 3:天然ガスバス普及事業に対する優遇金利の期間は、2003年までと限定されている。
 4:地方上水道改良事業に対する融資には、2005年限定で2.25%の利子補給が行われている。
 5:中小企業汚染防止施設に対する融資は、環境改善資金の名称で行われている。
 6:1ウォンは約0.1円(2002年平均基準)。
出所:環境部(各年度版b)から作成。

　一方、融資予算は、環境部所管予算のうち、環境改善特別会計と財政融資特別会計の両会計を中心に行われている(表7-5参照)。2002年度の環境部所管予算の内訳では、融資予算の割合は40.6%であり、直接補助予算の割合29.3%を上回っている(表7-1)。融資予算の場合、1990年代までには民間金融機関の長期プライムレート10〜12%より低い5〜6%優遇金利が適用され

表7-6 民間事業者向け長期かつ低利融資の推移

(単位:億ウォン)

融資執行機関名	融資項目	融資対象	融資条件(年利、償還期間¹)	融資額(年度)					
				1995	1996	1997	2000	2001	2002
環境管理公団	環境改善資金			450	646	660	540	640	740
	汚染防止施設資金	中小企業	5.91%、10年	390	586	600	500	600	700
	環境技術産業化資金	中小企業	同上	60	60	60	40	40	40
韓国環境資源公社	リサイクル産業育成資金	中小企業	5.91%、10年	190	300	450	500	600	600

注1:融資条件は2002年度基準であり、償還期間には3年の据置期間が含まれている。
 2:1ウォンは約0.1円(2002年平均基準)。
出所:各機関別資料から作成。

ており、とりわけ地方自治団体に対しては民間事業者に比べて1%・ポイントほど優遇されていた。しかし、2000年代に入って市場金利の持続的な下落に伴い、両会計からの融資と市場金利との金利差はほとんどなくなっている。融資予算のうち自治体向け予算は、ソウル市など財政自立度の高い一部自治体の下水道管渠整備や、中小都市及び農漁村地域における上水道普及事業などを中心に配分されている。

民間事業者向け融資は、現在は長期かつ低利の政策金融として、リサイクル産業育成、天然ガス市内バス普及、中小企業の環境汚染防止施設投資に対する資金支援などへ、重点的に配分されている。リサイクル産業育成融資は、中小企業を対象に再活用施設設置資金、再活用技術開発資金、経営安定資金、流通・販売支援資金として提供されている。民間事業者向け環境関連融資予算の執行は、環境部出資機関である環境管理公団と、韓国環境資源公社などを中心に行われている(表7-6参照)。

3 環境補助予算の部門別配分

(1) 水質関連予算

韓国の環境予算の部門別配分における特徴は、上下水道整備などの水質関連予算が最も大きな割合を占めていることである(表7-7参照)。2002年度予算

表7-7　水質関連予算の財源別推移

(単位：億ウォン)

予算項目	財源の所管	1996	1997	1998	1999	2000	2001	2002
水質関連予算総計	−	16,934	21,113	21,641	21,172	24,865	25,425	27,152
(環境関連予算[1]の中の構成比)	−	(75.6)	(76.1)	(77.0)	(76.6)	(76.2)	(72.7)	(74.2)
上水道関連予算合計		7,121	7,797	8,846	8,071	8,633	7,866	7,420
地方上水道	環境部	2,386	2,727	2,171	2,416	2,442	2,836	3,296
広域上水道	建設交通部	3,753	4,070	5,782	4,707	5,231	3,882	2,828
農漁村生活用水	行政自治部	600	600	553	587	599	740	888
農漁村生活用水	農林部	400	400	340	361	361	408	408
水質保全関連予算合計		9,813	13,316	12,795	13,101	16,232	17,559	19,732
水質汚染防止	環境部	2,438	2,957	3,520	3,552	4,092	3,691	3,322
水質保全地方譲与金	行政自治部	3,978	6,867	6,676	6,714	9,317	12,250	14,293
海洋汚染防止	海洋水産部	116	259	199	219	450	433	457
下水処理等	公資基金[2]	3,281	3,233	2,400	2,512	1,600	380	255
下水処理等	漢江基金[3]	−	−	−	104	773	805	1,405

注1：統合財政基準環境予算（表6-3の第Ⅴ分類）である。
　2：公共資金管理基金の略である。
　3：漢江水系管理基金のうち水質汚染防止関連財源に限る。
　4：1ウォンは約0.1円（2002年平均基準）。
出所：環境部（各年度版ａ）、環境部（各年度版ｂ）、環境部（各年度版ｃ）から作成。

における水質関連予算は、環境部所管予算基準では46.2％、統合財政基準では74.2％を占めている。既に述べたように、1990年代前半に2度にわたって発生した洛東江流域の水質汚染事故を契機に、安定的な生活用水の供給と水質管理に対する国民の要求が高くなり水質関連予算も大幅に拡充された。上水道や下水処理施設の建設事業には通常莫大な経費が必要となるので、それを賄うために財源の大部分は各省庁の所管予算から調達されている。

　上水道施設整備の進展などに伴い、水質関連予算に占める上水道関連予算は近年減少傾向にあるものの、下水道整備などの水質保全関連予算は増えつづけている。水質保全関連財源は、近年環境部所管予算からの調達が漸減している反面、それを補う形で地方譲与金管理特別会計や漢江水系管理基金からの調達が増大している。水質関連予算の拡大に伴い、例えば1991年に35.7％に留まっていた韓国の下水道普及率は、1995年、1998年、2001年にそれぞれ45.2％、65.9％、73.2％に上昇し、現在はOECD諸国に迫っている（表7-8）。

　こうした水質保全関連投資の拡大により、主要4大江流域の水質汚染状況は

表7-8 主要OECD諸国の下水道普及率（1999年）

(単位：%)

	韓 国	日 本	ドイツ	英 国	フランス	カナダ	米 国
下水道普及率	73.2	62.0	90.5	91.7	77.0	75.0	71.4

注1：韓国は、2001年基準。
 2：日本の下水道普及率は相対的に低いが、これは、日本では浄化槽方式によるし尿処理が発達しているためである（浄化槽によるし尿処理人口：34.9%（1999年基準））。
出所：OECD（2000）から作成。

表7-9 4大江の汚染度（BOD）推移

川　名	測定地域	1990	1992	1994	1996	1998	2000	2001
漢　江	ノリャン津	3.4	3.6	3.3	3.9	3.6	2.7	3.4
洛東江	ムルゴム	3.0	3.3	4.6	4.8	3.0	2.7	3.0
錦　江	扶　余	3.1	3.2	3.7	3.7	2.4	2.7	3.7
栄山江	羅　州	6.7	5.6	7.3	5.6	5.9	6.5	6.2

出所：環境部（各年度版 a）から作成。

1990年代半ばから改善されてきていた。ただし近年、自治体では地域経済活性化措置の一環で川周辺地域に商業用ビルの建築などに関する土地規制緩和などを行い、一部河川流域の汚染度は再び悪化の傾向にある（表7-9）。

(2) 大気環境関連予算

　水質関連予算の財源が多くの会計や基金から調達されていることに比べ、大気保全関連予算は主に環境改善特別会計から調達されている。大気保全関連予算（省エネルギー関連予算を除く）は、1990年代までには環境部所管予算に占める割合が1％以下に留まっていた。それまでの大気保全対策が、清浄燃料や低硫黄燃料の供給など民間中心に行われたので、政府部門の役割は相対的に小さかったといえる。しかし近年は、自動車排ガス抑制などの大都市大気汚染対策を中心とする関連予算の大幅な拡充が行われており[3]、環境改善特別会計に

---

[3] 大都市地域で運行されている軽油バスを、2000年から2002年までに3,000台、2003年から2007年までには2万台を天然ガスバスに切り替えるのは、この一例である。そのため自治体や事業者を対象に、ガス充填所設置補助（固定式充填所：1ヶ所当たり7億ウォン、移動式充填車1台当たり2億ウォンまでを長期かつ低利融資）や、天然ガスバス購入補助（購入時に1台当たり2,250万ウォンを直接補助）および燃料価格差補助、そして低公害車技術開発補助などが行われている。

占める大気関連予算の割合も、1996年の1.8%、2000年の4.4%から、2002年には5.2%までに増加している。

(3) 廃棄物関連予算

次に、廃棄物関連予算を概観する。環境部所管予算に占めるこの割合は、1988年に6.2%、1990年には5.9%に過ぎなかったが、1990年代後半には20%を上回る水準まで拡大された（表7-10参照）。これは、1990年代に入ってから廃棄物処理政策が埋立処分中心から焼却処分中心へ転換されたこと[4]、非衛生的埋立処理場の整備が強化されたことなどを理由に、関連施設の建設に関

表7-10　廃棄物管理予算の部門別構成比推移

(単位：億ウォン、%)

	1996	1997	1998	1999	2000	2001	2002
廃棄物関連予算合計	1,881	2,717	2,666	2,693	2,865	3,024	2,889
（環境部所管予算の中の構成比）	(21.3)	(25.2)	(24.0)	(23.3)	(22.0)	(21.4)	(20.2)
廃棄物埋立地建設	250	311	274	253	241	263	290
廃棄物焼却場建設	215	624	583	560	660	690	614
農漁村廃棄物総合処理場	225	225	150	150	150	195	98
非衛生埋立地整備	11	19	37	41	316	364	365
韓国環境資源公社	402	432	379	384	398	392	382
再活用品備蓄施設	158	207	163	159	139	93	124
再活用産業育成	300	450	480	500	500	600	600
廃棄物預置金返還	46	130	190	191	198	153	117
生ゴミ公共処理	6	20	70	113	111	131	127
その他	268	299	340	342	152	143	172
使途別構成比	100.0	100.0	100.0	100.0	100.0	100.0	100.0
廃棄物の埋立	24.3	19.4	17.0	17.2	11.6	9.4	10.9
廃棄物の焼却	11.5	23.0	21.9	20.7	23.0	22.9	21.2
廃棄物の中間処理	12.0	10.7	10.8	9.1	6.3	7.7	5.6
廃棄物の再活用[1]	50.8	46.0	48.4	50.2	47.2	45.5	42.7
その他	1.4	0.9	1.9	2.8	11.9	14.5	19.6
主体別構成比	100.0	100.0	100.0	100.0	100.0	100.0	100.0
中央政府直轄事業	42.9	33.5	29.7	31.0	23.7	20.3	19.0
自治体補助	40.3	48.9	50.5	48.5	57.4	58.8	58.5
民間事業者補助	16.8	17.6	19.8	20.5	18.9	20.9	22.5

注1：廃棄物の再活用には、再活用産業育成、再活用品備蓄施設、生ゴミ公共処理施設、韓国環境資源公社への出資金などが含まれている。1ウォンは約0.1円（2002年平均基準）。
出所：環境部（各年度版b）などから作成。

表 7-11 廃棄物類型別処理推移

(単位：トン/日)

	処理方法		1996	1997	1998	1999	2000	2001
生活系廃棄物	合　計		49,925	47,895	44,583	45,614	46,438	48,499
	構成比(%)	埋　立	68.3	63.8	56.3	51.7	47.0	43.3
		焼　却	5.5	7.1	8.8	10.2	11.7	13.6
		再活用	26.2	29.1	34.9	38.1	41.3	43.1
事業場廃棄物	合　計		125,409	141,305	140,406	166,114	180,230	204,428
	構成比(%)	埋　立	28.5	30.8	25.2	18.0	16.1	15.4
		焼　却	5.2	4.9	5.2	4.8	5.6	5.0
		再活用	66.3	64.3	66.6	73.6	74.4	75.8
		その他	－	－	3.0	3.6	3.9	3.8

注：事業場廃棄物は、韓国では産業廃棄物に当たる。
出所：環境部（各年度版 a）、環境部（各年度版 g）から作成。

わる予算が急増してきたことに起因している。

　廃棄物関連予算のうち、リサイクル部門の予算割合は1996年の50.8％から、1998年に48.4％、2000年に47.2％、2002年には42.7％と漸減しているものの、その中で、リサイクル産業育成や生ゴミなど生活系リサイクル促進関連予算は逆に拡充されている。生活系ごみの処理は、近年まで埋立処分が中心（例えば1995年の埋立処分率81.1％）であり、同時点でリサイクル率は15.4％に留まっていた。しかし、埋め立てによる悪臭や地下水汚染など社会的費用の発生が大きな問題となり、近年、生活系ゴミの発生抑制とリサイクル促進のための対策が強化されている。これに伴い、生活系ゴミのリサイクル率も1998年には34.9％まで上昇し、2001年には43.1％へと急上昇している（表7-11参照）。

4）韓国では、生活廃棄物の焼却率が1994年に3.5％、1996年に5.5％、1998年に8.8％、2000年には11.7％と増加しており、2011年には同焼却率を30％まで引き上げることを目標としている（ちなみに、1999年時点での日本の一般廃棄物の焼却率は78.1％）。また、韓国の生活廃棄物の処理状況（2001年）は、焼却13.6％、埋立43.3％、リサイクル43.1％となっている（詳しくは表7-11を参照）。

(4) 自然環境保全関連予算

　自然環境保全予算は、環境部所管予算の中では環境改善特別会計のみから配分されている。自然環境保全予算の環境改善特別会計に占める割合は、1996年には0.8％に留まっていたが、2000年に7.1％、2002年には7.4％へと高くなっている。これは中央政府の国立公園管理に関する政策方針が、従来の開発中心から保全へ転換することに伴い、1998年に国立公園管理関連予算も行政自治部から環境部へ移管されたことに大きく起因している。自然環境保全予算は、国立公園地区における自然保護施設の整備、自然散歩道の設置、野生動植物の保護や密猟防止、自然生態系調査などへ支出されている。

(5) 環境技術関連予算

　最後に、環境技術及び環境産業育成関連予算にふれる。これは、環境部所管予算の中で環境改善特別会計と財政融資特別会計の両会計を中心に配分されている。この予算割合は、1990年には1.6％に過ぎなかったが、2000年に9.7％、2002年には13.2％へと拡充されている（表7-12参照）。例えば、環境基礎技術水準の向上と環境産業の育成のため、1992年から2001年まで4,098億ウォン（企業支出分を含む）が投入され、306件の研究開発事業（いわゆる「G-7環境工学技術開発プロジェクト」）が行われた（表7-13参照）[5]。

　ただし、これらの研究課題は集塵技術、廃水処理など終末処理型技術開発が中心であったため、これを補うものとして1999年から「次世代核心環境技術開発事業」がスタートしている。この事業は2002年度から2010年度まで1兆ウォンを投入し、統合環境管理技術、クリーナー・プロダクション技術、環境復元および再生技術など、今後の戦略的な部門の育成を目標としている[6]。

　表7-14は、以上の考察をまとめたものである。実質的に環境部所属予算で

---

[5] 韓国の科学技術を先進7ヶ国の水準へ近づけるという計画で、1992年以降、先導技術開発事業（別名：G-7プロジェクト）が中央政府を中心に推進されている。G-7環境工学技術開発事業は、G-7プロジェクトの14事業の1つとして、環境部がその事業を総括している。

[6] 環境技術開発や環境産業育成については、産業資源部所管の産業基盤基金からも、環境親和的産業基盤造成の枠として2001年に420億ウォンがあてられている。

表7-12　環境技術・産業育成関連予算推移

(単位：億ウォン)

	1996	1997	1998	1999	2000	2001	2002
環境技術・産業育成関連予算	1,217	1,335	1,184	1,140	1,267	1,875	1,895
（環境部所管予算の中の構成比）	(13.7)	(12.4)	(10.6)	(9.9)	(9.7)	(13.3)	(13.2)
G-7環境工学技術開発事業等	195	200	220	175	200	180	−
次世帯核心環境技術開発事業等	−	−	−	−	−	500	700
環境汚染防止施設設置	586	800	540	500	500	600	700
総合環境研究団地造成	176	498	162	211	243	189	106
その他	260	163	262	254	324	406	389

注：1ウォンは約0.1円（2002年平均基準）。
出所：環境部（各年度版b）から作成。

表7-13　G-7環境工学技術開発プロジェクトの概要

(単位：億ウォン)

	1段階（1992～1994）	2段階（1995～1997）	3段階（1998～2001）
基本目標	基盤技術確保	核心技術開発及び実用化基盤構築	実用化、総合環境管理体系構築
重点技術開発	汚染防止技術	汚染防止技術	クリーナー・プロダクション技術
産業側面	環境技術の自立	環境技術の自立	環境技術の輸出産業化
所要財源	556(301)	1,465(816)	2,077(1,177)

注1：（　）内は所要財源の中、民間部門からの調達額。
　2：1ウォンは約0.1円（2002年平均基準）。
出所：環境部（2000b）。

表7-14　環境予算の使途別構成比（2002年度予算基準）

(単位：%)

予算類型別区分＼使途別区分	水質環境保全	廃棄物・リサイクル対策	大気環境保全	自然環境保全	環境技術・産業育成	環境管理等	合計
環境改善特別会計	40.1	24.1	5.2	7.4	9.4	13.8	100.0
環境部所管予算	46.2	20.2	4.5	6.2	13.2	9.7	100.0
環境部管轄予算	73.9	9.8	2.3	3.0	6.4	4.6	100.0
中央政府の環境予算	76.8	8.7	1.9	2.7	5.8	4.1	100.0
統合財政基準環境予算	74.2	7.9	1.8	2.4	5.5	8.2	100.0

出所：環境部（各年度版b）、環境部（各年度版c）から作成。

あるといえる環境改善特別会計および環境部所管予算では、廃棄物・リサイクル対策や大気環境保全関連予算の割合が高くなる。その一方で、環境予算の範囲が、中央省庁や統合財政基準へと広くなると、水質環境保全対策関連予算が環境予算財源の大半を占めるようになる。

4　環境補助予算の使途上の課題

　環境予算は自治体への補助が中心であるが、今後は環境保全に関する革新的技術や能力を保有する民間部門へ積極的に用いる必要がある。近年、民間事業者への補助予算は多少増加傾向にはあるものの、まだ環境改善特別会計の10.6％（2002年度基準）にすぎない（表7-15参照）。韓国の環境政策は、これまで直接規制や環境賦課金制度など企業に負担をかけるムチ中心に行われており、アメとなる環境補助金の役割は非常に脆弱であった[7]。

　環境賦課金の財源は、汚染者負担原則に則って汚染者から調達されているので、第1章で検討したように同財源を活用した補助金のPPP逸脱度は一般財政資金から調達するより低いといえる。環境改善特別会計の環境賦課財源のうち21.5％のみ民間補助金として活用されており、今後環境保全インセンティブの高い民間部門への補助金を増やす余地は十分ある。民間事業者からの環境賦課金財源が会計予算の49.2％（2002年予算：会計から融資の償還・利息金を含

表7-15　環境改善特別会計の財源調達及び使途別構成比推移
（単位：億ウォン、％）

	1996	1997	1998	1999	2000	2001	2002
環境改善特別会計総額	5,985	7,921	8,776	9,072	10,505	11,467	11,682
財源調達別構成比	100.0	100.0	100.0	100.0	100.0	100.0	100.0
環境賦課金	46.2	51.9	54.3	53.3	49.3	47.4	49.2
融資償還・利息金等	13.7	15.4	7.7	8.8	9.2	11.6	14.2
一般会計繰入金	40.1	32.7	38.0	37.9	41.5	41.0	36.6
使途別構成比	100.0	100.0	100.0	100.0	100.0	100.0	100.0
環境部自体直轄事業	36.2	31.2	32.8	33.6	34.3	35.0	36.4
自治体への補助	57.6	60.7	58.7	57.4	56.4	55.5	53.0
民間事業者への補助	6.2	8.1	8.5	9.0	9.3	9.5	10.6

出所：環境部（各年度版a）、環境部（各年度版b）から作成。

---

[7]　韓国の環境政策が、緩い直接規制と弱い環境賦課金制度のポリシー・ミックスと考えられるのと対照的に、日本の場合は、厳しい直接規制と強い環境補助金制度のポリシー・ミックスであったといえる。日本では、環境賦課金制度はほとんど採用されなかったため、民間事業者への環境補助金の財源は、主に財政投融資や一般財源から賄ってきた。

めれば63.4%）を占めている環境改善特別会計は、民間事業者への汚染抑制インセンティブ機能をより高める予算として活用することが望ましい。

なお、既存の環境補助金についても終末処理型設備投資支援中心に運用されているため、環境技術革新を誘引する機能が非常に弱い。今後は、民間事業者に対するクリーナー・プロダクション技術の開発、そして民間消費者に対する環境に優しい製品普及を誘導するための補助予算の拡充が求められる。

また、現行の環境予算は汚染の事前予防・抑制よりも、事後処理のための下水処理場建設、廃棄物の埋立地および焼却場など環境関連基礎施設の建設に集中配分されている。現在のような経済活動や国民のライフスタイルが続く限り、水使用量、廃棄物発生量、交通量などの増加は不可避である。こうした環境負荷に対応するため、下水処理施設、廃棄物焼却場などの環境基礎施設に対する一層の需要増加が予想される。したがって、今後の環境政策の方向性としては、環境基礎施設の量的供給を中心に支援する方向から、環境資源価格を適切に設定することで、環境負荷を需要側面から管理する方向へと転換することが望ましい[8]。また、基礎施設の効率的管理・運営のためのソフトウェアの開発、技術人材育成などへの予算拡充も必要である。

なお、大気保全や自然保護分野での予算配分はこれまで相対的に少なかったが、これも増やす必要がある。表7-16および表7-17で示されているように、近年韓国の主要都市における窒素酸化物などによる大気汚染はあまり改善されておらず、まだ国際的にも高い値である。大気・自然保全部門の予算支援は、酸性雨の抑制や自然生態系の破壊抑制などを通じ究極的には水質環境保全にも貢献しうる。2002年度の大気関連環境賦課金財源は約3,915億ウォン[9]にのぼっているものの、大気関連予算への配分は環境改善特別会計から607億ウォ

---

8) 例えば、上水道料金（2000年）の場合、韓国を100とすると、日本550、フランス720、ドイツ770、米国260となっており、韓国のほうがかなり低い。
9) この金額は、環境改善負担金のうち軽油自動車負担金3,178億ウォン、施設物に賦課する大気関連賦課分631億ウォン、そして排出賦課金のうち大気排出賦課金106億ウォンを合計したものである。環境改善負担金のうち、施設負担金は大気関連負担金および水質関連負担金と統計上合算されているが、ここでは、2つの負担金が同額であると仮定して計算している。

表7-16　韓国主要都市の大気汚染物質の濃度推移

(単位：日平均濃度)

汚染物質	都市名	1997	1998	1999	2000	2001
SO_2 (ppm)	ソウル	0.011	0.008	0.007	0.006	0.005
	仁　川	0.013	0.009	0.008	0.008	0.007
	釜　山	0.018	0.015	0.014	0.010	0.008
	蔚　山	0.019	0.015	0.017	0.013	0.012
NO_2 (ppm)	ソウル	0.032	0.030	0.032	0.035	0.037
	仁　川	0.026	0.026	0.028	0.024	0.027
	釜　山	0.028	0.024	0.019	0.024	0.030
	蔚　山	0.023	0.019	0.021	0.020	0.022
PM_{10} (μ/m^3)	ソウル	68	59	66	65	71
	仁　川	70	57	53	53	52
	釜　山	68	67	65	62	60
	蔚　山	43	29	29	52	55

出所：環境部（各年度版 a）から作成。

表7-17　主要都市の大気汚染度比較

(単位：日平均濃度)

汚染物質	ソウル (2001年)	東　京 (2000年)	ロンドン (2001年)	パ　リ (2001年)	ニューヨーク (1997年)
O_3 (ppb)	15	26	17	17	n.a.
PM_{10} (μ/m^3)	71	40	20	20	28
NO_2 (ppb)	37	29	22	22	30

出所：環境部（2002e）から作成。

ンに過ぎない。とりわけ、環境改善特別会計財源の約34％が民間事業者から調達された大気関連環境賦課金であることを考慮すると、民間事業者の代替エネルギーやクリーンエネルギー開発支援などの大気保全関連予算を拡充する必要がある。

　また、自治体への補助が中心となる現行の予算制度では、自治体は補助金の確保を優先し、事業の必要性・妥当性に関する分析は疎かになりやすい。自治体の国への過度な補助金依存は、いわゆる行政任務と課税権との非対応の問題を生じさせ、不用な公共サービスを増やすという問題点も生じうる。例えば、合併浄化槽や簡易下水処理場が望ましいはずの農漁村地域に、費用効率性の劣る大型下水処理場の設置を誘導しかねない。したがって、自治体の環境基盤施

表7-18　韓国の自治体の財政自立度（2000年基準）
(単位：％)

	特別市（首都）	広域市	道	一般市	郡	自治区
平均	94.9	69.6	35.2	49.6	21.0	45.0
最高	94.9	76.3	71.4	96.3	69.8	95.0
最低	−	59.5	14.7	16.2	9.3	22.1

出所：財政経済部（2002）から作成。

設の整備関連予算は、原則的には財源の調達や執行における決定権を自治体に与える方向へ移行すべきである。

　さらに自治体に配分される環境補助予算は、自治体の財政能力や地域環境特性にあまり考慮されることなく、自治体の行政単位（道・市・郡など）や事業類型別に一律に配分されている。ところが、同一行政単位の自治体でも、自治体によって財政自立度の格差はかなり大きい（表7-18参照）。現行の補助予算の配分方式では、同一行政単位の自治体は事業に必要とされる経費の一定割合を一律に負担しなければならないので、財政能力の脆弱な自治体の場合には大きな財政圧迫の要因になっている。

　これらの問題への対策として、環境補助金の執行段階で自治体の判断により事業項目間の転用を可能にする「統合補助金」や、補助金の配分段階で類似事業項目の統合により自治体に補助金用途の自律性を高める「包括補助金」の導入が考えられる[10]。実際これらは、最近韓国で議論が進んでいる。こうした補助金方式は、自治体にとって地域特性にあわせた最も効率的な補助金の使い方の選択ができるなど、補助金事業が弾力的に運営できる効果がある。

　また、より根本的な方策として、中央政府に集中している環境関連財源の調達・配分に関する権限を自治体へ積極的に委譲する方法がある。その方策の一つとして、自治体が独自の判断により環境に有害な行為に税を課し、その税収を自治体の環境関連予算の財源として活用する、いわゆる地域環境税の導入を

---

[10] 日本の場合、統合補助金は既に導入されているものの、まだ国から自治体へ与えられる補助金総額の7％水準に留まっている。統合補助金の例としては、例えば低公害車購入に使途指定された補助金を、低公害車の運行のために必要な燃料購入や人件費に転用することが挙げられる。

活性化する方法があげられる。地域環境税の導入は、新しい課税源の発掘により財政能力の脆弱な自治体の課税自主権を拡充する側面からも意義が高い[11]。近年日本の自治体では、産業廃棄物を埋め立てる最終処分業者に課する産業廃棄物税や、小売業者に課するペットボトル税のような地域環境税の導入および議論が活発に行われている[12]。

韓国では、まだ日本のような地域環境税に関する議論はあまり行われていない。地域環境税の構想は、国から地域への環境関連税源はいうまでもなく、環境政策に関する権限の委譲をも意味する。韓国はこうした地域環境税を積極的に導入することにより、現在のような中央集権的環境財源の調達・配分方式から脱却し、自治体独自の判断に基づいて、地域固有の特性を生かした環境関連公共財の整備や環境配慮型ライフスタイルを促していくべきである。

韓国の環境予算は、環境部をはじめ多くの省庁に分散管理されているために、予算の一元的管理や配分が難しい。例えば、財政経済部所管の財政融資特別会計や公共資金管理基金、農林部所管の農漁村特別税管理特別会計、そして行政自治部所管の地方譲与金管理特別会計からの環境予算財源は、財源の配分や執行は主に環境部で行われている。しかしながら、実際の予算の使途は各会計別の関連法律において予め指定されており、新規事業の展開などの財源の弾力的運用が困難となっている。今後は、これらの環境予算財源について、環境部所管予算の中で環境対策全般に広く使えるよう、使途指定を解除することにより、財源の統合的かつ弾力的運営を進める必要があろう。

---

11) 環境部の内部資料 (1997年) によれば、自治体の全体予算に占める環境保全予算の割合は、首都14%、地方9〜19%となっており、また環境保全関連支出の財政自立度は首都82%、地方57〜97% (いずれも1996年度基準) となっている。
12) 日本では2000年4月に施行された地方分権一括法によって、自治体は地域環境税など税の使途を予め定めた法定外目的税の導入が可能となった。地域環境税の実態や理論的根拠および制度設計に関して、詳しくは、和田 (2002)、諸富 (2003) などを参照。

5　おわりに

　第6章および本章では、韓国の環境予算の分類体系を整理したうえ、多様化されている予算財源の調達経路と使い道について、時系列データ分析を中心に明らかにした。韓国の環境予算財源は、近年、量的側面では著しく増大してきた。しかし、使途指定の既存の特別会計財源の硬直性、新しい財源調達源確保の必要性、そして予算財源管理の分散的構造や予算財源調達の中央集権的構造の問題点も同時に浮き彫りになった。

　こうした問題への対応には、韓国ではまだあまり議論が進んでいない炭素税を含めた環境税導入構想の積極的な検討を踏まえて、新しい環境保全財源の確保、そしてそれらの財源の効果的活用に関する議論を深めていく必要がある。また、汚染者負担原則および受益者負担原則に則った各種の環境賦課金財源の拡充、環境予算財源の調達・配分の際の環境保全インセンティブ機能の強化も求められる。

　なお、環境政策の運用パターンも、現在のような緩い環境賦課金制度プラス弱い環境補助金のポリシー・ミックスから、PPP逸脱度の相対的に低い環境賦課金財源を活用し、より強度の高い環境賦課金プラス強い環境補助金のポリシー・ミックスへ転換することも検討すべき課題であるといえよう。

　最後に、現在のような中央集権的環境財源の配分方式から脱却し、自治体の固有の特性を生かした環境政策の推進を促すためには、環境予算財源の調達・配分権限の自治体への積極的な委譲とともに、最近日本でも活発に導入されている地域環境税の積極的な検討も必要であろう。

第8章　韓国の環境賦課金制度

1　はじめに

　第II部で検討したように、日本の典型的な環境政策のコンビネーションは、厳しい直接規制と環境補助金のポリシー・ミックスであったといえる。環境改善を目的に環境賦課金制度が導入された例は、日本では極めて少なかった[1]。これに比べ韓国では、直接規制のほかに、環境対策財源の調達を目的とした多様な類型の環境賦課金制度が採用されてきた。

　韓国初の環境賦課金制度は、1979年に農村地域に散乱していたビニールハウス用の廃ビニールの収集・処理費用を、製造業者に負担させるために導入された合成樹脂廃棄物処理費用負担金制度である。この制度は、結果的に農村地域の生活環境改善に一定の役割を果たしたものの、ビニール利用者である農民に廃ビニールの発生を抑制しようとする意識が乏しく、単なる廃ビニールの収集・処理費用を調達するための手段に過ぎなかった[2]。

　韓国で導入された本格的な環境賦課金制度は、1981年に工場から排出される汚染物質の排出量に応じて課された排出賦課金制度である。この制度を皮切りに、1991年に「環境改善負担金制度」および「廃棄物預置金制度」、1993年には「廃棄物負担金制度」、そして1995年には「水質改善負担金制度」が相次いで導入された（表8-1参照）。

1）日本で採用された数少ない環境賦課金制度の例として、公害健康被害補償法（1973年制定）に基づく硫黄酸化物の排出量に課した賦課金（いわゆる公健法賦課金）が挙げられる。ただし、公健法賦課金は、公害健康被害者への補償金給付のための財源調達が主要目的であり、硫黄酸化物の排出抑制インセンティブの働く余地は少なかったといわれている（例えば植田・松野（1997）などを参照）。

2）合成樹脂廃棄物処理費用負担金制度は、表8-1に示されているように、1993年に廃棄物負担金制度が導入されると翌年に同制度へ統合された。

表8-1 韓国の主な環境賦課金制度の概要

制度名	根拠法（導入年）	制度概要	導入目的など
合成樹脂廃棄物処理費用負担金	合成樹脂廃棄物処理費用負担金法（1979）	・廃樹脂の収集・処理費用を製造業者および輸入業者に賦課	・財源調達 ・1994年廃棄物負担金に統合
排出賦課金	環境保全法（1981）	・排出基準を超過して大気および水質汚染物質を排出する事業者に賦課 ・1997年からは排出基準以下の汚染物質の排出にも賦課	・汚染低減、財源調達
環境改善負担金	環境改善費用負担法（1991）	・環境汚染物質を多量に排出する一般施設および軽油自動車の所有者に賦課	・汚染低減、財源調達
廃棄物預置金	廃棄物管理法（1991）	・リサイクル可能な製品の製造・輸入業者に廃棄物の回収・処置費用を預置させ、適正に回収・処理した場合に預置金を返還	・廃棄物のリサイクル誘導 ・1993年に資源節約再活用促進法に移管された後、2003年に生産者責任再活用制度に統合
廃棄物負担金	資源節約再活用促進法（1993）	・リサイクル困難な製品・材料・容器の排出抑制のため当該廃棄物の処理費用に相当する費用を事業者に賦課	・財源調達、廃棄物排出抑制
水質改善負担金	飲料水管理法（1995）	・公共の地下水資源の保護のため、飲料水製造・輸入業者に製品販売価額の7.5％を賦課（2000年までは20％賦課）	・財源調達

　これらの制度は、導入当初から汚染者側の政治的抵抗などを懸念し、賦課料率が低く設定されたうえ、賦課対象者ならびに賦課対象汚染物質が非常に限られていた。そのためこれらの制度は、特に導入初期においては、汚染抑制のインセンティブ機能があまり期待できず、中央政府の環境対策のための財源調達機能に留まっていた[3]。しかし近年、韓国の環境賦課金制度は、賦課金料率の引き上げや賦課対象汚染物質の拡大など、汚染抑制へのインセンティブ機能が

---

3) 汚染者（企業）の政治的影響力の強かった韓国で、汚染者に不利な賦課金制度が多く導入された背景には、第2章でも指摘したように国の財政基盤が脆弱であったため、当時緊急を要した環境対策のための財源調達には環境賦課金に頼らざるを得なかったことがあるといえる。

強化されてきた。これとともに、たとえば廃棄物預置金制度の「生産者責任再活用制度」への統合など、制度進化のための新しい展開が模索されている。

本章では、韓国で施行されている排出賦課金、環境改善負担金、そして廃棄物預置金および廃棄物負担金といった4つの代表的な環境賦課金制度の運営実態と課題を考察していく。これをうけて、環境賦課金に関する経験が蓄積されている欧州諸国との比較も若干交えて、各賦課金制度の性格や汚染抑制インセンティブ機能を検討する。こうした考察を踏まえ、韓国の環境賦課金制度が、環境改善に有効な手段として発展していくための条件と課題を明らかにする。

韓国の環境賦課金制度に関する考察は、廃棄物や交通公害問題などで新たな効果的手法を必要とする日本、および環境対策のための財政基盤の脆弱な近隣アジア諸国にとって、環境政策を進める上での示唆が大きいと思われる。

2 環境賦課金制度の運用実態

(1) 排出賦課金制度

排出賦課金制度は、1981年に環境保全法の改正に伴い企業に汚染物質の排出基準の遵守を誘導し、これと同時に環境対策の財源を調達する目的で導入された[4]。同制度の賦課対象者は、行政の立入検査の際に、排出基準を超えて大気または水質汚染物質を排出していることが判明した事業者であった。そのため、排出賦課金は排出基準を遵守しなかった事業者に課される「罰則金」の性格が強かった。

賦課対象汚染物質は、大気分野において、導入当時の4種類から2002年度末基準には硫黄酸化物、粉塵、アンモニア、フッ素化合物、塩化水素、悪臭な

---

[4] 排出賦課金制度が実質的に施行されたのは、1983年9月に環境保全法の施行令と施行規則が公布されてからである。また、1990年に、環境関連単一立法であった環境保全法が廃止され、環境関連の法律が個別立法中心に整備されるようになった。これを受けて、排出賦課金のうち、大気排出賦課金は大気環境保全法に、水質排出賦課金は水質環境保全法に基づいて運営されるようになった。

ど10種類となっている。水質汚濁分野においては、13種類から有機物質（BODもしくはCOD）、浮遊物質（SS）、フェノール、カドミウム、マンガン、クロム、水銀など17種類となっている。また、畜産廃水分野では、BODとSSの2種類となっている。

この制度では、特に大量に汚染物質を排出する事業者が汚染物質を稀釈して排出基準以下にして排出する限り、賦課金が課されないという問題点があった。この問題点に対応するため、表8-2に示したように、1993年には排出許容基準を超過して排出する場合、既存の「超過賦課金」のうえに、事業所の排出量規模に応じて定額賦課する「種別賦課金」が新しく設けられた。また、1997年からは排出削減のインセンティブ機能を高めるため、排出基準以下の汚染物質排出についても賦課する「基本賦課金」が新たに導入された。

超過賦課金の賦課対象期間は、排出許容基準を超えて汚染物質が排出され始めた日から、改善命令や操業中止命令の履行完了日までとなっている（図8-1参照)[5]。超過賦課金は、次の式8-1に基づいて算出される。

式8-1　超過賦課金＝汚染物質1kg当たり賦課金額×排出基準超過濃度×汚染物質排出量×排出許容基準超過率賦課係数×地域別賦課係数×年度別賦課係数×違反回数別賦課係数

　　　ただし　排出基準超過濃度＝排出濃度－排出許容基準濃度
　　　　　　　汚染物質排出量＝1日排出量×排出期間

すなわち、排出基準を超過した汚染物質の処理費用に相当する、汚染物質1kg当たり（悪臭は1m³当たり）賦課金額[6]に、排出基準の超過程度によって

5）ただし、排出され始めた日が明らかでない場合には、排出許容基準超過の確認の検査を行うために、汚染物質を採集した日とする。
6）例えば大気汚染物質は、硫黄酸化物500ウォン、粉塵770ウォン、アンモニア1,400ウォン、フッ素化合物7,400ウォン、塩化水素7,400ウォン、悪臭500ウォンなどとなっており、水質汚染物質は、有機物質250ウォン、浮遊物質250ウォン、フェノール150,000ウォン、カドミウム500,000ウォン、マンガン30,000ウォン、クロム75,000ウォン、水銀1,250,000ウォンなどとなっている。

表 8-2　排出賦課金の体系の推移

	1992 年まで	1993〜1997 年	1997 年以降
排出許容基準以下	・賦課金なし	・賦課金なし	・基本賦課金 ―賦課基準：排出許容基準以下の汚染物質排出量 ―賦課対象：大気は SOx、粉塵、水質は有機物質（BOD・COD）、浮遊物質
排出許容基準超過	・超過賦課金のみ	・超過賦課金＋種別賦課金	・超過賦課金＋種別賦課金

注：ただし大気排出賦課金の場合、種別賦課金は 2001 年に廃止された。

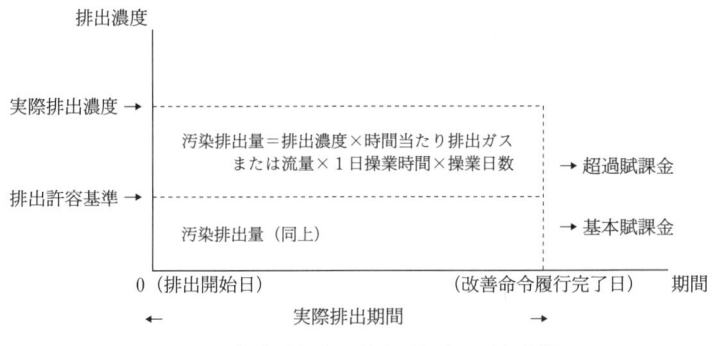

図 8-1　超過賦課金と基本賦課金の賦課基準

累進的に適用される超過率賦課係数[7]、地域別環境特性によって適用される地域別賦課係数[8]、物価変動率に連動して適用される年度別賦課係数、そして違反回数によって加算される違反回数別賦課係数[9] をそれぞれ乗じて算出され

---

7) 例えば大気汚染物質においては、排出基準の 20％超過 1.3、40％超過 1.6、80％超過 1.9、100％超過 2.5 などとなっており、水質汚染物質は、排出基準の 20％超過 4.0、40％超過 4.5、80％超過 5.0、100％超過 5.5 などとなっている。
8) 例えば大気汚染物質においては、住居・商業地域 2、農林・自然環境保全地域 1.5、工業団地 1 などの係数が与えられる。また、水質汚染物質においては、清浄地域 2.0、住居・商業地域 1.5、工業団地 1.0 などとなっている。
9) 例えば違反回数別賦課係数は、違反がなかった場合は 1、違反があった場合、違反回数ごとに 1.05 を乗じた係数として算定される。すなわち、違反係数＝$(1.05)^{n-1}$、ただし、n は違反回数である。

る。ただし、排出基準を超えて排出することを事前に申告した場合は、以前の違反回数に関係なく違反回数別賦課係数と排出許容基準超過率賦課係数の適用が免除される。

　また、種別賦課金は、大気汚染物質の場合、無煙炭で換算した年間燃料使用量に基づき、第1種事業所（10,000トン以上排出事業所）から第5種事業所（200トン未満排出事業所）の5段階に分類されていた。水質汚濁物質の場合は、1日廃水排出量に基づき、第1種事業所（3,000 m^3 以上排出事業所）から第5種事業所（50 m^3 未満排出事業所）までに分類されている。種別賦課金は、種別事業所毎に定額賦課される仕組みとなっており、大気・水質ともに第1種事業所の場合400万ウォン、第2種は300万ウォン、第3種は200万ウォン、第4種は100万ウォン、第5種は50万ウォンと定められている。

　種別賦課金が導入されたことにより、排出賦課金制度は総量賦課金の性格も持つようになった点に注意すべきである。種別賦課金も、排出基準を超えた事業所のみに賦課されるため、超過賦課金と同様に罰則金としての性格を持っている。ただし、大気排出賦課金の場合、企業の費用負担などを考慮し2001年の法改正により種別賦課金は廃止され、超過賦課金のみ課されている。水質排出賦課金においては、現行通り超過賦課金と種別賦課金が課されている。

　一方、基本賦課金は、排出基準以下で排出される汚染物質についても、式8-2に基づき賦課されている。現在、賦課対象物質は、大気汚染物質の場合は粉塵と硫黄酸化物、水質汚濁物質の場合は有機物質と浮遊物質に限定されている。汚染物質の1kg当たり賦課金額は、処理賦課金と同じように硫黄酸化物500ウォン、粉塵770ウォン、そして有機物質、浮遊物質はともに250ウォンとなっている。

　式8-2　基本賦課金＝汚染物質1kg当たり賦課金額×排出許容基準以下汚染物質排出量×濃度別賦課係数[10]×地域別賦課係数×年度別賦課金算定指数

---

10) 例えば、大気汚染物質の場合、濃度別賦課係数は排出許容基準の20％未満0、30％未満0.1、40％未満0.2、50％未満0.3、60％未満0.4、100％未満0.8などとなっている。

表8-3 排出賦課金の部門別賦課金額推移

(単位:件、億ウォン)

年	1997		1998		1999		2000		2001	
区分	件数	金額	件数	金額	件数	金額	件数	金額	件数	金額
排出賦課金合計	4,506	357	5,584	466	5,448	301	8,310	183	10,822	161
(大気関連)	n.a.	239	3,320	330	3,155	192	5,512	76	7,717	81
(水質関連)	n.a.	116	2,134	134	2,247	107	2,647	105	2,944	77
(畜産廃水関連)	n.a.	2	130	2	146	2	151	2	161	3
(超過賦課金)	2,872	133	2,230	155	2,544	100	2,347	92	n.a.	n.a.
(基本賦課金)	1,634	207	2,705	303	2,877	187	5,531	80	n.a.	n.a.

注1:集計基準の違いなどにより、賦課金合計は部門別に一致しない。
 2:賦課金額は実際課された賦課金基準。第6章の表6-7における賦課金は予算基準であるため、この統計と一致しない。
 3:1ウォンは約0.1円(2002年平均基準)。
出所:環境部(各年度版g)から作成。

　基本賦課金は、半期別に事業者自らが測定した排出量をもとに賦課されており、行政の立入検査などの結果、事業所が排出量を虚偽に申告したことが確認された場合、実際の排出量の1.2倍相当分が賦課される。但し基本賦課金は、大気汚染物質の場合、燃料基準では硫黄含有率0.5%未満の低硫黄燃料の使用(発電施設は0.3%未満)、濃度基準では排出許容基準の20%以下まで削減した場合、そしてLNGやLPGなどいわゆる清浄燃料を使用した場合は賦課が免除される。水質汚染物質の場合、廃水終末処理場の放流水基準BOD 30 ppm以下の排出については免除される。また、基本賦課金は1999年までには第1種および第2種事業所のみに賦課されていたが、2000年からは全事業所(ただし、第5種事業所は2004年12月まで免除)に賦課されるようになった。

　排出賦課金の賦課額は、1986年の25億ウォンから1990年の100億ウォンまで増加したものの、1996年には119億ウォンに留まっていた。しかし、基本賦課金が導入された1997年および1998年になると、この金額は大きく増加している(表8-3参照)。

　ただし、基本賦課金の賦課対象事業者の範囲が拡大された2000年度からは、賦課件数は大きく増加したものの、賦課金額は大幅に縮小した。この主な原因は、基本賦課金の免除対象となる低硫黄燃料の使用事業者の増加にあったためである。徴収された賦課金は、第6章で記述したように1995年に創設された

「環境改善特別会計」に繰り入れられ[11]、中央政府の環境対策財源として用いられている。

(2) 環境改善負担金制度

韓国は、1980年代後半から人口の大都市集中とモータリゼーションの急進展によって、大都市地域の環境汚染問題が深刻となった。都市地域の商業施設や自動車から発生する汚染問題に対処するため、1991年に「環境改善費用負担法」の制定により環境改善負担金制度が導入された。ここでは、汚染者が汚染者負担原則に則って、汚染物質の抑制および処理費用を負担することが規定されている。

環境改善負担金は、商業施設の燃料使用量と用水使用量に応じて賦課される①大気環境改善負担金、および②水質環境改善負担金、そして軽油自動車の排気量に応じて賦課される③自動車環境改善負担金の3つに分類される。環境改善負担金の賦課対象は、床面積160 m² 以上の施設[12] と軽油使用自動車となっている[13]。算定された負担金は、年2回、半年毎に定期的に賦課されている。

(a) 大気環境改善負担金

大気環境改善負担金は、以下の式8-3によって算定される。

式8-3　大気環境改善負担金＝燃料使用量×単位当たり賦課金額×燃料係数×地域係数

ここで、燃料使用量は、実際の使用量を測るのが技術的に困難であるため、負担金算定には燃料使用量に代わって業種別標本調査から推定される標準燃料使用量[14] に施設の床面積を乗じたものが用いられる。この場合、同一業種に

---

11) ただし、徴収金額の10%は徴収交付金の名目で当該地方自治体に帰属する。
12) 例えば、大衆飲食店、ホール、スーパー、空港などの施設物である。ただし生産・製造施設は、賦課対象から除外されている。
13) 環境改善負担金の賦課対象は、1994年に軽油自動車が新たに追加され、また1995年には対象施設の床面積が従来の1,000 m² から 160 m² までへと大きく拡大された。
14) 施設物別燃料標準使用量 (l/m²) は、大型スーパー1.9、医療施設2.0、宿泊施設4.23、観光休憩施設6.60、室内水泳場30.0、などと定められている。

表 8-4　環境改善負担金の基準賦課金額

区分	大気改善負担金（施設）		水質改善負担金（施設）	
	燃料使用量 (l/半期)	基準賦課額 (ウォン/l)	用水使用量 (トン/半期)	基準賦課額 (ウォン/トン)
1	1,000 以下	13	400 以下	79
2	1,000 超過～2,000	15	400 超過～800	87
3	2,000 超過～4,000	16	800 超過～1,600	97
4	4,000 超過～6,000	18	1,600 超過～2,400	108
5	6,000 超過～10,000	20	2,400 超過～4,000	120
6	10,000 超過～20,000	22	4,000 超過～8,000	132
7	20,000 超過～100,000	24	8,000 超過～40,000	145
8	100,000 超過～600,000	27	40,000 超過～240,000	160
9	600,000 超過	29	240,000 超過	176

注：1ウォンは約 0.1 円（2002 年平均基準）
出所：環境部（2000a）。

　属する排出源は、実際の燃料使用量には関係なく床面積によって比例的に負担金が課される。ただし、排出源がLNGとLPGを燃料とする場合、燃料使用量は実際の使用量が用いられる。

　次に、単位当たり賦課金は表 8-4 で示したように、液体燃料換算使用量に応じて、1リットル当たり 13 ウォンから 29 ウォンまで 9 段階に定められている基準賦課金に、環境省大臣が告示する賦課金算定指数（物価変動指数）を乗じて算出される。燃料使用量は燃料種類による熱量の単位を一致させるため、軽油 1 リットルを 1 と規定し、LNG は 1 Sm^3 当たり 1.14、LPG は 1 kg 当たり 0.76、重油は 1 リットル当たり 1.08、無煙炭および薪炭は 1 kg 当たり 0.49 などと定められている液体燃料換算係数を用いる。

　燃料係数については、燃料使用時に発生する硫黄酸化物、粉塵、窒素酸化物などの汚染物質の量を考慮し、低硫黄軽油を 1、LNG と LPG は 0.16、高硫黄軽油は 1.4、低硫黄重油は 1.62、高硫黄重油および無煙炭・薪炭・有煙炭は 3.67 と規定している。地域係数は、広域市を 1、特別市 1.53、道庁所在地 0.97、一般市 0.79、その他の地域 0.40 と定められている[15]。

---

15) 行政区域単位として、広域市は日本の政令市、特別市は首都、道庁所在地は県庁所在地に類似している。

表 8-5　環境改善負担金の賦課金額推移

(単位：千件、億ウォン)

		1993	1994	1995	1996	1997	1998	1999	2001	2002
合計	件数	105	4,109	4,931	5,527	6,428	6,756	6,729	8,615	9,742
	金額	399	863	1,288	1,784	2,503	3,206	3,556	4,649	5,201
施設物	件数	105	191	414	658	706	743	768	n.a.	n.a.
	金額	399	436	618	853	902	964	1,084	1,236	1,305
軽油自動車	件数	―	3,918	4,517	4,869	5,722	6,013	5,961	n.a.	n.a.
	金額	―	427	670	931	1,601	2,242	2,472	3,385	3,896

注1：負担金は実際課された金額基準。第6章の表6-7における負担金は予算基準であるため、この統計と一致しない。
　2：1ウォンは約0.1円（2002年平均基準）。
出所：環境部（各年度版 g）から作成。

(b) 水質環境改善負担金

商業施設の用水使用量を基準に賦課される水質環境改善負担金は、次の式8-4によって算定される。

式8-4　水質環境改善負担金＝用水使用量×単位当たり賦課金額×汚染誘発係数×地域係数

ここで、用水使用量は事業者の実際使用量であり、単位当たり賦課金額は表8-4で示されているように、半期の用水使用量に応じてトン当たり79ウォンから176ウォンまで9段階の基準賦課金に、物価変動率に連動する賦課金算定指数を乗じて算出される。汚染誘発係数は、大気環境改善負担金の燃料係数に相当し、業種別用水単位当たりBOD負荷量によって定められている。ここでBOD負荷量は、業種別標本調査による平均推定値が用いられている[16]。地域係数は、広域市を1、ソウル特別市2.07、道庁所在地0.68、一般市0.67、その他の地域0.57と規定されている。

(c) 自動車環境改善負担金

自動車環境改善負担金は、式8-5によって算定される。

---

[16] 例えば、室内水泳場0.07、宿泊施設0.38、医療施設0.34、飲食店0.55、観光休憩施設0.85、大型スーパー1.00などとなっている。

式 8-5　自動車環境改善負担金＝台当たり基本賦課金×汚染誘発係数×車齢係数×地域係数

　ここで、基本賦課金は、半年間 1 台当たり 20,250 ウォンの基準賦課金に物価変動率に連動する賦課金算定指数を乗じて算出される。汚染誘発係数は、排気量 2,000 cc 以下の車を 1 とし、2,001～2,500 cc 以下 1.25、2,501～3,500 cc 以下 1.75、3,501～6,500 cc 以下 2.64 などのように、排気量の増加に対応して係数も高くなる。車齢係数は、1 年未満を 1 とし、1 年ごとに 0.02 ずつプラスされる（例：1～2 年未満は 1.02 となる）。地域係数は、大気環境改善負担金のときの値をそのまま採用している。

　以上のように、商業施設と軽油自動車に賦課されている環境改善負担金は、1993 年に 399 億ウォンが賦課されたが、1995 年に施設の基準床面積が 1,000 m² から 160 m² へと賦課対象が拡大された。また 1996 年に軽油自動車に対する料率も 12,150 ウォンから 20,250 ウォンへと引き上げられるなどの効果により、1997 年には 2,503 億ウォン、2002 年には 5,201 億ウォンへと大きく増加している（表 8-5 参照）。環境改善負担金は、排出賦課金と同じく「環境改善特別会計」[17] に繰り入れられ、中央政府の環境対策財源として用いられている。

(3) 廃棄物預置金および廃棄物負担金制度

　韓国では、1980 年代半ばから廃棄物の埋立地不足問題や、不適正処理による環境汚染問題が顕在化するようになった。韓国の廃棄物処理方式は、生活廃棄物、産業廃棄物の焼却率がそれぞれ 13.6％、5.0％（いずれも 2001 年基準）にすぎないことからわかるように、埋立処理が中心である。これは、焼却処理中心の日本と対照的である。廃棄物の埋立地不足問題が深刻化するに加えて、1992 年に発生したソウル近郊の金浦埋立地からの有害物質漏出事件は、これまでの埋立中心の廃棄物政策に転換が求められる契機となった。

---

17) ただし、徴収された負担金の 10％は当該地方自治体に帰属される。

廃棄物預置金制度は、廃棄物リサイクルの促進を目的として、1991年に廃棄物管理法の改正により導入された。1993年の「資源節約再活用促進法」の制定とともに、同制度は同法律に移管された。廃棄物預置金制度は、生産者預置金方式として運営されている。これは、製造あるいは輸入業者が製品・容器を回収・処理した場合、その回収・処理の程度によって業者からの預かり金を返還する制度である。廃棄物預置金の対象品目は、1996年までは5種11品目であったが、1996年度からは冷蔵庫、洗剤類容器、船舶潤滑油が追加され、また2001年度からは蛍光灯、ニッケル・カドミウム電池、そしてリチウム電池が新たに追加された。

廃棄物預置金は、前年度の製品出荷量に預置金算出基準、および物価変動率に連動する預置金算定指数を乗じて算定される。預置金料率は、表8-6に示したように徐々に引き上げられてきたが、預置金返還率は2000年までは低い水準にとどまった。例えば、2000年の環境部資料では、まだ実際の廃棄物の回収・処理費用の35％に過ぎないと報告されている。

廃棄物預置金は、施行初年度である1992年に290億ウォン、1994年に303億ウォン、1998年に532億ウォン、そして2001年には943億ウォンへと顕著に増加している。これに対して預置金の返還率も、1992年には1.9％に過ぎなかったが、生産者再活用自発的協約団体免除制度[18]が導入された1997年には45.1％、1998年に57.1％、そして2001年には83.4％へと大きく上昇している（表8-7参照）。

しかしこの制度は、2003年に廃止されるとともに「生産者責任再活用制度」へ全面移行された。この制度は、生産者自らが定めたリサイクル目標が達成された場合、預置金の賦課を免除する制度である。例えば、同制度が本格的に施行される前に環境部と生産者再活用に関する自律的協定を結んだタイヤ業界の場合、2002年度納付予定の預置金13億2,300万ウォン[19]が免除される代わりに、協約締結以前の再活用量に、追加的に300万個をリサイクルする負担が

---

18) 生産者再活用自発的協約団体免除制度とは、「生産者責任再活用制度」の前段階の制度である。これは、タイヤ、家電製品、ガラス瓶など一部品目に対して、環境部と生産者が再活用に関する協約を締結した場合に預置金の賦課を免除する制度である。

表 8-6 廃棄物預置金の賦課対象品目と料率の推移

対象品目	細分類品目	単位	預置金料率			
			当初	1993年	1996年	2002年
1．飲食料・酒類・医薬品の容器など	A．紙パック B．金属缶 C．ガラス瓶 D．ペットボトル	ウォン/個	0.2-0.4 2-4 2-3 ―	0.2-0.4 2-4 1.5-3 3-7	0.3-0.4 2-5 1.5-4 5.5-7	0.8-1.5 2.5-16 3-9 5-9
2．洗剤類	A．ペットボトル	ウォン/個	―	―	4-7	5-9
3．電池	A．水銀電池 B．酸化銀電池 C．ニッケル・カドミウム D．リチウム電池	ウォン/個	100 50 ― ―	100 50 ― ―	120 75 ― ―	120 75 16 16
4．タイヤ	A．大型車用 B．中・小型車用 C．二輪車用	ウォン/個	500 150 50	400 100 40	450 130 50	450 130 50
5．潤滑油	潤滑油	ウォン/l	20	20	25	25
6．家電製品	A．テレビ B．洗濯機 C．冷蔵庫 D．エアコン	ウォン/kg	30 30 ― ―	30 30 ― 30	38 38 38 38	75 100 140 100
7．蛍光灯	蛍光灯	ウォン/個	―	―	―	88

注1：ニッケル電池、カドミウム電池、リチウム電池そして蛍光灯は、2001年に賦課対象品目として新たに追加されている。
　2：1ウォンは約0.1円（2002年平均基準）。
出所：環境部（各年度版ｇ）から作成。

表 8-7 廃棄物預置金の賦課・返還推移

（単位：億ウォン、％）

	1996	1997	1998	1999	2000	2001
預置金賦課額	340	536	532	372	450	943
預置金返還額	99	242	304	207	270	787
（うち協約団体免除分）	―	107	131	80	128	616
預置金返還率	29.3	45.1	57.1	55.6	60.0	83.4

出所：環境部（各年度版ｇ）から作成。

義務づけられた。再活用の目標量が達成されなかった生産者には、未達成量の再活用費用に30％の賦課金が加算された「再活用賦課金」が課される。

---

19) この数字の算出根拠は、900万個（2002年度生産見込み量）×147ウォン（タイヤ1個当たり平均賦課預置金）である。

表8-8　廃棄物負担金の賦課対象品目と料率（2002年度末基準）

対象品目	細分類品目	単位	料率・金額
1．殺虫剤・有毒物容器	A．殺虫剤：500 ml 以下 　　　　　500 ml 超過 B．有毒物容器：500 m 以下 　　　　　　　500 ml 超過	ウォン/個	7 16 6 11
2．化粧品	A．ガラス瓶：30 ml 以下 　　　　　　30 ml～100 ml 以下 　　　　　　100 ml 超過 B．プラスチック容器	ウォン/個	1 3 4.5 0.7
3．菓子包装容器	A．複合材料容器（3つ以下の材料） B．複合材料容器（4つ以上の材料）	ウォン/個	6 12
4．リチウム電池	二酸化マンガンなど	ウォン/個	2
5．不凍液	不凍液	ウォン/l	30
6．ガム	ガム	％	販売価格の 0.27
7．紙おむつ	紙おむつ	ウォン/個	1.2
8．合成樹脂	A．ポリエチレン、塩化ビニールなど B．ポリアセタール	％	販売価格の 0.7 販売価格の 0.35
9．タバコ	タバコ	ウォン/20個	4

出所：環境部（各年度版 g）。

　以上の廃棄物預置金制度は、回収・再活用が容易な製品・容器などのリサイクルを促進する目的で導入されたが、廃棄物負担金制度は、回収・再活用の困難な廃棄物の発生を抑制する目的で導入された。韓国最初の廃棄物負担金制度は、冒頭で述べたように1979年に農村地域の農業用廃ビニールの収集・処理費用を調達するための合成樹脂廃棄物処理費用負担金制度である。その後、1980年に韓国資源再生公社（2004年に韓国環境資源公社へ改称）が設立され、徴収された負担金を財源に廃樹脂の収集・処理事業を行ってきた。なお、同制度は前述のように1993年に創設された廃棄物負担金制度に統合されている。

　廃棄物負担金制度の根拠となる法律は、廃棄物預置金制度と同様に資源節約再活用促進法である。廃棄物負担金は、前年度製品の出荷量（輸入業者の場合は輸入量）に、負担金算定基準および負担金算定指数を乗じて算定される。賦課対象品目は、殺虫剤、化粧品容器、電池、合成樹脂など9種11品目である（表8-8参照）。

表 8-9　廃棄物負担金の品目別賦課額推移

(単位：億ウォン)

	1996	1997	1998	1999	2000	2001
賦課金額合計	241	431	453	435	207	516
合成樹脂	187	199	206	199	36	256
タバコ	—	172	189	191	115	213
殺虫剤容器	3	2	3	2	2	0.1
化粧品容器	9	8	9	7	9	6
菓子製品容器類	1	2	1	1	2	3
不凍液	5	6	8	6	7	7
紙おむつ	13	17	21	15	21	24
その他	23	25	16	14	15	7

注：2000年と2001年の賦課金額に大きな格差が生じているが、この主な要因は、2001年より合成樹脂に対する負担金の賦課基準時期が、従来の四半期基準から年間基準へ変更されたためである。
出所：環境部（各年度版 g）から作成。

　廃棄物負担金は、施行初年の1993年には127億ウォンが賦課されたが、1997年には賦課対象品目の拡大などで431億ウォン、そして2001年には516億ウォンへと増加している（表8-9参照）。徴収された廃棄物預置金と廃棄物負担金は、1994年までは廃棄物管理基金に繰り入れられ、主に自治体や事業者の廃棄物再活用および処理施設投資に対する長期かつ低利融資の資金源として活用されてきた。しかし、同基金が廃止された1995年からは環境改善特別会計に移管され、中央政府の環境対策財源として用いられている。

3　環境賦課金制度のインセンティブ機能

　欧州諸国で採用されている環境賦課金制度は、当初は汚染者に汚染抑制へのインセンティブを与えることを意図していた。しかし、ドイツの排水課徴金[20]などの例に典型的なように、産業界の反対で料率が低く設定され、結果的に財源調達の機能がより重視されるようになったケースがいくつかある。これに比べ、韓国の賦課金制度は、排出賦課金制度などのように、導入当初からインセ

---

20) ドイツの排水課徴金の性格については、岡（1997b）、諸富（1997）などを参照。

ンティブ機能より財源調達に重点が置かれていた例が多い。

　韓国の環境賦課金制度が共通に抱えている問題点は、賦課料率が汚染者の行動を変えるような水準に設定されていないことである。環境賦課金の汚染物質・単位当たり賦課料率が低く設定されていたため、汚染の少ない燃料への切り替えや革新的な汚染除去技術の導入へのインセンティブ機能が弱くなる。この認識をふまえ、以下では、韓国の賦課金制度の汚染抑制インセンティブ機能と問題点について具体例を検討する。

(1) 排出賦課金

　まず排出賦課金の例を見よう。これは、導入当時には汚染源が排出基準を遵守する限り課されず、排出基準を越えて排出しても立入検査などで摘発された場合のみ賦課された。したがって排出賦課金は、企業が規制水準を遵守しなかった場合に課される罰則金の性格を持っていた。賦課料率も、既に指摘したように汚染源の限界排出削減費用よりかなり低い水準で設定された[21]。

　このように排出賦課金は、環境対策のための投資財源を汚染者負担原則に則って調達しようとしたものであって、汚染抑制インセンティブ機能は限られていた。例えば全経連（全国経済人連合会）が、1994年に鉄鋼メーカーを対象にヒアリング調査した項目のうち、「排出基準以上に汚染物質が排出されたことが行政から摘発されたとき、一番気になる点」の項目に、企業イメージと答えた企業が67％、操業停止のような行政処分が23％であり、排出賦課金の費用負担と答えた企業は1社もなかった。

　排出賦課金制度は、数次にわたる制度改正を経て汚染抑制インセンティブ機能は多少強化された。しかし、1997年から導入された基本賦課金の汚染抑制インセンティブ機能も、賦課料率が低いことや賦課対象物質が限定されていることなどを考えると、大きく期待できるものではない。同制度が効果的に機能するためには、賦課料率の引き上げと賦課料率体系の単純化、罰則金の性格か

21）例えば、環境部関連資料（1995）によれば、排出賦課金制度は1986年に改正強化されたが、当時パルプ産業の粉塵1kg当たり排出賦課金は1,198ウォンであったものの、粉塵処理のための平均費用はそれを上回る1,500ウォンであったという。

ら税方式への転換、そして汚染削減実績に応じたインセンティブの付与など賦課金と補助金の適正なポリシー・ミックスが検討されるべきである。諸富(1997)によれば、ドイツ排水課徴金で導入されたような減額措置は料率体系を複雑化させ、ボーモル・オーツ税から一層乖離につながるものの、こうした措置は結果的には企業の排水処理施設投資を促し、水質保全に一定の役割を果たしたと評価されている。

(2) 環境改善負担金

第2に、環境改善負担金を検討しよう。大気環境改善負担金の場合、汚染源の汚染排出量を賦課基準とするよりも、施設の面積、業種、自動車の特性などから汚染源の汚染寄与度を類推し、賦課金を算定する特徴を持っている。環境改善負担金のような消費・流通部門に対する環境賦課金は、諸外国でもあまり類例がなく、韓国に特徴的なものといえる。環境改善負担金は賦課対象も多く、かつ年2回定期的に賦課されるので、環境対策のための財源調達機能も安定的に果たせるという利点がある。また、地域係数の調整により長期的に大都市地域の汚染誘発施設の設置を抑制するインセンティブも与えられる。

しかし、環境改善負担金は汚染抑制インセンティブ機能において次のような弱点が存在する。まず、大気環境改善負担金は、汚染排出量の指標となる標準燃料使用量が実測値ではなく業種別に与えられた推定値であるため、汚染源に燃料使用量の削減や汚染防止施設の設置を誘導するより、施設の床面積を減らす誘因となりやすい。水質環境改善負担金を例に挙げれば、用水使用量は実測値として汚染源の選択変数であるものの、汚染誘発係数は個別汚染源の実測値に代わって業種別推定値となっており、汚染源に汚染物質の排出濃度を減らす動機を与えにくい構造となっている。

また水質環境改善負担金は、用水使用量が主な賦課基準となっている点で、事業者が別途払っている下水道使用料との二重賦課の問題も提起されている。環境改善負担金の汚染抑制インセンティブ機能を高めるためには、汚染測定計測器、浄化施設など汚染防止関連投資に対する賦課金の減免措置という、補助プログラムとのポリシー・ミックスの積極的な導入を検討すべきといえる。

(3) 廃棄物預置金および廃棄物負担金

最後に、廃棄物関連賦課金制度の問題点に触れよう。これも、欧州諸国のものとは異なる特徴を持っている。欧州諸国の預置金制度は、主に廃棄物の回収を目的としている。他方、韓国の制度は、回収だけでなく処理までの全過程を規定している。したがって欧州諸国の預置金制度は、最終消費者にも賦課されているが、韓国の預置金は、OECD の拡大生産者責任に基づいて、賦課対象が企業に限られていた。

また、廃棄物預置金および負担金の賦課料率は、対象品目の実際の回収・処理費に比べて極めて低い水準に設定されており、事業者に十分な廃棄物発生抑制へのインセンティブを与えていない点も問題であった。例えば、韓国環境資源公社の試算によると、紙パック1個当たり収集・処理費用は11ウォン、ガラス瓶は26.3ウォン、テレビ（20 kg 基準）は3,721ウォンなどとされているが、表8-6で示したように現行の紙パック1個当たり預置金は0.8〜1.5ウォン、ガラス瓶は3〜9ウォン、テレビ（20 kg 基準）は1,500ウォンに過ぎなかった。

しかしながら預置金の返還率は、表8-7に示したように、導入初年度である1992年の1.9%から、1997年に45.1%、2001年に83.4%へと大きく増加してきた。ただしこうした傾向は、1997年から導入された生産者再活用自発的協約団体免除制度によるものが大きい。2001年の場合、預置金賦課金額のなかで自発的協約団体免除分を除いて算定した、実際の返還率は52.3%に過ぎない[22]。

また現行制度のように、廃棄物処理の責任を企業だけに負わせては、各経済主体にあまねく廃棄物のリサイクルの誘因を与えることは難しい。預置金対象品目の中で、環境への影響が消費者の処分行為にも大きく左右される品目（例えば、紙パック、金属缶、ペットボトル、テレビなど）も多い。これらの品目については、消費者にも預置金を負担させることが、汚染者負担原則に照らして

---

22) 2001年の実際の返還率（52.3%）は、
$$\frac{預置金返還額（787）-協約団体免除額（616）}{預置金賦課額（943）-協約団体免除額（616）} \times 100 \,(\%)$$ の式により試算される。

妥当である。廃棄物問題の根本的な解決のためには、廃棄物の回収・処理およびリサイクル関連基盤施設の整備とともに、企業、国民、政府などすべての経済主体に、汚染原因行為に従った適切な費用負担を負わせるシステムの構築が必要である。

この時、先行する欧州諸国の経験は参考となるであろう。廃棄物関連の賦課金制度を多く採用しているスウェーデンの場合、デポジット制度は[23]、導入初期には財源調達機能しか果たしていなかったが、賦課対象の拡大と料率の引き上げにより、インセンティブ機能も果たせるようになったと評価されている。スウェーデンでは、デポジット制度の強化により、廃棄物回収率の向上に大きなインセンティブを与えた[24]。

4　環境賦課金制度の課題

韓国は短期間の内に高度成長を追求してきたが、その結果、産業公害問題、生活型公害問題そして地球環境問題など多様な類型の環境問題に同時に対処しなければならない状況に置かれている。これらの問題に取り組むためには、直接規制中心の対策では限界がある。一方、企業に多くの負担を課す高率の賦課金制度の導入は、第2章で検討されたように政治的問題からも容易ではない。これまでの韓国の環境賦課金は、単純に汚染者のコストとして計上され、製品価格に転嫁されてしまう場合が多かった。こうした状況では、環境補助金の財源調達には貢献するものの、環境改善という目標の達成は難しくなる。

環境政策の選択において、賦課金の汚染抑制インセンティブ機能だけ重視しようとすると、企業の負担を高め分配上の問題を発生させてしまう場合が多

---

23) デポジット制度（英語の正式名は Deposit Refund System）とは、製品の価格に一定の金額を預かり金（デポジット）として上乗せし、消費者が製品の一部である容器などを返却する場合に預かり金を戻すという仕組みの制度である。

24) 例えば、同国のデポジット制度は、製品価格の約20％に当たる高い料率となっており、ペットボトルとガラス瓶の回収率が90〜100％に達する成果をあげている。

い。国際競争力が問われる時期においては、移行期の政策選択として分配問題を緩和しながら環境改善を進めるほうが現実的である。特に成長途上の後発工業国においては、インセンティブ機能と企業の費用負担を同時に考慮し、賦課金および補助政策のポリシー・ミックスを含む多様な政策コンビネーションの導入が必要となる。こうした意味で、環境賦課金制度の導入に並行して徴収された賦課金を環境対策財源とする韓国の試みは、環境対策のための財政能力が弱い他の後発工業国にも示唆するところが大きい。

　一方、徴収された環境賦課金の使途は、環境政策上において重要な意味を持つ。現在韓国の環境賦課金は、環境改善特別会計に繰り入れられ、中央政府の環境関連投資財源として活用されている。しかし、財源の殆どは、第7章で考察したように、地方自治体の下水処理施設や廃棄物処理施設設置などに対する補助予算として配分されている。そのため現在の財源配分方式では、今後の環境問題の解決に役に立つ新エネルギーなどの革新的な環境技術や環境ビジネスを育て難い問題点がある。そこで、これらの技術やビジネスを刺激する賦課金財源の配分や運用方法が課題となる。

　韓国では、産業廃棄物問題や都市生活型公害問題などの局地的な環境問題への関心は高くなったものの、経済成長を犠牲にしかねない地球規模的環境問題への関心は、他のOECD諸国に比べてまだ低いといえよう。そのような状況において、韓国の環境賦課金制度が適切に整備されることは、地球温暖化問題への対処に有効といわれている炭素税の導入などにも結びついていくと思われる。

　現行の賦課金制度を、理想的な環境税の機能を持つ制度に発展させていくためには、類似の性格を持つ賦課金同士の統合（例えば大気排出賦課金と大気環境改善負担金、水質排出賦課金と水質環境改善負担金の統合など）、汚染排出量と賦課金の相関関係の少ない一部賦課金の税方式への転換（例えば自動車環境負担金の「軽油環境税」への転換など）と同時に賦課金料率体系の単純化、インセンティブ機能を高めるための賦課金と補助プログラミングの有効な政策コンビネーション、そして環境技術の革新を刺激する賦課金財源の効果的な運用が課題といえよう。

第IV部

エネルギー税制とサステナビリティ

第9章　日本のエネルギー税と特定財源
――サステナブル税制への改革構想――

1　はじめに

　現在日本には、エネルギー関連税（以下「エネルギー税」と略す）として、主に次の3つがある。第一に、石油石炭税などエネルギーの輸入・採取時に賦課される税、第二に、ガソリン税など交通燃料として利用時に賦課される税、第三に、電源開発促進税というエネルギー転換部門に賦課される税である[1]。
　これらのエネルギー税は、エネルギー利用による様々な負の外部性を制御することが直接の目的ではないものの、結果的に環境負荷の軽減に寄与していたという認識もある[2]。しかし日本のエネルギー税は、税収の殆どが予め使途の指定された特定財源であり、石炭・石油産業への補助、道路の整備・建設、そして原子力発電を中心とした電源開発などに用いられてきた。そのため、エネルギー税収からなるエネルギー特定財源は、かえってエネルギー消費を刺激し、エネルギー利用に伴う多様な負の外部性を助長してきたといえる。
　日本のエネルギー税が持つこのような問題に対し、課税と税収使途の両面から環境配慮を目指した、いわゆるエネルギー税制のグリーン化に関する議論が、近年活発に行われている。また政府の一部では、温暖化対策税という名称で、エネルギー資源に含まれる炭素の量などに応じて課税する新税導入の構想が進められている[3]。しかし、近年の議論はエネルギー税制のあるべき姿に関

---

[1] その他に、エネルギー税として電気税及びガス税（電気税は税率5％、ガス税は税率2％、いずれも市町村税）があったが、1988年に消費税の導入と同時に両税とも廃止された。また、石油石炭税は、2003年度税制改定により従来の石油税から名称が変更された。
[2] 例えば、横山（1993）55ページ、環境に係る税・課徴金等の経済的手法研究会（1997）53ページ、そして中央環境審議会（2002）59ページなどを参照。
[3] 例えば、環境庁（2000）、中央環境審議会（2002）および（2003）。

する理論・実証的考察が不十分なまま行われており、いわゆるグリーン化に向けた税制の具体的な仕組みの構築に踏み込むまでには至っていない。また、エネルギー利用に伴う社会的費用を増大させている、莫大なエネルギー特定財源の使途をグリーン化する議論もあまり進んでいない。

近年、エネルギー特定財源の一部が、省エネルギーの促進や新エネルギーの開発などエネルギー消費の持続可能性、すなわちエネルギー・サステナビリティの確保と関連する分野でも補助金として活用されるようになり、その規模も拡大している。そのため同一特定財源の中で、既存のエネルギー関連産業補助や道路建設機能とエネルギー・サステナビリティ関連機能が混在するようになり、特定財源の性格が複雑化する傾向もある。そのうえ、エネルギー・サステナビリティの確保機能はいくつかの特定財源に分散・重複しており、財源の効率的な管理・運営も阻害されている。

そこで本章では、エネルギー税の理論的根拠と性格を明らかにしたうえ、様々な負の外部性をもたらしてきた日本のエネルギー特定財源の使途について詳細に検討する。また既存のエネルギー税収の一定割合をエネルギー・サステナビリティの確保のための補助金等の財源に積極的に活用する方法を検討する。こうした分析を踏まえ、これまでに国家のエネルギー産業・物流・電源開発政策を支えてきた現行の開発促進型エネルギー税制から、エネルギー消費の持続可能性と環境配慮を優先するサステナブル税制へ改革する構想を提唱する。

2 エネルギー税の根拠

一般に、石油を中心としたエネルギー財には、他の財に比べ相対的に高率の税が、流通・製造過程の各段階で累積的に賦課されている。例えば、化石エネルギーの輸入・採取段階（いわゆる上流段階）や、精製・加工などの過程を通し製品化され、一般消費者に販売される段階（いわゆる下流段階）、また、化石エネルギーが電力として転換され需要者に販売される段階など、原則としてす

表 9-1 日本のエネルギー税の賦課状況（2003 年 10 月 1 日基準）

	天然ガス	石油製品[1]							石炭	電力[1]
		ナフサ	重油	灯油	ジェット油	石油ガス[2]	軽油	ガソリン		
単位	円/kg	円/l							円/kg	円/l 円/kg 円/kWh
上流税 （原油等関税[3]） （石油石炭税）	× 0.84	0.17 2.04	0.17 2.04	0.17 2.04	0.17 2.04	0.17 2.04	0.17 2.04	0.17 2.04	× 0.23	0.17 0.23–2.04
下流税 （交通燃料関連税）	×	×	×	×	26.0	9.8	32.1	53.8	×	×
電源開発促進税	×	×	×	×	×	×	×	×	×	0.425
エネルギー税合計[4]	0.84	2.21	2.21	2.21	28.21	12.01	34.31	56.01	0.23	—

注 1：石油製品についての上流税は、原料となる原油もしくは輸入石油製品に、また電力についての上流税は、原料となる石炭、石油製品などに賦課されている税率である。
 2：石油ガス（LPG）のうち約 8.4％が自動車燃料として交通燃料関連税（石油ガス税）の課税対象となっている。
 3：原油等関税は、石油化学製品製造用や輸出目的については減・免税されている。
 4：電力の場合、原料に賦課される上流税（賦課単位は、石油製品：円/l、石炭：円/kg）と電力販売時に賦課される電源開発促進税（賦課単位は、円/kWh）との税率単位が相違するため、エネルギー税合計欄に合算されていない。
 5：石油化学製品製造の原料となる国産ナフサ、農林漁業用重油などについては、関税および石油石炭税の還付措置が行われている。
出所：石油連盟（各年度版）、国土交通省（2003）、財務省（各年度版ｂ）から作成。

べての物品・サービスに課される一般消費税（General sales tax）[4]などとは別に、個別消費税（Commodities tax もしくは Excise tax）が課されている（表 9-1 参照）。

このような特別な課税措置は、エネルギーの種類（例えば石油や石炭など）や利用方法（例えば産業用や交通燃料用など）によって税率の格差はあるものの、日本だけでなく他の国でも共通に見られるものである。例えば、OECD 諸国（メキシコ、アメリカを除く）では、ガソリンに対し、付加価値税など一般消費税のほかに 35.9％（ニュージーランド）〜61.9％（イギリス）に当たる税率が課されている[5]。

4）日本の消費税に相当するものは、国によっては売上税や付加価値税などとも呼称される。
5）付加価値税を含むと、47.1％（ニュージーランド）〜76.8％（イギリス）となる（IEA (2003)）。

エネルギー財が他の財より高率の税が課されている根拠は、これまでの研究に従えば、次のように説明される。

第1の根拠として、石油など枯渇性資源の特殊性を考慮に入れて、その最適利用のルールを見出した Hotelling（1931）の研究があげられる。Hotelling は、枯渇性資源の純価格（すなわち純ロイヤルティ：資源価格－限界採掘費用）は競争的な資源の産業均衡において、効率的な採掘経路の下では利子率と同率で毎期に上昇していくといういわゆる「ホテリング・ルール」を導き出し、エネルギー価格の長期上昇傾向を説明した[6]。また、Hotelling は、枯渇性資源が、生産者の短期的な利潤動機により安価で過度に採掘・消費される傾向にあると指摘し、資源節約や将来世代のためには、採掘や用材伐採を制御する措置が必要であることを指摘した。その1つの方策として、Hotelling は、枯渇性資源の採掘単位当たりに課す税が必要であることを示唆した[7]。

第2の根拠として、Hotelling の理論を継承・発展させ、枯渇性資源利用における世代間の公平性の問題を指摘した Hartwick（1977）、Dasgupta and Mitra（1983）、Solow（1986）らの研究が挙げられる。例えば、Hartwick（1977）は、社会が枯渇性資源の採掘から発生するレントを、再生可能な資本（Reproducible capital）の蓄積に利用する場合、持続可能な消費が可能であるという、いわゆる「ハートウィク・ルール」を導き出した。「ハートウィク・ルール」は、枯渇性資源の減少は将来の生産能力の縮小を意味するので、将来世代が現在世代と同等の消費水準を維持するためには、その減少分だけを機械装置など枯渇性資源と代替可能な人工資本として蓄積しなければならないことを示している。

また、Swerling（1962）、高橋（1972）、今井（1973）らは、資源・エネルギー問題を、資源保有国の資源枯渇スピードと、消費国における産業調整及び

6）Hotelling（1931）によれば、この純ロイヤルティすなわち Net price の上昇が遅くなると、枯渇性資源の採掘・枯渇の速度は速くなり、上昇が速くなると速度は遅くなるという。

7）Hotelling（1931）は、資源枯渇を抑制する方法として、採掘の独占や、石油・ガス・鉱物などの採取者に課す物品税（Severance tax）などを取りあげている。

代替エネルギー開発スピード間の調整時間の問題としてとらえている。彼らは、両者のスピードを調整するために、枯渇性資源に対する国際課税を導入し、その税収を増殖炉、核融合、太陽エネルギーなど代替エネルギー源の開発に活用することを提案している。例えば、今井（1973）は、両者のスピード調整の具体的方法として、枯渇税の収入を国際的な機構のファンドとし、代替エネルギー源の開発に充てることを提案した。すなわちこの国際機構は、産油国が消費国に原油を供給することの見返りに、原油資源が枯渇した後には、産油国に代替エネルギーの形で長期的にエネルギー源を返却していくことが期待される。

枯渇性資源の利用における現在世代と将来世代間の公平性の問題を指摘したHartwickに対し、今井らは、産油国と石油の消費国間の利害調整問題をとりあげている。しかし両者は、枯渇性資源からのレントや税収を代替可能な資本財の蓄積に活用すべきであるという点においては一致している[8]。

第3の根拠は、エネルギー利用に伴い発生する負の外部性を内部化するための課税論である。この根拠は、第1および第2の根拠とは異なり、エネルギー税の本質的な根拠とは言い難い。すなわち、この根拠はエネルギー利用にかかわる社会的費用の急速な増大を抑えようとする時代的要請により生まれたものであり、その理論的土台はPigou（1920）まで遡られる。

Pigouは、蒸気機関車から排出された火粉による沿線の森林焼失の例を取りあげ、外部不経済を内部化するためには、税の導入が必要であることを説いた。Pigouの提唱した税は、蒸気機関車の燃料である石炭というエネルギーの消費に伴う社会的費用を内部化することを目的としたものであり、今日の環境税に相当するものに他ならない。

実際、エネルギー利用に伴う社会的費用は、スモッグ、SPM（浮遊粒子状物質）などによる健康被害、SO_xやNO_xなどによる酸性雨被害、CO_2による気

---

8) 伊藤（1980）も、枯渇性資源の世帯間の最適配分のためには、間接税率の引き上げなどによる公的介入が必要であることを主張している。なお、世帯間の最適配分のためには、一律税率引き上げのほか、公共輸送用と私的輸送用のエネルギーには異なる税率を課するなど、資源の利用方法によって税率調整を行う必要があるという。

候変動のほかにも騒音被害、自然破壊など計測不可能なほど広範かつ膨大である[9]。これらの費用は、現在の社会的制度の下で行われている規制的手法のみでは、その10〜25％程度しか制御できないといった指摘もある[10]。Pigouの外部不経済論は、税によりこれらの社会的費用の内部化を効率的に進める目的を持ち、エネルギーに対する課税の根拠として説得力をもつ。

以上の議論をまとめると、エネルギー税の根拠は、①枯渇性資源の最適利用による世代間公平性の実現（Hotelling）、②枯渇性エネルギーに代替可能な資本財の蓄積のための財源調達（Hartwickら）、③エネルギー消費に伴う外部費用の内部化（Pigou）にあるといえる。ここで本章では、根拠①および②に基づいたエネルギー税は、省エネルギーの促進および再生可能なエネルギーの開発・普及を重視するものとして規定する[11]。また、根拠③に基づいたエネルギー税は、エネルギー利用に伴う外部性の内部化を図る性格を持つものとして規定する。

以上の議論を受け、本章ではエネルギー税制のあるべき姿として、上記の3つの条件を同時に満たすものを、エネルギー・サステナビリティが確保された税制として規定していく。以下、各節では日本のエネルギー税を取り上げ、これが、これらの条件をどれほど満たしているか実態分析を踏まえて検討したうえ、今後サステナブル税制へ改革してゆくための条件と課題を探る。

---

9) アメリカのNational Academy of Sciences (1991) は、エネルギーの生産・利用にかかわる網羅的な社会的費用を、全社会的費用（Full social cost）と称している（National Academy of Sciences (1991) 73ページ参照）。エネルギー利用による大気汚染の社会的費用（地球温暖化を除く）については、Lave et al. (1978), Hall (1990), Viscusi et al. (1994) など、また、地球温暖化の社会的費用については、Nordhause (1994) などを参照。
10) 例えば、Douglas et al. (1998) などを参照。
11) 本章では、これら省エネルギーの促進と再生可能なエネルギーの開発・普及の2者をエネルギー・サステナビリティの実現可能な手段として位置付ける。ここで再生可能なエネルギーの範囲は、太陽・風力・地熱・バイオマスなどが考えられる。一方膨大な放射能の潜在的リスクを抱えている核エネルギーや自然生態系の破壊に繋がる大型水力発電関連エネルギーは、本章の再生可能なエネルギーの範囲から除外する。

3 エネルギー税の現状と性格

(1) エネルギー税の現状

日本のエネルギー税は、既に述べたように、①化石燃料の上流部門に課税されている「原油等関税および石油石炭税」、②下流部門に課税されている「交通燃料関連税」、そして③エネルギー転換部門である電力に課税されている「電源開発促進税」の3つに大別される。

これらのエネルギー税は、税収規模の面では、2003年度予算基準で5兆3,083億円にのぼる。なかでもガソリン、軽油などに課税される交通燃料関連税が4兆4,518億円と全体の83.9%を占めている。1990年代以降長期的な不況の影響などから、国税収入が大幅に減少している中において、エネルギー税収は堅調な増加を続けている。例えば、国税収入全体に占めるエネルギー税収入の割合は、1990年度6.7%、2000年度10.1%、そして2003年度12.1%と増えており、国家税収の主要な収入源の1つとなっている（表9-2参照）[12]。

以下、表9-2の順にしたがい、各税についてその導入の背景と特徴を整理・検討しておく。

第一に、原油等関税は1955年に創設されて以来、その税収は主に国内石炭産業の支援のための補助金として用いられてきた。原油等関税は、原油に対する税率が170円/kl（石油化学用は50円/kl）であり、税収は380億円（2003年度予算）となっている。石炭産業への補助は、石油代替エネルギー供給源として国内石炭産業の保護、雇用の維持など産業政策的側面からの配慮に基づいている。しかしこれは、結果的には石炭消費を支え、石炭に比べて環境にクリーンなエネルギーへの転換を遅らせる要因となったといえる[13]。

第二に、石油石炭税は、主に石油の安定供給確保のための財源調達を目的

---

[12] ただし、エネルギー税の中で軽油引取税は地方税となっており、また、ガソリン税の18%、石油ガス税の50%、航空機燃料税の15%は、地方譲与税として自治体に与えられている。地方税である軽油引取税を除いた場合、エネルギー税の国税に占める割合は、9.4%（2003年度予算）になる。

表9-2 エネルギー関連諸税収入の推移

(単位：億円)

	1970	1975	1980	1985	1990	1995	2000	2002	2003
エネルギー関連税収合計	8,916	13,629	30,239	33,809	41,925	51,239	53,230	53,638	53,083
原油等関税	1,339	1,455	1,511	1,309	1,029	821	550	380	380
石油石炭税	−	−	4,041	4,004	4,870	5,131	4,890	4,800	4,500
交通燃料関連税合計	7,577	12,174	23,602	26,161	33,079	41,901	44,044	44,691	44,518
石油ガス税	245	278	297	310	313	306	283	280	280
ガソリン税	5,890	9,740	18,257	19,677	23,674	27,262	30,648	31,485	31,398
(揮発油税)	4,987	8,244	15,474	16,678	20,066	24,627	27,686	28,442	28,363
(地方道路税)	903	1,496	2,783	2,999	3,608	2,635	2,962	3,043	3,035
軽油引取税	1,442	1,940	4,471	5,558	8,335	13,322	12,073	11,851	11,800
航空機燃料税	−	216	577	616	757	1,011	1,040	1,075	1,040
電源開発促進税	−	−	1,085	2,335	2,947	3,386	3,746	3,767	3,685
国税収入合計	77,754	104,006	283,731	391,502	627,798	549,630	527,209	488,228	438,566

注：2000年度までは決算額、2002年度および2003年度は予算額基準である。
出所：財務省（各年度版b）から作成。

に、1978年に導入された。石油石炭税は、原油等関税と同様に原油段階（輸入石油製品を含む）で課税されるため、基本的には発電用、産業用、輸送用、そして家庭用などの用途に限らず、上流部門で一律同率の税が適用されることになる。税率は、1kl当たり2,040円、税収は4,500億円に達している（2003年度予算）。

ただし石油石炭税は、石油関連産業の国際競争力維持や脆弱産業保護の観点から、石油化学製品製造用の原油、農林漁業用の重油、石油アスファルトなどに対して、課税分が還付される制度が採用されている[14]。石油石炭税のそもそもの目的は、エネルギーのセキュリティ確保など石油エネルギーの特殊性に由来する。導入目的が、このようにエネルギー・サステナビリティとはあまり関係がなかったとはいえ、近年税収の一部が省エネルギーや新エネルギーの普

---

13) 石炭産業への補助は、石油産業が石炭産業に金銭的外部性をもたらしたことに対する政府介入であるという見解もある（横山（1993）56ページ）。
14) 2002年度には、石油石炭税の還付額は530億円となっており、石油石炭税収全体の約10%を占めている。

及・促進などの部門にも充てられている点は注目すべきである。

　第三に、交通燃料関連税は、道路および空港を利用する者が、それらの施設の使用料を払うべきであるという受益者負担原則に則って課税されている。実際に、交通燃料関連税の税収は、特定財源として全額道路および空港の建設・整備等に充てられている。これらの税は、戦後経済復興期において遅れていた社会資本の建設にかかる費用を安定的に調達する目的から導入された。それ以来、日本の道路および空港の建設・整備に絶大な役割を果たしてきた。

　交通燃料関連税を財源とした道路建設は、自動車の普及を刺激し、また、その普及拡大が交通燃料の消費増加と関連税の増収に寄与してきた。すなわち、使途が道路整備に限られている交通燃料関連税の増収は、道路建設を拡大させ、さらに自動車の普及を刺激するという相乗的な結果となっている（表9-3参照）。こうした点で、交通燃料関連税は、特に税収使途の側面から道路建設やエネルギー消費による負の外部性を助長してきた税として位置づけられる[15]。

　第四に、電源開発促進税は、化石燃料が電気エネルギーに転換され、電気が需要者に販売される際に賦課される。したがって、化石燃料を利用する際に直接賦課する上記のようなエネルギー税とは、この点で異なっている。電源開発促進税は、1974年に原子力発電を中心に、さらに火力、水力発電所の建設促進のため、電源地域における公共用施設の整備や地域振興事業の実施など、電源立地対策を講じる目的税として創設された。税率は、2003年度税率改定により従来の0.445円/kWhから0.425円/kWhに下げられており、エネルギー税収の6.9％の割合を占めている（2003年度予算）。

　電源開発促進税は、現在のところ、税収の大半が原子力関連電源立地対策に使用されている。近年は、新エネルギーの開発・利用促進にも一部活用されているものの、依然として原子力発電を中心とした電源開発のための財源調達が主な目的となっている。

15）この種の議論については、加藤（1997）、鶴岡（2001）など参照。

表 9-3 道路・輸送関連指標の推移

区　分		単　位	年[1]				
			1960[2]	1970	1980	1990	2000
自動車燃料税収入額	ガソリン税収入	億円	1,632	5,890	18,257	23,674	30,648
	軽油引取税収入	億円	270	1,442	4,471	8,335	12,073
自動車燃料販売量	ガソリン	千kl	5,138	20,352	34,615	44,342	57,949
	軽油	千kl	1,731	11,636	21,502	36,478	40,121
自動車保有台数		千台	3,403	18,919	38,992	60,499	75,525
道路延長	国道・地方道	千km	973	1,023	1,115	1,116	1,160
	（うち舗装道路）	千km	30	187	536	782	896
輸送分担率	車：鉄道：内航海運	トン基準	76：15：9	88：5：7	89：3：8	90：1：9	91：1：8
	車：鉄道：内航海運	人員基準	39：60：1	59：40：1	65：35：0	72：28：0	74：26：0

注1：税収額は年度、そのほかは年基準。
　2：1960年度税収入額は、1961年度実績基準。
出所：国土交通省（各年度版a）、同（各年度版b）から作成。

(2) エネルギー税の性格

　日本のエネルギー税は、後述するように、根拠①と②のようにエネルギー消費の持続可能性確保を目的に導入されたとは言い難い。また、根拠③のようにエネルギー利用に伴う広範な外部費用の内部化を図る目的に導入されたものでもない。エネルギー税は、結果的にはエネルギー費用を高めエネルギー資源の節約に貢献したという指摘はあるものの、それを明確な目的として導入されたとは言えない。

　例えば石油石炭税の場合、1988年に従価税（課税標準：CIF＋関税）から従量税へ移行されて以来税率の変更はなく、税収も全額特定財源化されている。また、石油石炭税は、石炭など一部のエネルギー資源については、産業政策的配慮により1978年導入時から2003年9月まで税が免除されてきた（表9-4参照）。石油石炭税を導入した際の根拠法律である石油石炭税法には、課税物件、納税義務者、課税標準、税率など納付の手続や履行などについて必要な事項が定められている。ただし、石油石炭税は、「石油及びエネルギー需給構造高度

表 9-4　主要エネルギー税率の推移

年・月・日	ガソリン税(円/l)(揮発油税＋地方道路税)	石油石炭税 原油及び輸入石油製品(円/l)	石油石炭税 天然ガス(円/kg)	石油石炭税 石炭(円/kg)	電源開発促進税(円/kWh)
1937.4.1	0.01320	—	—	—	—
1954.4.1	13.0*	—	—	—	—
1957.4.7	18.3	—	—	—	—
1959.4.11	22.7*	—	—	—	—
1961.4.1	26.1*	—	—	—	—
1964.4.1	28.7*	—	—	—	—
1974.4.1	34.5*	—	—	—	—
1974.10.1	34.5	—	—	—	0.085
1976.7.1	43.1	—	—	—	↓
1978.6.1	43.1	3.5%	—	—	↓
1979.6.1	53.8*	↓	—	—	0.085
1980.10.1	↓	↓	—	—	0.300
1983.10.1	↓	3.5%	—	—	0.445
1984.9.1	↓	4.7%	1.2%	—	↓
1988.8.1	↓	2.04	0.72	—	0.445
2003.10.1	53.8	↓	0.84	0.23	0.425
2005.4.1(計画)	↓	↓	0.96	0.46	0.400
2007.4.1(計画)	53.8	2.04	1.08	0.70	0.375

注1：＊印は、「道路整備5ヵ年計画」の初年度（ただし、1974.4.1は次年度）に引き上げられたことを意味する。
　2：石油石炭税は1988年8月1日から、従価税（課税標準：CIF＋関税）から従量税へ移行された。
　3：ガソリン税率は、国税である揮発油税率と地方税である地方道路税率の合計である。また、ガソリン税は1937年4月1日から1954年3月31日までは、一時期廃止（1943年7月1日から1949年5月9日まで）もしくは引き上げ措置が行われていた。
出所：石油連盟（各年度版）、資源エネルギー庁資料などから作成。

化対策特別会計法」の第1条2および第4条に、その税収は特定財源として化石エネルギーの備蓄・開発などに要する費用に当てることが規定されている[16]。このように、石油石炭税は、エネルギー・サステナビリティよりエネルギー・セキュリティ確保のための財源調達を目的とする税であることは明らか

---

[16] エネルギー税収は、厳密には目的税収と特定財源に区別される。前者は、税法でその使途が特定化されているものを指す。地方道路税、軽油引取税、電源開発促進税がこれに当たる。後者は、税法には使途が指定されていないものの、別途特別会計法で使途が特定されているものを指す。揮発油税と航空機燃料税がこれに当たる。この種の税は、特定事業の財源に充てられる限りで実質的には目的税と異ならない（金子（2003）16ページ参照）。

である。

　化石エネルギーの下流部門に課税されている交通燃料関連税の場合、例えば、ガソリン税や軽油引取税は、それらの税収を国もしくは自治体が実施する道路整備のための費用に充てることが規定されている[17]。ガソリン税は1937年に導入されて以来、税率が継続的に引き上げられてきた（表9-4参照）。しかしそれは、1953年に制定された「道路整備費の財源等に関する臨時措置法」に基づいてスタートした「道路整備5ヵ年計画」上の道路建設財源調達の目的に起源がある。税率も、表9-4で示されているように「道路整備5ヵ年計画」の初年度に合わせて引き上げられたケースが多い。

　また、エネルギー転換部門である電力に課税されている電源開発促進税は、「電源開発促進税法」1条や「電源開発促進対策特別会計法」3条の3により、税収の使途が電源立地対策および電源多様化対策に要する費用に指定されている。そのなかで税収の40〜60％が、原子力発電施設の立地対策などエネルギー・セキュリティを確保するための用途に使われてきた。したがって、日本のエネルギー税は、総じて上記のような財源調達を目的に導入されたものであり、エネルギー・サステナビリティの確保のための税とは言い難い。

　エネルギー税の導入目的が財源調達にあることは、日本だけでなく多くの国でも共通にみられるものである[18]。エネルギー資源は、国が目的とする事業に必要な経費を調達するための有力な課税対象となり、実際にエネルギー税は国の財政収入上重要な役割を果たしている。例えば、途上国の場合、エネルギー税が租税収入全体に占める割合は、7〜30％（GDP基準では1〜3.5％）、OECD諸国でも平均10〜15％水準（GDP基準では2.0〜2.5％）である[19]。

---

17) ガソリン税収の使途については「道路整備費の財源等の特例に関する法律（旧道路整備緊急措置法）」3条や「道路整備特別会計法」3条、そして「地方道路税法」1条を、軽油引取税は「地方税法」700条の50を参照。
18) ただし西欧の国では、1990年代に入ってから地球温暖化対策の一環として、エネルギー利用に対する炭素税が導入されている事例が増えている。欧州内の国における炭素税と既存エネルギー税との関連は、炭素税の導入に伴い、既存エネルギー税の軽減（フィンランド、スウェーデン）、一部既存エネルギー税の引き上げ（ドイツ、ノルウェー）、既存エネルギー税の未調整（オランダ）など様々な類型が存在している。

その要因として、エネルギー資源は、少ない行政コストで安定的な租税収入が得られる担税力を持つ租税源であることがあげられる。エネルギー財は、一般に、需要の価格弾力性が他の財より低く、需要水準も他の財に比較して、景気局面にさほど大きな影響は受けない。また、エネルギー税の賦課・徴収に係る行政コストも、「上流税」として用いられる場合、エネルギー資源の採取および輸入や、加工にかかわる業者の数が少ないことから、賦課・徴収に係る行政コストも他の財より少なくて済む。

　エネルギー税は、エネルギーの利用に伴う便益とその費用負担との関係を比較的明確にできる点もある。これは、とりわけ、ガソリン税など交通燃料に課されているエネルギー税の主な根拠となっている。第4節で詳しく検討するように、道路の建設・整備に必要とされる費用を、道路を利用する者に負担させるという性格、すなわち受益者負担原則にかなう性格を持っている。したがって、租税抵抗が少なく、納税者からの理解が得られやすい税と認識されている。

　以上から日本のエネルギー税の導入の本質は、エネルギー関連産業支援、道路建設・整備、そしてエネルギー・セキュリティ確保のための財源調達であるといえる。

　これまでの考察から明らかなように、現行のエネルギー税は、第2節の根拠③のようにエネルギー利用に伴う広範な外部性の内部化を図る目的に導入されたものではない。また、根拠①、②のようにエネルギー消費の持続可能性の確保を目的に導入されたとは言い難い。日本のエネルギー税制は、使途が予め指定された特定財源として、税収の大部分がエネルギー産業支援や道路建設などの用途へ用いられ、結果的にエネルギー消費と外部性の増大を促す体系である（図9-1参照）。

　これまでの考察は、理論的には図9-2のようにまとめられる。S_2は、エネルギーの製造コストを反映したエネルギー供給者における私的限界費用曲線である。S_0は、私的限界費用曲線S_2に現行のエネルギー税t_0が上乗せされた、

---

19) Gupta et al.（1995）、IEA（2003）を参照。

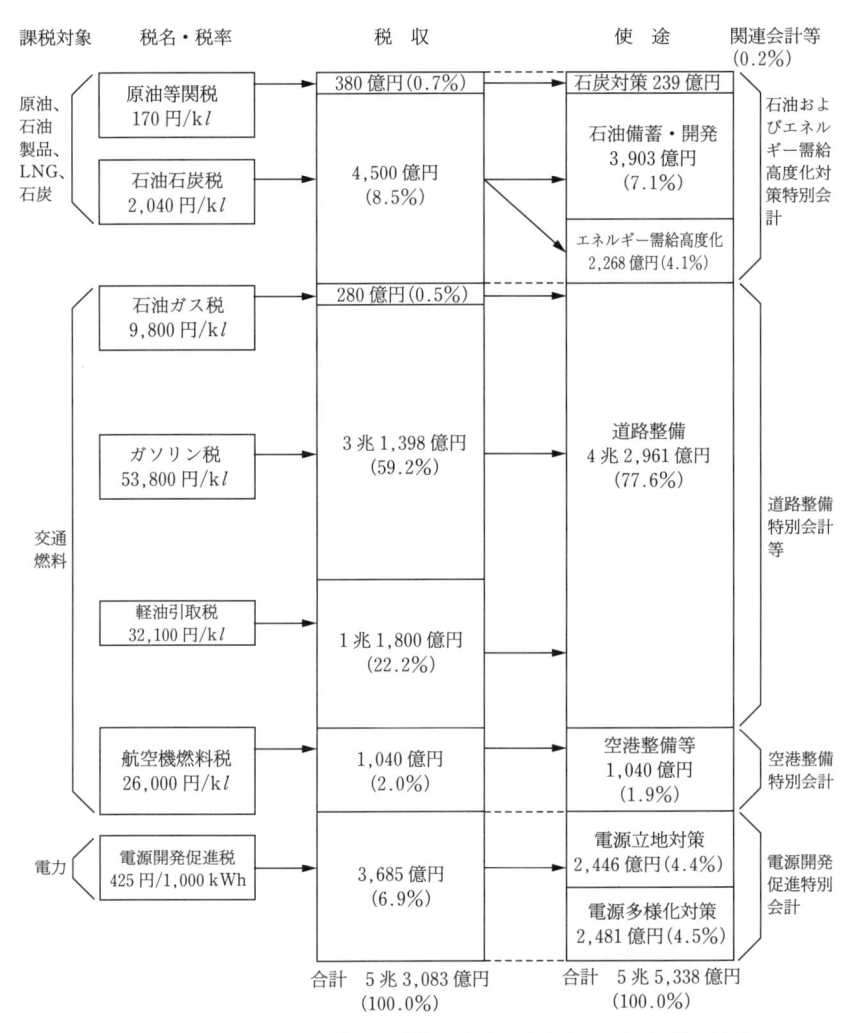

課税対象	税名・税率	税収	使途	関連会計等
原油、石油製品、LNG、石炭	原油等関税 170円/kl	380億円(0.7%)	石炭対策 239億円 (0.2%)	石油およびエネルギー需給高度化対策特別会計
	石油石炭税 2,040円/kl	4,500億円 (8.5%)	石油備蓄・開発 3,903億円 (7.1%)	
			エネルギー需給高度化 2,268億円(4.1%)	
交通燃料	石油ガス税 9,800円/kl	280億円(0.5%)	道路整備 4兆2,961億円 (77.6%)	道路整備特別会計等
	ガソリン税 53,800円/kl	3兆1,398億円 (59.2%)		
	軽油引取税 32,100円/kl	1兆1,800億円 (22.2%)		
	航空機燃料税 26,000円/kl	1,040億円 (2.0%)	空港整備等 1,040億円 (1.9%)	空港整備特別会計
電力	電源開発促進税 425円/1,000kWh	3,685億円 (6.9%)	電源立地対策 2,446億円(4.4%)	電源開発促進特別会計
			電源多様化対策 2,481億円(4.5%)	
		合計 5兆3,083億円 (100.0%)	合計 5兆5,338億円 (100.0%)	

図9-1 日本のエネルギー税および特定財源の概要（2003年度予算基準）

注1：税収と使途の合計額が合致しないのは、石油石炭税収の一部が一般会計に留保される一方、石油およびエネルギー需給高度化対策特別会計や電源開発促進特別会計が上記税収以外に剰余金等を財源としているためである。

2：使途の予算額は集計基準の差などにより表9-5の額と必ずしも一致しない。

出所：石油連盟（各年度版）、資源エネルギー庁関連資料（2004）から作成。

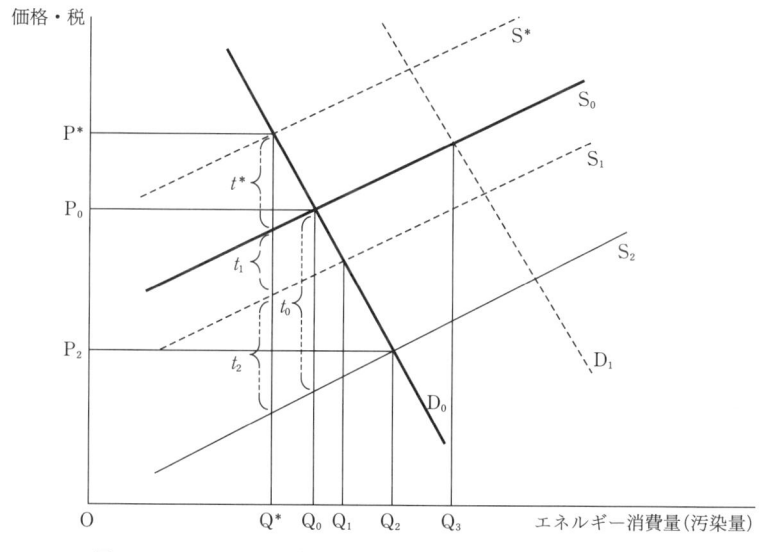

第9章　日本のエネルギー税と特定財源　203

図9-2　エネルギー消費の社会的費用とエネルギー税（その1）

現実のエネルギー供給曲線である。D_0 はエネルギーの需要曲線である。また、エネルギー消費量とこれが引き起こす汚染量は比例関係にあると仮定する。

エネルギー税 t_0 が課税されていなかった場合には、エネルギー供給曲線は私的限界費用曲線 S_2 となるので、エネルギー消費量と汚染量は現在より Q_2-Q_0 だけ増えることになる。したがって現行のエネルギー税 t_0 は、結果的に Q_2-Q_0 分の汚染量を抑制する環境税的機能（図9-2で、外部性 t_0 の内部化）を果たしているという評価も可能である。

しかし、現行のエネルギー税について税収の使途まで含めてその性格を詳しく考察してみると、この議論の根拠は疑わしい。そもそもエネルギー供給における私的限界費用曲線は S_2 ではなく、S_0 に近い。なぜならば現行のエネルギー税 t_0 は、エネルギー関連産業の私的費用に含まれるはずのものであったものの、エネルギー・セキュリティ確保の公益性等の理由で、政府が肩代わりして集合的に支出しているに過ぎない。例えば、石油石炭税は石油産業が負担すべき石油開発・流通等に関するコストを、電源開発促進税は電力産業が負担

すべき電源立地・開発に関するコストを、そして交通燃料関連税は道路利用者が負担すべきコストを、政府がエネルギー税という形で肩代わりして課税および支出していると考えられる。

つまり、現行のエネルギー税は、エネルギー関連産業や道路利用者が本来私的費用として負担すべきコストを税として徴収するという性格を持っており、エネルギー消費抑制と外部性の内部化が図られた税とは言い難い。したがって社会が目標とする水準（例えばQ^*）までエネルギー消費量と汚染水準を制御するためには、例えばボーモル・オーツ的発想の新しい税t^*を導入しなければならない。これは、既存エネルギー価格の上昇（$P_0 \to P^*$）をもたらすので、実現にはかなりの政治的コストがかかってしまう。

仮に、エネルギー消費単位当たりのセキュリティ・コスト（エネルギー産業が負担すべきコスト）や道路整備費用をt_0からt_2に抑え、残余分t_1を負の外部性の内部化を図るものと見なし、エネルギー・サステナビリティ財源として活用するならば、t_1は環境税の機能を果たすことになる。この場合、t_1により、Q_1であるはずの汚染水準はQ_0まで改善されたと見なすことができよう。

ただし、t_1が、現実のエネルギー税t_0の範囲の中にあるかぎり、たとえt_1の割合が大きくなっても、現実の汚染水準は現実のエネルギー税の場合と変わらず、依然としてQ_0に留まる。新税の導入なしにQ^*までエネルギー消費量を抑えるためには、t_1による税収をエネルギー・サステナビリティの確保を中心とする環境保全対策に活用する方法がある。実際に、現行のエネルギー税収の一部は省エネルギーや新エネルギー対策に活用されており、近年その傾向も大きくなっている。すなわち、エネルギー税t_0のうち、環境税としての機能が期待できるt_1の課税は、課税による効果だけでなく税財源使途の側面での効果という両面での役割が重視されるようになっている。

既に考察したように、現行のエネルギー税は、その税収の殆どが化石エネルギーの安定供給基盤の拡充や道路建設・整備に用いられてきた。これは、長期的には既存エネルギー需要曲線をD_0からD_1へと移動させる役割をしている。その結果、社会のエネルギー消費量はQ_0からQ_3へと増えることになる。こうした点で現行のエネルギー税は、エネルギー消費を刺激し、またエネルギー

消費による様々な負の外部性を助長してきた側面があるといえる。

4 エネルギー特定財源と使途

本節ではエネルギー特定財源の類型を、原油等関税および石油石炭税など上流税収からなる「石油およびエネルギー需給高度化対策特別会計」関連財源、交通燃料関連税など下流税収からなる「道路整備特別会計」関連財源、そして電源開発促進税収からなる「電源開発促進特別会計」関連財源の3つに大別して各財源の使途を、順に詳しく検討する。

(1) 石油およびエネルギー需給高度化対策特別会計関連財源

原油等関税の税収入は、前述のように1960年から石炭対策財源の一部として活用され始めたが、1967年に石炭対策特別会計の設置、そして同会計が見直され、「石炭および石油対策特別会計」が設置された1972年以降、「石炭および石油資源開発対策財源」として用いられるようになった。

石油石炭税の創設を契機に、1980年に「石炭並びに石油および石油代替エネルギー対策特別会計」が設置され、原油等関税は主に石炭産業支援対策として、また石油石炭税は主に石油セキュリティ確保および石油代替エネルギー対策財源として使い分けられるようになった。1993年からは、同会計は再び「石炭並びに石油およびエネルギー需給高度化対策特別会計」として見直され、省エネルギー対策や新エネルギー開発機能も重視するようになった。2002年には、原油等関税による石炭産業への支援が終了したことにより、同会計は「石油およびエネルギー需給高度化対策特別会計」(以下石特会計と略す) と変更され、今日に至っている。

表9-5および図9-3から分かるように、石特会計の使途は2000年度まで、石炭産業支援が約20〜30%、油田開発や石油生産流通合理化など石油セキュリティ対策が約60〜70%を占めており、既存エネルギー産業支援の性格が強かった。ただし、直近では、石特会計に占める省エネルギーおよび新エネル

表9-5 石油およびエネルギー需給高度化対策特別会計予算の歳出推移
(単位：億円)

	1970	1975	1980	1985	1990	1995	2000	2002	2003
会計予算合計	971	1,578	4,142	5,983	5,905	7,011	7,422	6,279	6,867
石炭勘定	971	1,100	1,309	1,259	1,182	1,097	1,361	84	239
石炭鉱業合理化	665	611	532	387	271	249	85	−	−
鉱害対策	123	292	497	581	509	516	725	−	−
産炭地域振興対策	65	42	71	83	82	134	170	−	−
雇用対策	32	60	94	110	100	106	125	−	−
その他	86	95	115	98	220	92	256	84	239
石油・エネルギー需給高度化勘定	−	478	2,833	4,724	4,723	5,914	6,061	6,195	6,628
石油安定供給等対策	−	478	2,451	4,122	4,345	4,870	4,535	4,033	4,205
エネルギー需給高度化対策	−	−	349	566	339	1,003	1,447	2,094	2,353
省エネルギー対策	−	−	−	−	−	492	703	1,209	1,457
新エネルギー対策	−	−	131	217	200	156	343	643	723
天然ガス利用促進	−	−	−	4	12	31	199	74	73
石炭液化技術等	−	−	210	278	114	214	98	−	−
石炭環境負荷低減	−	−	−	−	−	−	−	149	−
その他	−	−	8	67	13	110	134	19	100
事務処理経費等	−	−	33	36	39	41	51	48	70

注1：石炭勘定は、事実上2001年度末で終了し、2006年度までの間については、暫定勘定として石炭勘定における債務の返済を行う。
　2：表9-2の石油石炭税収と石特会計の歳出予算が一致しないのは、前年度会計歳出予算からの多額の余剰金受入などの存在のためである。
　3：石油およびエネルギー需給高度化勘定の2003年度予算には、国債整理基金特別会計への繰入金8,841億円が計上されているが、ここでは省略した。
　4：2003年度のエネルギー需給高度化対策予算のうち新エネルギー対策予算には、別途対策費として設けられている（表9-8参照）独立行政法人NEDO運営費等予算473億円が合算されている。また、独立行政法人石油天然ガス・金属鉱物資源機構運営費予算8億円はその他に合算されている。
　5：エネルギー需給高度化対策の省エネルギー対策、新エネルギー対策などの項目は、表9-8の分類で類似する性格を持つ項目の再分類・統合などを行い集計したものである。
出所：財政調査会（各年度版）から作成。

ギー対策への使用が急速に拡大し、従来のエネルギー産業支援の機能に加えて、化石エネルギーの節約機能（この機能に符合する省エネルギー予算の割合21.2％：2003年度予算）と石油代替資本財の蓄積機能（この機能に符合する新エネルギー予算の割合10.5％：2003年度予算）も持つようになってきている。

以下、石特会計の石炭勘定、石油安定供給等対策財源およびエネルギー需給高度化対策財源の使途について具体的に検討する。

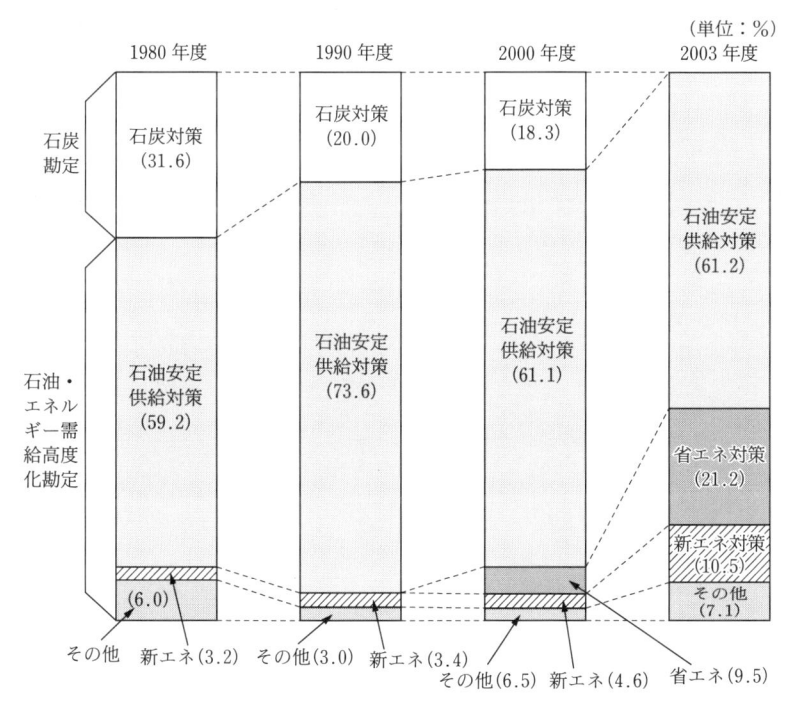

図9-3 石油およびエネルギー需給高度化対策特別会計歳出予算の使途別構成比推移
出所；財政調査会（各年度版）から作成。

(a) 石炭勘定

表9-6では、これまでに行われてきた原油等関税の石炭産業への支援状況が示されている。

石炭産業への支援は、①非能率的炭鉱の整理縮小や石炭鉱業の経営安定、そして石炭鉱業の経営多角化・新分野開拓を支援するための「石炭鉱業合理化安定対策費補助」、②石炭採掘による地表の農地や家屋などに与えた鉱害の復旧作業を支援するための「鉱害対策費補助」、③炭鉱地域に就労事業や特定の公共事業の実施、工場の誘致などを行うための「産炭地域振興・雇用対策費補助」の3つに大別できる。

1970年代までには「石炭鉱業合理化安定対策費補助」が、石炭産業支援の

表 9-6　石炭勘定の歳出予算推移

(単位：億円)

	1970	1980	1990	2000
石炭勘定合計	971	1,309	1,182	1,361
石炭鉱業合理化安定対策	665	532	271	85
石炭鉱業構造調整対策	163	25	31	15
石炭鉱業生産体制改善対策	40	110	59	14
石炭鉱業経理改善対策	300	182	75	18
石炭鉱業保安確保対策	18	89	78	38
その他	144	126	28	−
石炭需要確保対策	40	−	−	−
鉱害対策	123	497	509	725
鉱害復旧事業費	92	445	456	590
NEDO支援	−	−	−	135
石炭鉱害事業団事務費交付出資	26	40	51	−
その他	5	12	2	−
産炭地域振興対策	65	71	82	170
産炭地域振興対策	20	49	66	160
地域振興整備公団出資金	45	11	10	6
地域振興整備公団補給金	−	11	6	4
産炭地域開発雇用対策	32	94	100	125
産炭地域開発就労事業費補助	32	−	−	74
産炭就労事業従事者自立促進補助	−	−	100	51
炭鉱離職者援護対策	−	88	108	18
国債整理基金特別会計へ繰入	−	−	84	224
その他	46	27	27	14

出所：財政調査会（各年度版）から作成。

大半を占めていたが、1980年代以降は大幅に縮小された。その反面、「鉱害対策費補助」や「産炭地域振興・雇用対策費補助」は、石炭勘定の創設以来近年まで増えてきた。そのうち2000年度に石炭勘定の53.3％を占めていた「鉱害対策費補助」は、「石炭鉱害事業団」の鉱害復旧工事、賠償のための担保管理、賠償及び防止資金の貸付などに用いられた。しかし、同補助費による国レベルでの復旧事業は、2002年に鉱害二法「臨時石炭鉱害復旧法（臨鉱法）」、「石炭鉱害賠償等臨時措置法」が失効したのに伴い終了した。

(b) 石油安定供給等対策財源

表9-7は、石油関連産業の支援など石油安定供給等対策関連予算の推移を示

表 9-7　石油安定供給等対策の歳出予算推移

(単位：億円)

	1975	1980	1990	2000	2002	2003
石油安定供給等対策合計	478	2,451	4,345	4,535	4,033	4,205
石油セキュリティ確保対策費	467	2,289	4,035	3,979	3,496	3,705
石油公団出資金	406	1,309	777	504	223	25
石油公団交付金	10	481	1,637	2,384	1,021	189
石油公団備蓄増強対策補給金	34	354	1,240	668	538	156
石油天然ガス基礎調査委託費	5	42	106	73	97	167
石油資源開発技術等研究調査費	−	−	91	78	98	98
産油国石油精製技術等対策事業費	−	−	15	85	170	185
石油貯蔵施設設立地対策交付金	−	86	91	68	70	66
石油備蓄事業融資等補給金	−	−	−	−	1,108	575
国家備蓄石油増強対策事業費	−	−	−	−	−	808
国家備蓄石油管理等委託費	−	−	−	−	−	593
石油ガス国家備蓄基地建設委託費	−	−	−	−	−	717
その他	12	17	78	119	171	126
石油生産流通合理化対策費	3	162	310	556	537	500
石油精製合理化対策事業費補助	−	−	159	194	224	178
石油製品販売業構造改善対策費補助	−	−	35	244	209	222
石油製品需給適正化調査委託費	3	34	56	59	50	47
海底石油生産システム研究開発委託	−	32	−	−	−	−
重質油対策技術研究開発補助	−	68	−	−	−	−
新燃料油技術研究開発補助	−	12	−	−	−	−
その他	−	16	60	59	54	53
その他	8	−	−	−	−	−

出所：財政調査会（各年度版）から作成。

したものである。石油安定供給等対策は、①石油の開発・備蓄など石油エネルギーのセキュリティ確保、②石油産業の生産・販売システムの改善対策に大別できる。

　石油エネルギーのセキュリティ確保は、主に石油公団への出資や交付金の支給により行われてきた。石油公団は、1967年に発足以来、国家備蓄石油の購入や国家備蓄会社に対する石油及び石油ガスの備蓄基地建設資金の融資、公団自らの石油および石油ガスの探鉱、そして民間の石油開発事業に対する支援など石油開発事業を行ってきた[20]。

　石油産業の生産流通合理化対策は、石油精製産業の生産技術開発および流通構造改善に係る補助事業である。石油セキュリティ確保事業（上記の①に当た

る）は、前述のように民間企業が行うべき事業を公的機関が肩代わりして集中的に行っているので、石油関連産業に対する間接的補助の性格を持つ。これに比べ、生産流通合理化対策事業（上記の②に当たる）は、公的機関が民間企業の生産・流通活動に必要な経費に対して長期かつ低利融資や利子補給を行っているので、直接的補助の性格が強い。

この予算は、エネルギー危機が緩和された1990年代半ばからは縮小傾向にある（図9-3、表9-7参照）。さらに近年、石油公団を通じた石油備蓄・開発方式の問題点が浮き彫りになり[21]、また、国の特殊法人改革の一環で石油公団は2004年度中に廃止されることになった。これによりエネルギー特定財源による石油セキュリティの確保機能は、今後も縮小される見通しである。例えば、石油の国家備蓄は、現行の国家石油備蓄会社9社が2003年に廃止されることにより、国の直轄事業として行われる。また、石油開発のリスクマネー供給機能は出資に限定し、国の支援は5割以下となる。

(c) エネルギー需給高度化対策財源

1980年に「石炭及び石油対策特別会計」が「石炭並びに石油および石油代替エネルギー対策特別会計」と変更されてから、原油等関税、そして石油石炭税の財源が、石油セキュリティ確保の他に石油代替エネルギー開発にも用いられるようになった。しかし同会計の石油代替エネルギー対策関連財源は、1980年代にはオイルショックの影響で、主に石油と代替可能な石炭など既存エネルギーの効果的な利用に関する対策に限られていた。また1990年代には石油需給状況が安定化していくなかで、石油代替エネルギー開発関連予算は縮小されていた（表9-8参照）。

しかし1990年代後半は、エネルギー消費に起因する環境問題が大きくクローズアップされ、エネルギー使用合理化技術開発など省エネルギー関連予算

---

20) 備蓄事業は第3セクター方式の国家石油備蓄会社9社を通じて行われ、現在は約5000万kl（国内消費量の約84日分：民間備蓄を合わせると161日分（いずれも2003年末基準））が蓄えられている。開発事業はアラビア石油など民間の石油開発会社への投融資、石油開発会社への債務保証などを行って展開している。

21) 例えば、公団の支援による開発プロジェクトの失敗などで、出資・融資などの損失が2002年基準で1兆円を超えている。

表9-8 エネルギー需給高度化対策等の歳出予算推移

(単位：億円)

	1980	1990	2000	2002	2003
エネルギー需給高度化対策合計	349	339	1,447	2,094	2,353
ソーラーシステム性能評価試験	—	9	21	—	—
ソーラーシステム普及促進対策	53	9	6	62	30
エネルギー使用合理化システム開発	—	—	64	180	128
海外炭開発可能性調査	—	12	29	49	47
地域エネルギー開発利用など促進	—	9	50	83	75
石油代替エネルギー技術開発費補助	203	252	212	152	99
（石炭生産利用技術振興）	33	50	66	43	20
（石炭液化技術開発）	139	114	32	—	—
（燃料電池用燃料ガス高度精製技術）	—	—	10	11	11
（環境負荷低減型燃料転換技術開発補助）	—	—	—	—	31
エネルギー使用合理化設備導入補助	—	—	338	556	661
（エネルギー使用合理化設備導入）	—	—	31	48	9
（クリーンエネルギー車導入促進対策補助）	—	—	—	170	154
（住宅・建築物高効率エネルギーシステム）	—	—	14	123	134
（新エネルギー事業者支援対策補助）	—	—	—	60	85
（エネルギー使用合理化事業者支援）	—	—	—	91	123
国際エネルギー使用対策合理化補助	—	—	174	176	139
エネルギー使用合理化技術開発補助	—	—	465	701	498
（二酸化炭素固定化有効利用技術）	—	—	46	55	43
（新規産業創造技術開発）	—	—	63	56	5
（エネルギー使用合理化技術開発）	—	—	241	337	246
（水素等エネルギー利用技術開発補助）	—	—	—	35	17
（燃料電池技術開発関連補助）	—	—	—	88	13
NEDO交付・出資金	48	19	28	42	18
その他	45	29	60	93	177
独立行政法人NEDO運営費等	—	—	—	—	473
その他	—	—	—	—	8

出所：財政調査会（各年度版）から作成。

が大幅に増加した。特に地球温暖化問題は、今後のエネルギー需給体系の方向性を左右する問題とまで認識されるようになった。例えばこれまで石油代替エネルギーとして重視された石炭が、CO_2排出量の多いエネルギー資源として環境負荷の側面から推奨されなくなった。

2000年に入ってからは、太陽エネルギー開発・普及に加え、燃料電池やバイオマスエネルギー開発、地域エネルギーの開発利用促進など新エネルギーを含む石油代替エネルギー関連予算も大きく増えた（図9-3および表9-8参照）。

これは、石特会計関連エネルギー特定財源がこれまでエネルギー・セキュリティの確保に重点がおかれていたが、近年省エネルギーなどエネルギー使用効率化や、新しいエネルギーの開発にも配慮するようになったことを意味する。

(2) 交通燃料税関連財源

交通燃料関連税の税収の全額は、自動車重量税[22]および自動車取得税などの車体関連税とともに、道路建設整備関連の特定財源として活用されてきた[23]（表9-9参照）。交通燃料関連税や車体税など自動車関連税は、前述したように受益と負担の関係が比較的明確であるために、納税者から理解が得られやすい税として受け入れられてきた。

道路の建設整備財源に占める交通燃料関連税の割合は、図9-4に示したように、45.7%（2003年度予算基準）であり、これに取得税など車体税を加えた自動車関連税基準（国分、地方分を含む）では、60.2%となる。さらに、車体税に自治体の一般財源である自動車税まで入れれば、表9-10で示したように、自動車関連税の道路投資額に占める割合は72.2%（2002年度基準）である。すなわち道路関連投資額がピークに達していた1995年度を除けば、道路利用に関する車利用者の受益者負担率は、60〜70%水準であり、近年増加傾向にある。言い換えれば、道路建設・整備のための財源の3〜4割は一般国民が負担していることを意味している。

これにくらべて欧州諸国では、交通燃料関連税が道路の建設・整備にかかわる事業費を上回っているケースも多く、受益者負担原則を満たしていると評価されている。欧州諸国の場合、道路関連事業費を超過した部分は、擬似的な環境税と解釈することが可能であり、自動車利用者が社会的費用の一部を負担し

---

22) 自動車重量税は、法令上特定財源とする規定はないものの、運用上において国税分の8割は道路特定財源として扱われており、2003年度には、6,965億円が道路整備特別会計に繰り入れられている。また地方分として自動車重量税譲与税の2,902億円が、地方道路建設整備に充てられている。

23) 日本の道路建設・整備事業は、1954年からスタートした道路整備五カ年計画のもとで行われており、第1次（1954〜1958年：2.6兆円）から第12次（1998〜2002年：78兆円）にわたる計画期間中、総事業規模は約318兆円にのぼっている。

表 9-9　道路特定財源の一覧

	税　目	課税対象	税　率	道路財源充当分	税収(億円)
国税	揮発油税	ガソリン	48.6 円/l	全額	28,363
	石油ガス税	石油ガス	9.8 円/l	収入額の 1/2 (1/2 は石油ガス譲与税として地方に譲与される)	141
	自動車重量税	車　体	6,300 円/0.5 トン年	収入額の国分(2/3)の約 8 割 (77.5%)	6,965
地方税	地方道路譲与税	ガソリン	5.2 円/l	地方道路税の収入額の全額 (揮発油税と併課される) 58/100：都道府県及び指定市 42/100：市町村	3,035
	石油ガス譲与税	石油ガス	9.8 円/l	石油ガス税の収入額の 1/2 ：都道府県及び指定市	141
	軽油引取税	軽　油	32.1 円/l	全額：都道府県及び指定市	11,283
	自動車重量税譲与税	車　体	6,300 円/0.5 トン年	自動車重量税の収入額の 1/3 ：市町村	2,902
	自動車取得税	車　体	取得価格の 5%	3/10：都道府県及び指定市 7/10：市町村	4,265

注 1：税収は 2003 年度予算額。
　2：揮発油税の全額と石油ガス税の 1/2 は、道路整備特別会計の歳入財源となる。
　3：自動車重量税は、収入額の 2/3 は国の一般財源であるが、税創設及び運用の経緯から 8 割（77.5%）相当額は道路財源とされている。
　4：税収額は、集計基準や集計機関などの違いにより本章における他の表や図と必ずしも一致しない。
出所：国土交通省関連資料（2004）から作成。

ていることを意味する[24]。

　また、自動車車体税は、自動車税や自動車重量税など自動車に固有な税と、他の消費財と同率の税が適用される消費税[25] とに分けられる。ここで日本と欧州諸国について、車体課税に含まれる消費税分を除き、自動車関連税における燃料課税と車体課税の割合を比較してみよう。欧州に比べて、日本の燃料課税の割合がかなり低いことが確認される。すなわち、日本の自動車関連税（消費税（付加価値税）除く）に占める燃料課税の割合は、約 47% であるものの、イギリスは約 82%、ドイツは約 87% に達している（図 9-5 参照）。車体税は、

---

24) こうした解釈については、例えば金本（2001）11 ページ参照。
25) アメリカでは小売売上税、イギリスやドイツの場合は付加価値税に当たる。

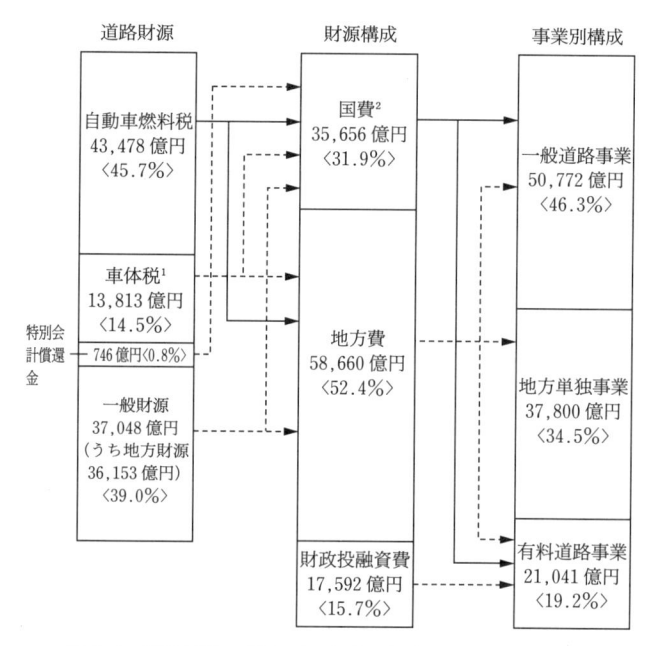

```
                 道路財源              財源構成            事業別構成

              自動車燃料税
              43,478 億円            国費²
              〈45.7%〉             35,656 億円          一般道路事業
                                    〈31.9%〉           50,772 億円
                                                       〈46.3%〉

              車体税¹
              13,813 億円
              〈14.5%〉
      特別会
      計償還 ─ 746億円〈0.8%〉       地方費
      金                            58,660 億円          地方単独事業
              一般財源               〈52.4%〉           37,800 億円
              37,048 億円                                〈34.5%〉
              (うち地方財源
              36,153 億円)
              〈39.0%〉

                                    財政投融資費         有料道路事業
                                    17,592 億円          21,041 億円
                                    〈15.7%〉           〈19.2%〉
```

図 9-4　道路予算の財源別・事業別構成（2003 年度予算）

注 1 ：車体税には、道路財源となる自動車取得税および自動車重量税が含まれている。
　 2 ：財源構成項目のうち国費には、本州四国連絡橋公団の債務処理のための国費2,245 億円などが含まれている（ただし、事業別構成項目には含まれていない）。
　 3 ：〈　〉内は、各財源別構成比。
出所：国土交通省（2003）などから作成。

表 9-10　自動車関連税収と道路投資額の推移

(単位：億円)

	1970	1975	1980	1985	1990	1995	2000	2002
自動車燃料関連税(a)	7,573	11,958	23,025	25,545	32,322	40,890	43,004	43,616
自動車車体関連税(b)	4,177	11,187	20,332	27,750	28,496	33,494	34,693	35,392
道路関連投資額(c)	15,979	29,550	58,290	71,874	107,328	152,745	127,686	109,455
a/c (%)	47.4	40.5	39.5	35.5	30.1	26.8	33.7	39.8
(a+b)/c (%)	73.5	78.3	74.4	74.2	56.7	48.7	60.9	72.2

注 1 ：自動車車体関連税は、道路特定財源化されている自動車重量税および自動車取得税に、自治体の一般財源となっている自動車税の合計額である（ただし、1985 年までは自動車物品税も含む）。
　 2 ：道路関連投資額には、一般道路事業と地方単独道路事業に有料道路事業投資額が含まれている。
出所：国土交通省、石油連盟などの関連資料から作成。

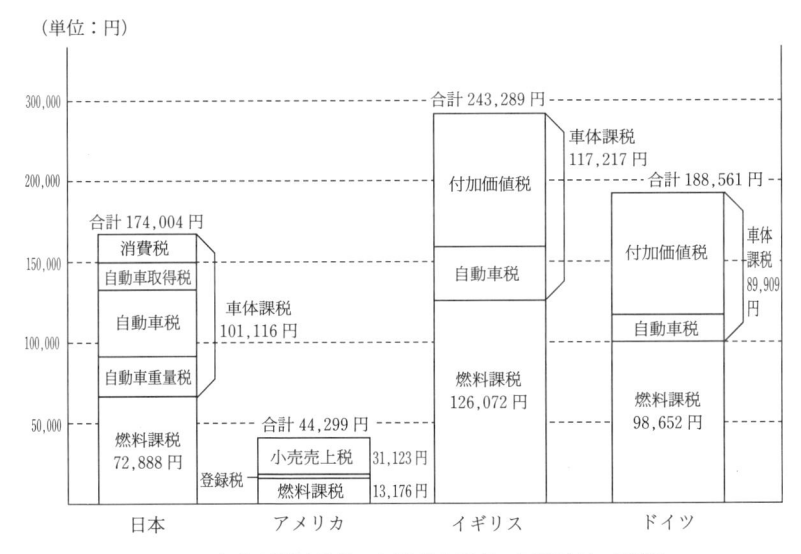

図9-5 自動車関係諸税の年間税負担額の国際比較（試算）

注1：2000 cc クラスの自家用乗用車の例、平成12年1月現在の税率。
 2：（前提）車両重量1.5トン、耐用年数6年、年間ガソリン消費量1,200 l。
 3：為替レートは、アメリカ1ドル＝112円、イギリス1ポンド＝180円、ドイツ1マルク＝60円を適用。
出所：政府税制調査会（2002）などから作成。

主に車の保有に対するコストとなるため、外部性の発生と深く関わる車の走行距離にはあまり影響を与えない。つまり、車体課税と燃料課税ともに極端に低いアメリカの例は別として、日本の自動車関連税体系は、欧州諸国に比べて車の走行を抑制するインセンティブが小さい構造となっている。

以下、揮発油税と石油ガス税が主な財源となっている道路整備特別会計予算の具体的な使い道を考察する[26]。表9-11と図9-6で示されているように、国が行う道路の新設および維持改修事業は、1980年代までは全体予算の約70％を占めていたが、その後徐々に縮小し2003年度には59.5％まで下がっている。地方道路整備臨時交付金は、地域の特色を生かした地方道路事業の推進を

---

[26] 2003年度予算では、揮発油税と石油ガス税の収入額は、道路整備特別会計予算の70.4％を占めている。

表 9-11　道路整備特別会計の事業項目別予算推移

(単位：億円)

	1970	1980	1990	2000	2002	2003
会計予算合計	6,445	21,357	32,335	41,983	46,159	39,872
道路整備事業等	4,480	14,945	19,824	24,209	26,556	23,739
道路沿線環境改善事業	−	−	−	508	1,284	985
道路交通安全等事業	180	1,068	1,688	2,718	4,487	4,132
交通安全施設	180	1,068	1,688	2,036	2,708	2,232
電線共同溝整備	−	−	−	610	960	934
まちづくり総合支援	−	−	−	50	150	200
その他	−	−	−	22	669	766
街路事業	1,397	4,474	3,492	2,273	2,779	1,912
地方道路整備臨時交付金	−	−	5,011	6,934	7,102	7,033
有料道路事業出資等	388	870	2,320	5,341	3,951	2,071

出所：財政調査会（各年度版）から作成。

目的に自治体に与えられており、毎年度、揮発油税収の一定割合がその財源として道路整備特別会計に繰入れられている。同交付金の財源は、1987年度までは揮発油税収の1/15に過ぎなかったが、1988年度からは1/4と大幅に拡充され、生活関連道路や地域のリゾートとの一体開発整備などに使われている。道路交通安全等事業は、歩道などの整備、交差点の改良など交通安全施設の拡充事業とともに、近年は安全な道路交通の確保や道路景観の確保を図るための電線共同溝整備事業などが加わり増加傾向にある。

その一方で、近年、道路沿線地域の環境問題が社会問題として浮き彫りになり、問題改善のための予算も1998年度から配分されるようになっている。この予算は、例えば大気汚染・騒音が環境基準を超えている道路沿線地域に、低騒音舗装の敷設など沿道環境の改善を行うための事業に配分されている。道路沿線環境改善関連の予算は、2000年度508億円（道路整備特別会計予算の1.2%）、2003年度985億円（同予算の2.5%）と金額面では少ないものの、増加傾向にある（表9-11および図9-6参照）。

以上で検討したように、交通燃料関連エネルギー税は、税収の殆んどが道路建設・整備に用いられてきたので、税収支出面では結果的に化石エネルギーの消費を促している。

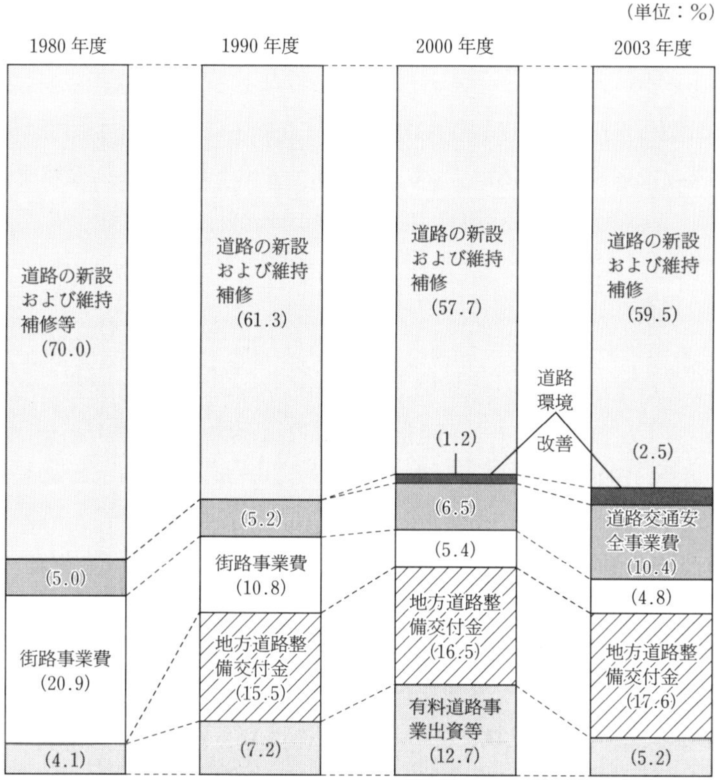

図 9-6　道路整備特別会計歳出予算の使途別構成比推移
出所：財政調査会（各年度版）から作成。

(3) 電源開発促進特別会計関連財源

電源開発促進税収が主な財源となる電源開発促進特別会計（以下、電特会計と略す）は、原子力発電を中心とした電源開発を促すことにより、長期的な電力の供給能力拡大に寄与してきた。すなわち電特会計は、石油依存度の高い電力供給構造を原子力に代替する性格を持っている[27]。2003年度予算で、電特会計の中で占める原子力発電関連予算の割合は約75％に達している。

27）電源開発促進会計の性格について詳しくは、清水（1991）参照。

特に電特会計のうち電源立地勘定の財源は、原子力発電所が立地する地域の経済・社会的発展を図るための補助金という名目で、原子力施設の受容性を高めるために用いられてきた。その結果、原子力発電の放射能流出や核廃棄物処理などに関わる、潜在的リスクを増大させてきたといえる。また電源の脱石油化を図るための電源利用勘定[28]も、核燃料サイクル開発や水力発電所建設などに用いられてきており、潜在的リスクや社会的費用の発生を引き起こしてきたといえる。

以下、電特会計予算の財源配分状況と推移についてより具体的に考察する。表9-12と図9-7で示されているように、原子力関連電源立地対策などにもっとも多くの財源が配分されており、会計の中で占める割合も持続的に増加している。ただし、核燃料サイクル開発機構が行う高速増殖炉の開発事業に与える補助予算は、1990年代半ばまで急速に伸びていたが、近年は高コストや安全性の問題などもあって停滞の傾向にある。

1980年代から原子力と水力発電開発促進の他に、太陽光発電、廃棄物発電、風力発電、地熱発電など新エネルギー開発・普及促進が加わることになった（表9-13および図9-7参照）。電源開発促進税収の使途のなかで、これらの新エネルギー開発・普及が占める割合は、1990年度13.3%から2000年度18.0%、2003年度には19.4%へと増えている。

電特会計の電源利用勘定は、二次エネルギー源（電力）として石油代替エネルギーの開発機能を持っている。これに比べ、石特会計の石油およびエネルギー需給高度化勘定は、一次エネルギー源として石油代替エネルギーの開発機能を持っている。したがって、ある意味ではこれら両勘定は分業関係にあるといえる。しかし、一次エネルギーと二次エネルギーの区別は本来困難であり、事実、両勘定の新エネルギー対策機能が強化されるにつれて、会計間のその機能が重複する問題も近年発生している。最近は、電源開発促進税の税率引き下げに伴い（表9-4参照）、電特会計の電源利用勘定への配分額が圧縮される一

---

28) 電源利用勘定は、石油代替エネルギー開発を促す目的の一環として、1980年に行われた電源開発促進対策特別会計法の改正により設置されており、2003年度に従来の電源多様化勘定から改称された。

第9章 日本のエネルギー税と特定財源 219

表 9-12 電源開発促進特別会計歳出予算の使途推移

(単位：億円)

	1975	1980	1985	1990	1995	2000	2002	2003
電特会計歳出予算合計	305	1,426	2,480	3,652	4,526	4,680	4,927	4,855
電源立地勘定	305	599	892	1,631	2,223	2,282	2,446	2,507
原子力関連電源立地対策等	305	599	853	1,571	2,160	2,218	2,381	2,439
その他	−	−	39	60	63	64	65	68
電源利用勘定	−	827	1,588	2,021	2,303	2,398	2,481	2,348
原子力発電開発	−	54	280	372	402	370	365	264
核燃料サイクル研究関連	−	397	720	919	1,031	1,012	1,028	1,009
新エネルギー発電関連	−	233	332	487	656	844	1,006	940
水力および火力発電・その他	−	143	256	243	214	172	82	135

注：表9-2の電源開発促進税収と電特会計の歳出予算が一致しないのは、前年度会計歳出予算からの多額の余剰金受入などの存在のためである。
出所：財政調査会（各年度版）から作成。

(単位：構成比、%)

	1980年度	1990年度	2000年度	2003年度
電源立地勘定	(42.0)	(44.7)	(48.8)	(51.6)
電源利用勘定 新エネルギー	(16.3)	(13.3)	(18.0)	(19.4)
電源利用勘定 核燃料サイクル	(27.8)	(25.1)	(21.6)	(20.8)
電源利用勘定 その他	(13.9)	(16.9)	(11.6)	(8.2)

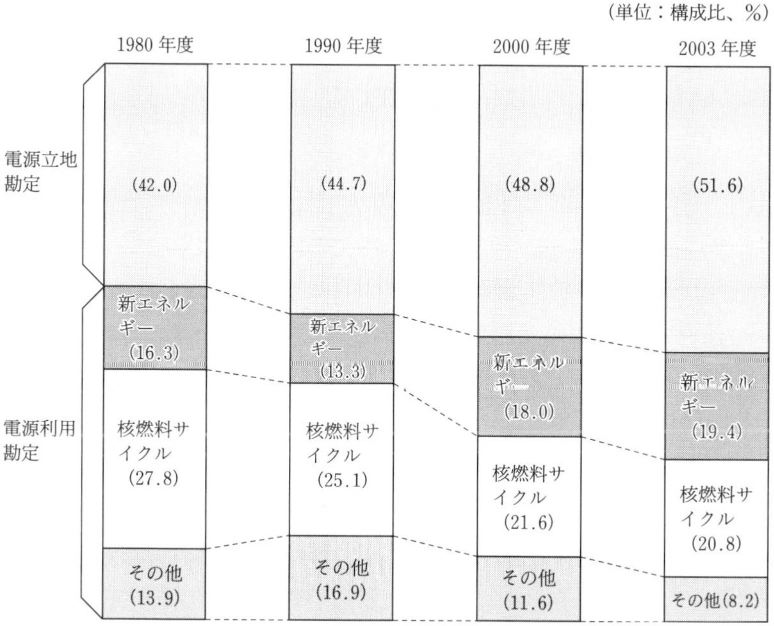

図 9-7 電源開発促進特別会計の使途別構成比推移
出所：財政調査会（各年度版）から作成。

表 9-13 電源利用勘定予算の使途推移

(単位：億円)

	1980	1990	2000	2002	2003
電源利用勘定合計	827	2,021	2,398	2,481	2,348
原子力発電開発	54	372	370	365	264
使用済み核燃料再処理技術関連	20	27	37	29	20
原子力発電施設等安全技術対策委託費	16	27	30	103	65
軽水炉等改良技術確証試験等委託費	−	215	179	112	68
放射能廃棄物処分基準調査等委託費	−	17	90	60	52
ウラン濃縮技術確立費等補助金	9	33	4	17	18
原子力発電関連技術開発費補助金	9	13	13	27	25
その他	−	40	17	17	16
核燃料サイクル関連	397	919	1,012	1,028	1,009
新エネルギー発電関連	233	487	844	1,006	764
地熱発電開発導入促進対策費	107	133	76	60	34
太陽エネルギー等技術開発費補助金	115	298	301	220	138
地域エネルギー等技術開発費補助金	−	21	342	611	481
廃棄物発電開発補助金	−	−	39	22	12
風力発電開発導入促進対策費補助金	−	−	38	11	61
石炭火力発電天然ガス化転換補助金	−	−	−	20	25
NEDO 事務費等経費	10	17	31	26	13
その他	1	18	17	36	−
独立行政法人 NEDO 運営費	−	−	−	−	176
独立行政法人原子力安全基盤機構運営費	−	−	−	−	46
水力及び火力発電	125	193	94	44	61
水力発電開発導入促進対策費	22	46	83	40	45
石炭火力発電開発導入促進対策費	103	147	11	4	16
その他	18	50	78	38	28

出所：財政調査会（各年度版）から作成。

方で、石油石炭税による石炭への課税分を石特会計の新エネルギー対策財源へ用いるなど、新エネルギー対策機能を石特会計へ移管しようとする動きがある[29]。

以上の考察を踏まえて、3つのエネルギー税の性格を確認しておこう。電源

---

29) 電源開発促進税は、1997年の税率改定により、1kWh当たり0.445円のうち電源立地勘定には0.190円、電源利用勘定には0.255円が配分された。また電源開発促進税は2003年の税率改定の結果0.425円/kWhに変更されており、勘定別配分は、電源立地勘定がそのまま0.190円、電源多様化勘定が0.02円下がった0.235円となっている。

開発促進税はおおむね根拠②に符合している。しかし、電源開発促進税の財源の80％近くは、これまで放射能の潜在的リスクの大きい原子力発電の開発に用いられており、環境にクリーンな新エネルギー発電の開発は未だ20％にも達していない。したがってその実質において、電源開発促進税も、すでに検討した石油石炭税および交通燃料関

表9-14 再生可能エネルギー導入の国際比較
(単位：％)

	2000	2010（目標）
日　　本	4.8	7.0
EU 平均	5.3	11.6
韓　　国	1.0	5.0
米　　国	5.4	6.9

注1：数値は、一次エネルギー総供給量に占める再生可能なエネルギー供給量の割合である。
　2：再生可能エネルギーは、太陽・風力・地熱・バイオマスなど新エネルギーに水力エネルギーを加えたものである。
　3：米国およびEU平均は、実績は1999年の数値である。
出所：国際エネルギー機構（IEA）(2003)、資源エネルギー庁、環境エネルギー政策研究所、そして韓国の産業資源部の関連資料（2004）から作成。

連税と同様に、エネルギー税制のサステナビリティの条件である根拠①～③を同時に満たしている税とは言い難い。実際に日本では、エネルギー・サステナビリティの確保のバロメータともいえる再生可能なエネルギーの導入も、EUに比べて遅れている（表9-14参照）。

5　エネルギー税制のサステナビリティ改革構想

(1) 使途と課税の統合的サステナビリティ改革

これまでの考察から日本のエネルギー税制は，特にその税収の支出面においてエネルギー消費を刺激し、エネルギー利用に伴う外部性を助長してきた側面のある財源調達型税制であることが明らかとなった。では、日本のエネルギー税制が、エネルギー消費の持続可能性と環境保全を配慮するサステナブル税制へ変革されていくための条件と課題は何だろうか。

まず、そのための方策の1つは、特定財源の確保を目的とした既存エネルギー税の税収を、エネルギー消費の持続可能性の確保を中心とする用途へ積極的に用いることである。その一方で、既存エネルギー税の一部に、エネルギー利用に伴う外部性の内部化の機能をも与えることである。すなわち課税と使途

（歳出）の統合的改革によりエネルギー税制のサステナビリティ機能を高めることである。図9-2で見れば、既存エネルギー税 t_0 のうち t_1 に当たる部分の環境税機能を明らかにすることである。

しかし、既存のエネルギー税に単なる環境税の機能を与えたとしても、エネルギー・サステナビリティの確保にただちに繋がるとは限らない。エネルギーは、少なくとも短期においては、需要の価格弾力性がかなり低い財であり[30]、この場合、税率調整だけでまずエネルギー消費の節約を誘導するためには、相当の高率の課税が必要となる。しかし高率の課税は、エネルギーの利用・販売関連企業だけでなく一般消費者にも大きな負担を与えかねないため、その実現は政治的にもかなり困難である。したがって、低率の課税およびその税収のエネルギー・サステナビリティ確保への使途指定は、国民経済にさほど影響を与えることもなく、税制のサステナビリティ機能を高める選択肢となりうる。そこで、図9-2の t_1 に当たる税収を、環境にクリーンなエネルギーの開発などエネルギー・サステナビリティの確保を図る財源として、機能を高めていくことが求められる。

以上の考察は、図9-8を使って次のようにまとめられる。曲線 S_1 は、図9-2でも示したようにエネルギー供給の私的限界費用（S_2）に対し、エネルギー税の中で本来エネルギー関連産業が負担すべきエネルギー・セキュリティ確保などのための費用分（t_2）を上乗せした、真の意味でのエネルギーの私的供給曲線である。D_0 をエネルギー需要曲線だとすると、エネルギー消費量とエネルギー消費による汚染水準は Q_1 となる。

また、t_1 をエネルギー税の中でのエネルギー利用に伴う外部性の内部化を果たしている分だとすると、エネルギーの社会的供給曲線は、私的供給曲線 S_1 に社会的費用分（t_1 に等しい）が上乗せされた S_0 になる。このとき、t_1 により汚染水準は Q_1 から Q_0 に抑えられたと見なされる。ここで、目標とするエ

30）例えば Yokoyama, A. et al.（2000）による交通燃料の価格弾力性推定では、ガソリンが0.2008、特に軽油の場合0.0424と非常に非弾力的な値が報告されている。また、OECD（2001）の Meta-Analyses and Surveys によるガソリンの価格弾力性（平均値）の推計値では、短期においては0.26、長期においては0.58であることが示されている。

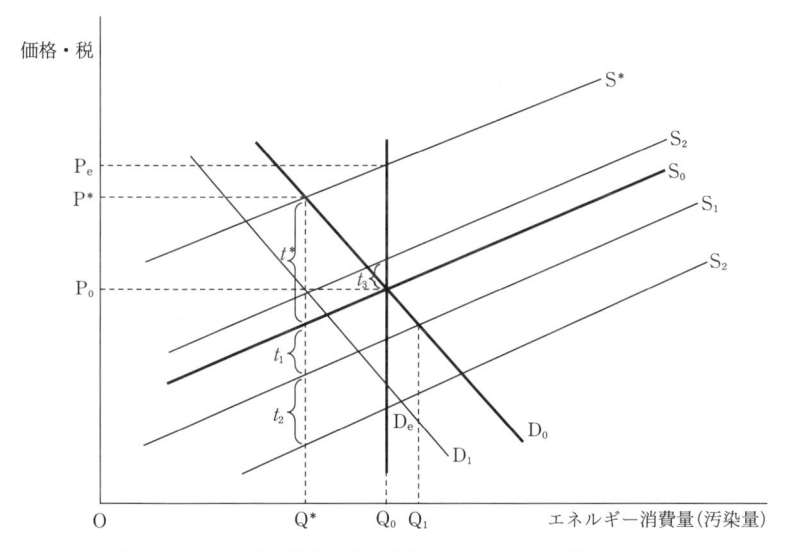

図 9-8　エネルギー消費の社会的費用とエネルギー税（その 2）

ネルギー消費量と汚染水準を Q^* に設定したとする。税的手法により Q^* に抑えるためには、ボーモル・オーツ的発想の新税 t^* の創設が必要となる。ただし、新税の創設は、エネルギー価格を P_0 から P^* へ上昇させるので容易なことではない。

　エネルギー需要の価格弾力性が、非弾力的である極端なケースを想定しよう。この時、エネルギーの需要曲線は D_e で表される。この需要曲線の下で高率の新税 t^* が課税されると、エネルギー価格は P^* よりさらに上昇し、P_e となる。しかもエネルギー消費量と汚染水準は Q_0 に留まり、新税導入以前に比べて変わらない。すなわち、エネルギー需要の価格弾力性が非弾力的である場合には、新税が導入されても、エネルギー価格が上昇するだけで目標とするエネルギー消費量と汚染水準は達成され難い。これは、新税の導入により外部性の内部化（すなわち社会的効率性の達成）が図られるものの、エネルギー・サステナビリティの確保は困難であることを意味する。

　この考察から明らかなことは、エネルギー税（図 9-8 で、t_1 もしくは t^*）の

表 9-15 既存エネルギー税のサステナブル機能（2003 年度予算および税率基準）

	石油石炭税	交通燃料関連税	電源開発促進税
エネルギー税率（平均）(A)[1]	2.04 円/l	47.8 円/l	0.425 円/kWh
エネルギー税収入計（B）	4,500 億円	4 兆 3,478 億円	3,685 億円
税収のうちサステナブル財源（C)[2]	2,253 億円	985 億円	940 億円
サステナブル財源の割合（C/B%）	50.1	2.3	25.5
既存エネルギー税率のうちサステナブル機能関連税率（A×C/B）	1.02 円/l	1.1 円/l	0.108 円/kWh

注1：交通燃料関連税率は、石油ガス税、ガソリン税、軽油引取税（航空機燃料税を除く）の平均税率である。
　2：ここで示されているサステナブル財源は、石油石炭税財源の場合、省エネルギーおよび新エネルギー対策、そして天然ガス利用促進対策財源の合計、交通燃料関連税財源（航空機燃料税財源を除く）の場合、道路沿線環境対策財源（2003 年度予算）、電源開発促進税財源の場合、新エネルギー発電対策関連財源（原子力発電開発関連財源を除く）の、それぞれの予算額とみなしている。

　主な目的が前者（外部性の内部化）にあるか、それとも後者（エネルギー・サステナビリティの確保）にあるかを明確にする必要がある、という点である。これらの税の主な目的が後者にあるならば、税収をエネルギー・サステナビリティの確保を中心とした用途に活用するという選択肢が残る。図9-8で t_1 の税収だけでは、Q^* の達成が難しい場合、既存エネルギー税 t_2 の税収の一部[31]もしくは低率の新税 t_3 の導入とその税収のエネルギー・サステナビリティの確保への追加的活用が一つの選択肢となる。これらの税収が、技術革新能力のある事業者への補助金などの環境対策に用いられ、その結果既存エネルギーに対する需要曲線が、D_0 から D_1 へシフトする水準まで省エネルギーや再生可能なエネルギーの開発・普及が進めば、エネルギー価格の上昇なしに Q^* の達成とエネルギー・サステナビリティを図ることが可能となりうる。

　一方、既存エネルギー税のうち、実際にサステナブル税に当たる部分は、表 9-15 のように試算できる。表 9-15 では、石油石炭税のサステナブル機能として税率 2.04 円/l のうち 1.02 円/l、自動車燃料関連税では平均税率 47.8 円/l のうち 1.1 円/l、電源開発促進税は税率 0.425 円/kWh のうち 0.108 円/kWh がこれに相当することが示されている。この表からも明らかなように、石油石

---

31) すなわち既存エネルギー税収のなかで、既存エネルギー産業支援や道路整備建設財源の一部を意味する。

炭税および電源開発促進税のサステナブル機能が近年進んでいるものの、交通燃料関連税のそれは税率の2.3％にすぎないことも看取することができる。

(2) サステナブル会計の創設とエネルギー税制の再構築

エネルギー税制のもう1つのサステナビリティ構想は、当面は現在3つの特別会計に分散されている既存のエネルギー特定財源の中の省エネルギーや新エネルギー対策などエネルギー・サステナビリティ機能を有する財源について、統合的に管理・運営する別途の会計を創設することである。この時、問題は特別会計の設置が一般に資源の適正な配分を歪め、また財政運営の硬直性を招きかねないので望ましくないとされる点である。したがって、既存エネルギー税の一部であれ、それらの税収を別途の会計を用いて特定財源化することについては、議論の余地はある。

しかし、日本に37ある特別会計のうち、エネルギー・サステナビリティの確保を専門とする会計はまだ存在していない。そのうえ道路整備特別会計をはじめ治水特別会計、港湾整備特別会計など公共事業と関連した既存の特別会計は、エネルギー・サステナビリティや環境保全を重視した事業の実施を図る仕組みとなっていない。エネルギー税制の見直しとエネルギー・サステナビリティの確保を専門とする、例えば「サステナブル会計（仮称）」設置の制度設計は、国全体の行財政システムのサステナビリティを促す契機にもなる。図9-9および図9-10のように既存エネルギー特定財源の一部と、そして今後導入が見込まれる特定外部費用の内部化を図るための環境対策関連税[32]の財源を統合化し、エネルギー・サステナビリティの確保機能効果を高めることは、財源の効率的運営にも役に立つものである。

それによって、エネルギー・サステナビリティ確保を中心とする環境対策全

---

32) 例としては、環境省や経済産業省を中心に、2005年以後の導入が検討されている温暖化対策税などが挙げられる。温暖化対策税の構想は、既存のエネルギー税を活用するものであるか、もしくは全く新しい形の新税になるかは明確ではない。また、温暖化対策税の税率や仕組みについても、より精緻な検討作業が行われる必要がある。ただし、これらは本章の範囲を越える課題である。

図 9-9　エネルギー税および財源の性格

(図中テキスト)
- 既存エネルギー税
- 温暖化対策税など
- エネルギー税の性格
- 特定財源の調達機能
- エネルギー利用に伴う外部性の内部化機能
- 特定外部費用の内部化機能（地球温暖化等）
- 受益者負担原則
- 汚染者負担原則等
- エネルギー税財源の性格
- 既存特定財源
- エネルギー・サステナビリティ確保を中心とした環境対策財源
- 石特会計・道路整備特会計・電特会計
- 「サステナブル会計（仮称）」

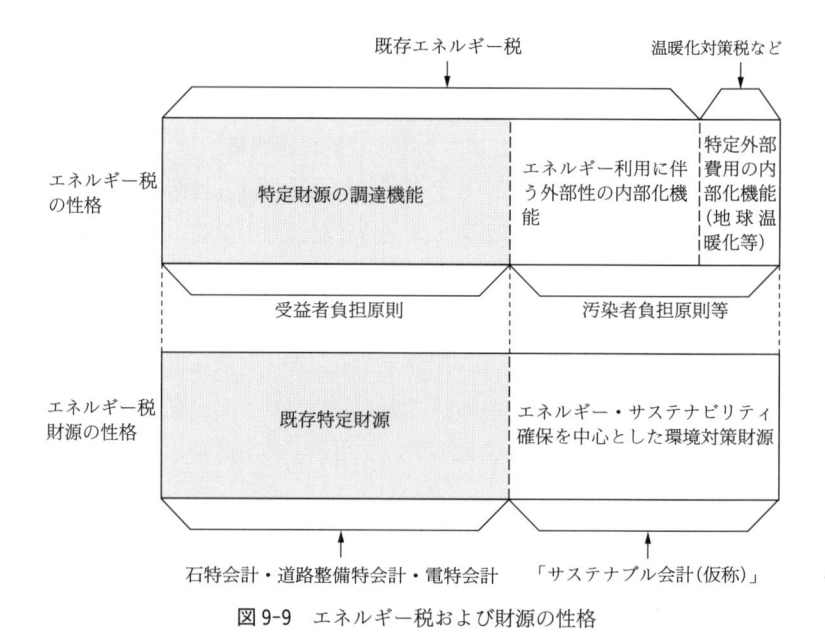

般への柔軟な活用も可能となる[33]。また、サステナブル会計の管理運用においては、既存の担当行政に、環境保全を専門とする行政（すなわち環境省）が加われば、特別会計のエネルギー・サステナビリティ確保機能は高められるはずである。

　以上で考察された3つのエネルギー税における、エネルギー・サステナビリティ確保に向けた改革方向について検討する。

---

33) エネルギー特定財源の場合、現行では、石特会計及び電特会計は経済産業省、そして道路整備特別会計は国土交通省の所管予算となっている。また、電特会計のうち核燃料サイクル関連予算は文部科学省所管である。これらの特定財源の一部からなる「サステナブル会計（仮称）」は、現行の担当行政に加えて、環境関連主務省である環境省が共同で運営する方策が考えられる。例えば、「サステナブル会計（仮称）」の形式的所管は、同会計に最も多くの財源を出している省を当て、実質的運営は関連省庁の合意制とする方法などが考えられる。実際にも2004年度から石特会計の省エネルギーや新エネルギー関連財源の一部運営に、環境省が参画するなどエネルギー特定財源の共同管理が進められている。

第9章　日本のエネルギー税と特定財源　227

既存税	新税	既存財源	サステナブル財源	新設会計	主な使途
石油石炭税		石油およびエネルギー需給高度化対策特別会計	エネルギー需給高度化対策財源（2,353億円）	サステナブル会計（仮称）	エネルギー・サステナビリティ確保対策
揮発油税		道路整備特別会計等道路特定財源	自動車燃料税の20%（8,696億円）	自動車燃料税収の一部	地域環境対策
石油ガス税					
地方道路税					
軽油引取税				1兆3,397億円	エネルギー・サステナビリティ確保対策
電源開発促進税		電源開発促進対策特別会計	電源利用勘定（2,348億円）		
	温暖化対策税			地球温暖化対策税財源	地球温暖化対策
	環境関連税・賦課金等				

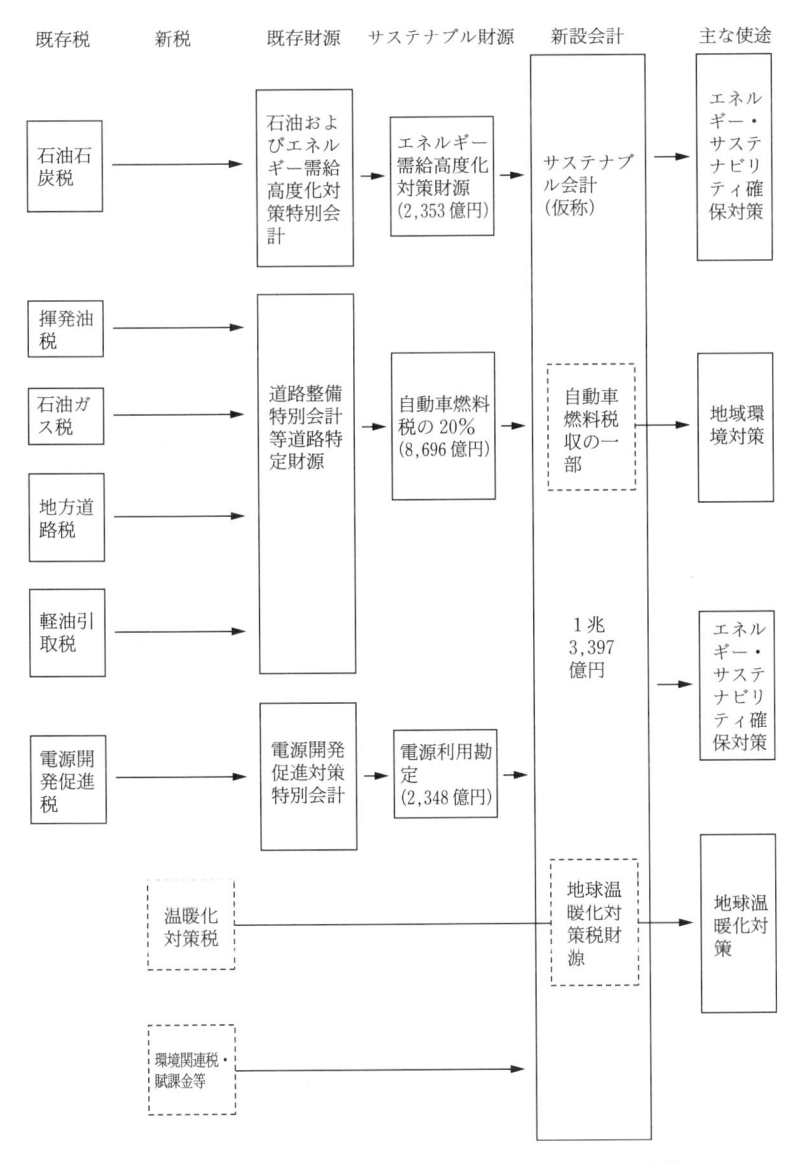

図 9-10　エネルギー税および特定財源のサステナビリティ化構想
注：金額は、2003年度予算基準。

第1に、石油石炭税には、既存のエネルギー・セキュリティ確保機能とともにエネルギー・サステナビリティ確保機能をも明示的に与えるのが望ましい。

この目的のため、エネルギー・サステナビリティ関連税収は石特会計のエネルギー需給高度化勘定から分離し、「サステナブル会計（仮称）」の財源として用いる。すなわち既存の石特会計は、石油資源のセキュリティ確保のための財源として専門化させる。現在、主に省エネルギーや代替エネルギー開発対策に用いられているエネルギー需給高度化勘定は、「サステナブル会計（仮称）」の財源として、エネルギー・サステナビリティ確保の用途に活用することが整合的である。中長期的には、民間の商業ベースで行ったほうが効率的であるともいわれている油田開発など石油セキュリティ関連財源の削減分（図9-2と図9-8のt_2の税収の一部）もサステナブル会計に繰り入れ、エネルギー・サステナビリティ対策財源を増やしていく必要がある。

第2に、電源開発促進税にはエネルギー・サステナビリティの確保のための税としての性格を持たせる。もちろん発電の燃料となる化石エネルギーには上流部門で石油石炭税が課税されているので、電源開発促進税にエネルギー・サステナビリティ機能を与えることは二重課税の問題が生じる。しかし、原子力発電や火力発電の利用による社会的費用の内部化機能がなく、また石油石炭税のエネルギー・サステナビリティ確保機能が不十分である現状に鑑みれば、電源開発促進税が、エネルギー・サステナビリティ関連の財源として用いられるのは望ましいといえる。表9-16で示されているように、太陽光発電や風力発電など日本の新エネルギー関連発電の導入目標は、先進国の中ではもちろん世界的に見ても低い水準である。エネルギー・サステナビリティの確保のためには、こうした新エネルギー関連部門に財源の配分をより積極的に行う必要性は十分ある。

具体的な改革案として、当分は電源開発促進税の財源のうち電源利用勘定財源をエネルギー・サステナビリティの確保機能として見なし、電特会計から分離し、上記の「サステナブル会計（仮称）」の財源とする。その一方で電特会計を、電力の安定供給対策として、電源立地対策機能に専門化させる。現在、地域住民の反対などで電源立地開発が進まないこともあって、電源立地勘定

表 9-16　各国の新エネルギー発電¹ 導入目標

(単位：％、総発電量に占める構成比)

世界 (2010)	日本 (2010)		韓国 (2010)	EU				米国（カリフォ ルニア州） (2017)
				デンマーク (2010)	イギリス (2010)	ドイツ (2010)	EU 平均 (2010)	
2.6	1.4	3.6	2.0	29.0	9.3	10.3	12.5	20.0

注1：太陽、風力、地熱、バイオマスなど（水力を除く）関連発電である。
　2：（　）内は、導入目標年である。
　3：日本の場合、左の数値（1.4）は現行対策維持ケース、右の数値（3.6）は目標ケースである。
出所：国際エネルギー機構（IEA）(2003)、資源エネルギー庁、環境エネルギー政策研究所、そして韓国の産業
　　　資源部の関連資料（2004）から作成。

表 9-17　電源開発促進特別会計の歳入予算推移

(単位：億円)

	1975	1980	1985	1990	1995	2000	2002
電特会計歳入合計	305	1,426	2,480	3,652	4,526	4,680	4,927
電源立地勘定	305	599	892	1,631	2,223	2,282	2,446
電源開発促進税	305	392	806	1,017	1,205	1,579	1,608
前年度余剰金	0	207	80	595	988	702	838
その他	0	0	6	19	30	1	0
電源利用勘定	―	827	1,588	2,021	2,303	2,398	2,481
電源開発促進税	―	827	1,436	1,812	2,147	2,120	2,159
前年度余剰金	―	0	152	208	151	275	317
その他	―	0	0	1	5	3	5

出所：財政調査会（各年度版）から作成。

は、毎年多額の繰り越し金が発生している（表9-17参照）。これらの繰り越し金を「サステナブル会計（仮称）」の財源に振り向け、クリーンエネルギー開発を中心としたエネルギー・サステナビリティの確保財源として積極的に用いる方途も検討すべきである。

第3に、交通燃料関連税制のサステナビリティ問題について考えてみよう。ガソリンや軽油などの交通燃料には、燃料課税のうえに、原油の段階で既に石油石炭税が課税されているため、電源開発促進税と同じく二重課税の問題が生じている。一般環境税の性格であれ、炭素税のように個別環境税であれ、交通燃料に新たに環境関連の税が課されることについて、特に石油関連業界を中心に大きな抵抗がある。しかし、交通燃料関連税を財源とした道路建設と車の普及拡大は、化石エネルギーの消費促進はいうまでもなく、自然生態系や景観・

農林業の損傷、そして道路沿線の住民に対する振動、騒音、排気ガスの発生という局地的な環境破壊、さらに温室効果ガスによる地球規模的な環境問題の主な要因ともなっている。

例えば児山・岸本（2001）によれば、日本における自動車交通の社会的費用（外部費用）は、総額で年間19兆7455億円（低位推計）〜60兆3689億円（高位推計）、国内総生産（GDP）の4.0〜12.3％にのぼると推計されている[34]。事実、いくつかの道路訴訟（大阪の西淀川（1978年）、川崎（1982年）、尼崎（1988年））などの例から見られるように、自動車排ガスや騒音などによる外部費用の増加問題は、以前より大きく社会問題化している。交通燃料関連税収の一部にエネルギー・サステナビリティの確保を中心とした環境保全機能を与えることは、交通燃料消費の膨大な外部費用を考慮すると正当であり、エネルギー税制のサステナビリティ化の促進にも貢献できる。

その方策として、例えば既存自動車燃料税の20％に当たる9.56円/l（2003年度予算基準8,696億円相当：図9-8のt_1の税収に当たる分）の税収をエネルギー・サステナビリティの確保を中心とした環境対策財源として「サステナブル会計（仮称）」に繰り入れる[35]。ただし、その一定割合の財源は自治体へ交付し、各自治体の道路環境改善、公共交通機関の整備、低公害車やクリーンエネルギー利用車の普及拡大[36]、そして地域型環境産業育成のための補助金など

---

[34] この推計では、大気汚染の健康影響、地球温暖化、騒音、交通事故（未払い分は差し引く）、道路整備費（自動車ユーザーによる非分担分）、交通混雑（時間損失分）が計上されている。

[35] ガソリン税は、基本税率は28.7円/lであるものの、1979年から基本税率に25.1円が上乗せされ、総計で53.8円/lの暫定税率が適用されている。最近では、この上乗せ部分を環境税に振り替えるべきであるという意見も出ている（政府税制調査会（2002）参照）。

[36] 2001年4月に導入された自動車税制のグリーン化政策は、低公害車などの普及拡大に一定の効果があったと評価されている。例えば、国土交通省によれば、2002年度の低公害車やクリーンエネルギー自動車の新規登録台数は、前年同期比から156.9％伸びているという。ただし、同税制は、財源確保上の難点などにより、2003年4月から大幅に縮小されている。道路特定財源の一部を低公害車などの普及拡大のための財源として積極的に用いれば、第1章で考察したように消費者向け環境税プラス環境補助金のポリシー・ミックスの一つの例とみなすことができる。

の財源として活用する方法も考えられる。交通燃料関連税を中心とした道路特定財源は、そもそも応益負担の性格をもっている地方税として活用されることが望ましい。交通燃料関連税の一部を地域の環境対策財源として活用することは、税源運営の硬直化の是正に寄与する一方、地域の特殊性を生かした環境保全対策にも貢献できる。

日本のガソリン価格の税負担率[37] 57.0%は、欧州諸国の 71.0%（イギリス、ノルウェー、オランダなど 11 カ国平均）と比較すると、かなり低い水準である。したがって日本では、欧州諸国の水準から見れば、石油石炭税分約 2 %が加わることを考慮しても、既存の交通燃料税収にエネルギー・サステナビリティの確保を目的とする機能を新たに与える余地はあるといえる。

一方、炭素税が導入された場合、その税収を一般財源化すべきか、それとも環境保全のため特定財源化すべきかについての議論も起こりうる。交通燃料や熱利用燃料などに高率の炭素税が課されることは、国民経済に大きな負担となるため現実的ではない。また高率の炭素税の場合税収が大きくなり、巨額な税収を特定目的だけに使用してもよいのかという問題が生じる。

しかし既に述べたように、炭素税の導入目的が、単なる外部性の内部化だけでなく、二酸化炭素の実質的な排出抑制にあるならば、低率の炭素税プラス補助金のポリシー・ミックスが現実に受け入れやすい代案といえよう[38]。これは、地球温暖化対策の効果が高いと評価されている。この場合、炭素税の税収は「サステナブル会計（仮称）」の財源として一元的に管理され、地球温暖化対策のための補助金として活用する方法が妥当であろう。図 9-10 のエネルギー税制のサステナビリティ化構想は、以上の議論をまとめたものであり、既存エネルギー税制をエネルギー・サステナビリティ確保に向けた税制へと再構築していくための試みといえよう。

---

37) 日本の場合は揮発油税＋地方道路税＋消費税、欧州の場合は個別物品税＋付加価値税で算定される（詳しくは IEA（2003）参照）。
38) これに関連する議論としては、環境に係る税・課徴金等の経済的手法研究会（1997）、中央環境審議会（2003）など参照。

6 おわりに

　本章では、エネルギー利用による膨大な負の外部性の内部化とともに、エネルギー・サステナビリティ実現のための方策を模索してきた。その現実的な解決策の一つとして、既存エネルギー税に対するエネルギー・サステナビリティ確保機能の明確化と、その税財源を用いた「サステナブル会計（仮称）」の設立、すなわちエネルギー税制のサステナビリティ改革構想を提唱した。また、この構想が、目的税（もしくは特定財源）として曖昧な位置に置かれたエネルギー税体系を再構築する意義を持ち、また、現状の予算制度の中で十分に実現可能である点も検討してきた。ただし、本章で行った分析には、以下のようないくつかの課題が残っている。

　第一に、本章の主な分析の対象となった既存エネルギー税と、政府が導入を検討している温暖化対策税との関係である。温暖化対策税は、既存エネルギー税の一部として組み込まれるか、それとも新税として創設されるかはまだ結論を見ていないが、導入のされ方によってはこれが本章で示したエネルギー・サステナビリティの確保を目的とする税と重複することもありうる。

　しかし、本章のエネルギー税制改革は、政府が検討している地球温暖化対策税とは意味が異なる点に注意されたい。その理由は、政府のそれは二酸化炭素という特殊な外部性を緊急に抑制するための個別環境税的性格を持つという点に求められる。例えば、軽油車からの浮遊粒子状物質（SPM）による健康障害など外部性が大きな社会的問題になる場合、浮遊粒子状物質を抑制するための個別環境税の創設が検討されよう。エネルギー関連環境税を導入する際には、エネルギー・サステナビリティの確保とエネルギー利用による広範な外部性の制御を中心とするのか、あるいは、特殊な外部性の制御を中心とするのか、この2つの性格を区別しておくことが、税の性格を明確にする意味でも必要とされる。

　第二に、エネルギー利用における社会的費用の客観的な測定に関する問題がある。本章では、既存のエネルギー税を財源とする特定の使途の中で、新エネ

ルギーなど環境対策財源の割合をサステナビリティ機能をもつものと見なした。こうした判断は、幾分恣意的であるかもしれない。既存エネルギー税からエネルギー・サステナビリティ機能を仕分けする方法に関して客観性を確保するためには、エネルギー利用の社会的費用やエネルギー需給の長期予測に関する精緻な定量的分析作業が必要となる。

　第三に、既存エネルギー税が減・免税もしくは還付されているエネルギー資源の取り扱いに関する問題がある。既存エネルギー税制の税率体系は、石油や運輸関連産業支援のために歪められた構造となっている。例えば、産業原料および燃料として利用する際の石油石炭税の払い戻し問題[39]、交通燃料関連税におけるガソリンと軽油など油種間の税率格差などがそれである。日本の石油関連産業が厳しい国際競争にさらされていることを考慮すれば、原料用途の石油に対して環境税を賦課するなどの税率体系の調整は慎重に進める必要はある。しかし石油関連製品のライフサイクル的な環境負荷、そしてガソリンより低率課税されている軽油の消費促進と社会的費用などを考慮すると、今後長期的な観点からは税率体系を歪めないように調整していく必要がある。

　本章では、現在3つの特定財源の中に混在している、省エネルギーや新エネルギー開発・普及など環境対策機能を持つ関連財源について考察し、それらを統合・管理するサステナブル会計の創設を提案してきた。また、この会計の運用管理においては、環境保全を専門とする行政が加わるべきであることも指摘した。もちろん、サステナブル会計の創設は、それをだれが管理するかという管理主体の問題をめぐって、既存省庁間の利害対立を引き起こすかもしれない。

　しかし、今日のエネルギー環境問題は多様化、複雑化が進んでおり、その解決のためには政策領域間の調整や横断的な取り組みは必要不可欠である。エネルギー環境政策はエネルギー政策、交通政策、産業政策、科学技術政策、貿易政策、地域・国土政策など複数の政策の統合化が進むことによって効果が発揮

---

39) ヨーロッパ諸国でも産業用エネルギーに対しては日本と類似の軽減税率や税額減免措置が採用されているものの、こうした制度は特定の部門を優遇する実質的補助金としてエネルギー税制システムを歪める要因となっている。

される[40]。こうした意味でサステナブル会計は、個別の省庁の利益のためのものではなく、今後エネルギー・サステナビリティの確保のための政策統合を進める主体として機能していくことが求められる。

---

40) 植田（2002）118〜120ページ参照。

おわりに

　本書の目的は、一言でいえば、これまでの研究では十分な考察が行われてこなかった環境補助金の役割を再評価することであった。その分析に際して、特に理論的分析と歴史的・実証的分析のバランスに配慮した。具体的には、日本、韓国両国で行われた環境政策の実例を取り上げた。その際、政策金融、租税優遇措置、環境規制、技術開発補助金、消費者向け補助金、環境予算、環境賦課金、そしてエネルギー税などの個別の環境政策の検討を通じて、いかなる政策がどういう条件のもとであれば、汚染原因者に環境配慮をより有効に動機付けることができるかを考察した。その解明にある程度成功したと自負している。

　本書の研究成果を踏まえて、最後に今後の研究課題について若干触れておきたい。

　まず、本書の中でも記述したが、環境補助金の支給対象は必ずしも生産者だけに限る必要はない点に注意すべきである。環境補助金の目的が環境の保全・改善の促進にあるならば、これに画期的に貢献しうる商品の普及を目的とした、消費者向け補助金もありうる。このタイプの環境補助金は、市場のグリーン化を刺激し、一般市民のライフスタイルを変革させる刺激剤となる。本書では十分には検討できなかったが、これらの補助金が持ちうる環境改善インセンティブ機能や政治経済学的性格を検討することの意義は大きいと思われる。

　次に、環境対策関連費用の負担問題が残っている。すなわち、環境補助金も税も、政策の執行には必ず経済主体の費用負担の問題が発生する。各経済主体が、予算制約の下で環境対策費用をどういう原理に基づき、いかなる制度的仕組みで負担すべきかという問題は、公共政策における大きな課題の１つでもある。

　現実の環境問題は、歴史的には過去の産業公害問題から生活型公害問題、地球規模的環境問題に至るまで、そして類型的には生産過程で発生する汚染問題

から消費後の製品処理過程で発生する汚染問題、そして過去からの蓄積性汚染問題に至るまで多様化しており、実際OECDの提唱した汚染者負担原則や拡大生産者責任原則の適用だけでは対応できない範囲にまで拡大している。環境対策費用の負担問題には、汚染者負担原則以外にも政策対象部門の公共性、そして社会構成員の環境意識や環境倫理問題までも複雑に絡んでいる。これについての公正なルールや社会的合意形成に関する具体的な検討は大変に重要であるが、本書ではあまり触れることがなかった。今後の研究課題としたい。

最後に、第8章のテーマである韓国の環境賦課金制度は、数次にわたる料率改正や賦課対象物質の拡大などを通じて、当初の財源調達目的に加えて汚染抑制インセンティブ機能も幾分働くようになり、現在は韓国の中心的な環境政策手段の1つとして定着している。しかし、本書での考察は賦課金制度の運営メカニズムに関する制度分析や、賦課金が抱えているいくつかの課題を指摘する水準に留まった。韓国の環境賦課金制度が、今後さらに有効な制度へと進化するための条件と課題を明確にするためには、ケーススタディによるミクロ経済学的分析、導入背景や実際の運営に関する政治経済学的考察など、多面的な分析を行う必要がある。これらの検討も今後の課題としたい。

一方、補助金はどういうタイプのものであれ、政策当局が恣意的に資源を再分配する機能を持つ。環境部門において補助金制度が正当化されるためには、補助金支給対象の公共性や、分配上の問題に関する国民的な合意形成が必要である。したがって、国民的な合意を得るためには、環境補助金の費用と便益の大きさとその帰属を明確に開示し、幅広い議論が行われる必要があることはいうまでもない。

初出一覧

本書は、京都大学大学院経済学研究科に提出した博士論文を修正・補完、発展させたものである。その際に学術誌や学内紀要などで既発表の論文、および学会やワークショップなどでの報告原稿をもとに、一部もしくは大幅な加筆修正をした。初出は、以下の通りである。

第1章　環境補助金と汚染者負担原則

「環境補助金と汚染者負担原則」『名古屋学院大学論集』社会科学篇第37巻第2号、2000年、53〜64ページ。

第2章　環境補助金の政治経済学

"Political Economy of Environmental Policy Choice—Single Policy Instrument of Direct Regulations or Taxes V.S. Policy-mix with Subsidies" (2004), Deketelaere, K. et. al., *Critical Issues in Environmental Taxation II*. Richmond Law & Tax Publishing, pp. 69-83.

第3章　日本の環境政策の展開と成果

「日本の環境政策の展開と企業の対応」『経済論叢別冊　調査と研究』（京都大学経済学会）第15号、1998年、55〜73ページ。

第4章　環境補助金と技術

「環境補助金と技術」（京都大学大学院植田和弘教授との共同執筆）『日本機械学会誌』第100巻第947号、1997年、60〜66ページ。

第5章　日本の財政投融資と環境補助金

「日本の財政投融資と環境補助金」『経済論叢別冊　調査と研究』第18号、1998年、30〜48ページ。

Some Economic Aspects of Environmental Soft Loan Program in Japan（京都大学大学院植田和弘教授および森晶寿助教授との共同執筆）, paper presented at the Regional Workshop on Promoting Practical Environmental Compliance and Enforcement Approaches in East Asia, World Bank Institute, June 2002, pp. 1-15.

第6章　韓国の環境政策と環境予算財源調達制度

「韓国の環境予算制度の現状と課題」（韓国環境部の政策諮問機関である韓国環境政策・評価研究院での報告論文）、2002年9月、1〜20ページ。

「韓国の環境予算制度——環境保全財源調達の望ましい方途の模索」『名古屋学院大学論集』社会科学篇第39巻第2号、2002年、187〜209ページ。

第7章　韓国の環境補助予算制度

「韓国の環境補助予算制度——環境予算の使途上の現状と課題」『名古屋学院大学論集』社会科学篇第 40 巻第 3 号、2004 年、97〜111 ページ。

第 8 章　韓国の環境賦課金制度

「韓国の環境賦課金制度」環境経済・政策学会編『アジアの環境問題』東洋経済新報社、1998 年、250〜264 ページ。

第 9 章　日本のエネルギー税と特定財源

「日本のエネルギー関連税制と特定財源——税制の統合的グリーン化への模索」環境経済・政策学会 2003 年大会報告論文、2003 年 9 月、1〜42 ページ。

謝辞

　本書の出版にあたり、筆者は実に多くの方々から学恩を受けた。この場をお借りして、心より感謝の言葉を申し上げたい。

　何よりも、京都大学大学院経済学研究科、植田和弘教授に深い感謝の念を申し上げなければならない。植田先生からは、日本留学以来今日にいたるまで、一貫して懇切丁寧な指導を頂いた。環境問題への問題意識とアプローチ、理論分析を基盤とした実証研究の重要性など、ここでは書ききれないほど多くのことを教えて頂いた。植田先生の学恩が無ければ、本書の完成はあり得なかったと言っても過言ではない。本書の第 4 章および第 9 章のもとになった論文では、光栄にも共同研究の機会を頂き、環境問題へのアプローチを直接学ぶところが多かった。記して感謝申し上げたい。

　また、ご多忙な教育・研究生活の中にありながら、拙稿について多くのご意見を頂き、改善への示唆を頂戴している森晶寿京都大学大学院助教授、喜多川進山梨大学大学院助教授、諸富徹京都大学大学院助教授、只友景士滋賀大学環境総合研究センター助教授、浜本光紹獨協大学助教授、松野裕明治大学助教授、児山真也兵庫県立大学助教授、竹内憲司神戸大学大学院助教授、八木信一埼玉大学大学院助教授、岸山充生産業技術総合研究所研究員、そして阪本崇京都橘女子大学講師をはじめ京都大学大学院植田ゼミの先輩同僚の皆様に深く感

謝する。松山大学の張貞旭助教授には、特に、韓国の環境政策と環境補助予算制度に関する本書の第Ⅲ部の原稿に対して、貴重なコメントを頂いた。同氏にも、深く感謝の念を表したい。

私の日本での留学生活の原点ともいえる京都大学大学院経済第8研究室では、横山由紀子兵庫県立大学講師、境宏恵鹿児島国際大学助教授、岡村秀夫関西学院大学助教授、石上秀昭日本体育大学助教授、中川竜一関西大学助教授、そして江頭進小樽商科大学助教授を始め同僚の皆様にご多忙な研究生活のなかで常日頃から拙稿を快く読んで頂き、大きな励みになった。私の留学生活を常に暖かく激励してくださった第8研究室の同僚の皆様にもこの場を借りて厚く御礼を申し上げたい。

筆者が在職している名古屋学院大学では、十名直喜教授、家本博一教授、水田健一教授、木船久雄教授、姜喜永教授、児島完二助教授、大石邦弘助教授、そしてかつての名古屋学院大学の同僚であった山田希立命館大学助教授をはじめ多くの教職員の皆様より、多大なご指導を頂いたことに感謝の言葉を申し上げたい。特に、木船教授からは、第Ⅰ部の理論編と第9章に対して、ご丁寧なアドバイスと的確なコメントを頂き、議論の改善につながった。改めて、感謝申し上げたい。

韓国の東国大学の金一中教授からも、特に、第Ⅰ部の第2章、第Ⅲ部の韓国予算制度に関する諸章について貴重なコメントを頂いた。筆者の日本での研究生活を常々励ましてくださった金教授にこの場を借りて深く御礼を申し上げたい。また、諸章に対して忌憚のない意見を頂戴した韓国環境政策研究会の朴勝俊京都産業大学講師、李態姸龍谷大学助教授、羅星仁広島修道大学助教授、鄭香水同志社大学大学院生、千晛娥立命館大学大学院生、そして韓国経済研究会の崔俊星城大学教授、黄佳燦名古屋商科大学助教授、催容薫福井県立大学助教授、鄭承衍韓国釜慶大学助教授、太源有韓国三星経済研究所首席研究員、李在鎬星城大学助教授、そして申斗燮韓国慶北開発研究院副研究委員ら諸氏に、感謝の念を表したい。さらに、私に日本留学への道を開いて下さった全国経済人連合会の曹圭河副会長、李龍煥専務理事、そして朴鐘善常務理事を始め先輩同僚の皆様、そして京都大学大学院在学時に2年間にわたって貴重な研究助成の

チャンスを提供して下さった富士ゼロックス小林節太郎記念基金の事務局の皆様にもこの場を借りて深く御礼を申し上げたい。

　本書の草稿は、名古屋学院大学のかつての同僚である小井川広志氏に全て目を通していただき、私の不適切な日本語表現の改善、および各章に対して詳細かつ有益なコメントを頂いた。貴重な時間の一部を割いて頂いた同氏に、深く感謝したい。

　本書の刊行までに、名古屋大学出版会の橘宗吾編集部長から全面的なご指導・ご支援を賜った。橘部長には本書の草稿の段階から貴重なアドバイスを数多く頂き、本書の内容を大きく刷新することができた。また同出版会の神舘健司氏にも、本書の理論展開からデータ分析に至るまで的確かつ丁寧なアドバイスを数多く頂き、本書の大きな改善に繋がった。橘部長と神舘氏のひとかたならぬご支援・ご配慮がなかったら本書のこうした形での刊行はありえなかったといえる。この場を借りて心より深甚なる感謝の意を表したい。

　このように、本書の出版には多くの方々から計り知れないほど力添えを頂いた。いうまでもなく、本書に残された誤りや不明確な点の責任はすべては筆者によるものである。

　最後に、私事にて恐縮であるが、私が日本留学を決断して以来、度重なる親不孝を寛大に見守ってくれた両親、また、本書の出版に至るまで、休日返上で仕事に取り組むことの多かった私の研究生活を献身的に支えてくれた妻芝恵、そして私に生きる喜びを与えてくれた長女妍周、長男知勲にも、感謝の言葉を贈りたい。

2004 年 6 月

著　　者

参考文献

日本語文献

秋山紀子・植田和弘 (1993)「日本の環境政策の展開と新たな課題」小島麗逸・藤崎成昭（編）『開発と環境――東アジアの経験』アジア経済研究所，229～263 ページ．

浅子和美・川西諭・小野哲生 (2002)「枯渇性資源・環境と持続的成長」『経済研究』Vol. 53 No. 3, 236～246 ページ．

麻生良文 (1998)『公共経済学』有斐閣．

跡田直澄 (編) (2003)『財政投融資制度の改革と公債市場』税務経理協会．

飯沼和正 (1970)「大型プロジェクトの成果に疑問」『エコノミスト』12(15), 64～67 ページ．

石川祐三 (1998)「補助金の経済分析」『鹿児島経大論集』第 38 巻第 4 号, 19～35 ページ．

石谷久 (2001)「都市における省エネルギーと交通システム」『機械学会 2001 年度熱工学講演会』F5～G12．

石弘光 (編) (1993)『環境税――実態と仕組み』東洋経済新報社．

石弘光 (1999)『環境税とは何か』岩波新書．

李秀澈 (1998)「日本の環境政策の展開と企業の対応」『経済論叢別冊　調査と研究』第 15 号, 55～73 ページ．

―― (1998)「韓国の環境賦課金制度」環境経済・政策学会『アジアの環境問題』東洋経済新報社, 250～264 ページ．

―― (1999)「日本の財政投融資と環境補助金」『経済論叢別冊　調査と研究』18 号, 30～48 ページ．

―― (2000)「環境補助金と汚染者負担の原則」『名古屋学院大学論集』社会科学篇第 37 巻第 2 号, 53～64 ページ．

―― (2002)「韓国の環境予算制度――環境保全財源調達の望ましい方途の模索」『名古屋学院大学論集』社会科学篇第 39 巻第 2 号, 187～209 ページ．

―― (2004)「韓国の環境補助予算制度――環境予算の使途上の現状と課題」『名古屋学院大学論集』社会科学篇第 40 巻第 3 号, 97～111 ページ．

李秀澈・植田和弘 (1997)「環境補助金と技術」『日本機械学会誌』第 100 巻 947 号, 60～66 ページ．

伊藤康 (1994)「公害防止協定と日本型政府介入システム」『一橋論叢』第 112 巻第 6 号, 1135～1150 ページ．

―― (1996)「環境規制と公害防止技術の開発――高度成長期以降の日本における硫黄酸化物対策を事例として」『千葉商大論叢』34(1・2), 53～67 ページ．

伊藤洋三 (1980)「枯渇性資源と最適成長」『高速道路と自動車』第 23 巻第 5 号, 25～29 ページ．

井堀利宏 (2002)「目的税と道路特定財源」『高速道路と自動車』第 45 巻第 1 号, 30～33

ページ.
今井賢一 (1973)「国際産業組織と資源問題」『季刊現代経済』第 11 号, 104〜119 ページ.
ウィリアム・ヘイズほか (2003)『地球環境世紀の自動車税制』勁草書房.
植草益 (1991)『公的規制の経済学』筑摩書房.
植田和弘 (1996a)『環境経済学』岩波書店.
—— (1996b)「環境制御と行財政システム」『経済論叢』第 158 巻第 6 号, 145〜160 ページ.
—— (1997)「環境税」植田和弘・岡敏弘・新澤秀則 (編)『環境政策の経済学』日本評論社, 113〜127 ページ.
—— (2001)「環境税をめぐる理論的・政策的諸問題」日本租税理論学会 (編)『環境問題と租税』法律文化社, 1〜12 ページ.
—— (2002)「環境保全と行財政システム」『環境保全と公共政策』岩波書店, 93〜122 ページ.
植田和弘・喜多川進 (監) (2001)『循環型社会ハンドブック——日本の現状と課題』有斐閣.
植田和弘・松野裕 (1997)「公健法賦課金」植田和弘・岡敏弘・新澤秀則 (編)『環境政策の経済学』日本評論社, 79〜96 ページ.
OECD (1978)『日本の経験——環境政策は成功したか』日本環境協会.
—— (1991)『環境政策における経済的手段の利用に関する理事会勧告』.
—— (1994a) 石弘光 (監訳)『環境と税制』有斐閣.
—— (1994b)『OECD レポート:日本の環境政策』中央法規.
大川正三 (1986)「補助金の効率性」『都市問題』第 77 巻第 7 号, 45〜58 ページ.
大蔵省理財局 (各年度版)『財政投融資レポート』大蔵省印刷局.
大阪府 (各年度版)『大阪府環境白書』.
大塚直 (1991)「環境賦課金(1)—(6)」『ジュリスト』No. 979-987, 61〜65 ページ.
—— (2003)「環境法における費用負担論・責任論」『法学教室』No. 269, 7〜14 ページ.
大森正之 (1992)「公害防止装置市場の展開とその限界」『三田学会雑誌』第 85 巻第 2 号, 250〜270 ページ.
大山明男 (1998)「内部化と第 3 者の存在——環境政策のパラドクス」『経済学雑誌』第 98 巻第 5・6 号, 129〜143 ページ.
岡敏弘 (1997a)「環境政策手段の経済理論」植田和弘・岡敏弘・新澤秀則 (編)『環境政策の経済学』日本評論社, 15〜32 ページ.
—— (1997b)「ドイツの排水課徴金(1)」植田和弘・岡敏弘・新澤秀則 (編)『環境政策の経済学』日本評論社, 33〜51 ページ.
—— (1997c)「直接規制」植田和弘・岡敏弘・新澤秀則 (編)『環境政策の経済学』日本評論社, 129〜146 ページ.
—— (2000)「自動車関係諸税のグリーン化を評価する」『水情報』20(1), 13〜17 ページ.
—— (2001)「温暖化国内政策手段の比較と評価——排出権取引の可能性」『三田学会雑誌』94 巻 1 号, 105〜123 ページ.

岡敏弘・小藤めぐみ・山口光恒（2003）「拡大生産者責任（EPR）の経済理論的根拠と現実」『三田学会雑誌』96巻2号，113～136ページ．
小椋正立・吉野直行（1985）「特別償却・財政投融資と日本の産業構造」『経済研究』Vol. 36 No. 2，110～120ページ．
加藤左織（1976）「わが国における排煙脱硫技術の現状について」『千葉商大論集』第14巻第2号，1～27ページ．
加藤三郎（1984）「大気汚染防止法の15年」『環境研究』No. 47，99～121ページ．
加藤秀樹（1997）「道路特定財源を環境税にせよ」『論争東洋経済』第10号，46～53ページ．
金子宏（2003）『租税法（第9版）』弘文堂．
金本良嗣（2001）「自動車税制と環境政策」『高速道路と自動車』第44巻第7号，7～13ページ．
環境事業団（1996）『環境事業団の概要と事例』．
──（各年度版）『貸付事業統計』．
環境省（各年度版a）『環境白書』ぎょうせい．
──（各年度版b）『環境統計集』ぎょうせい．
──（各年度版c）『環境保全経費一覧』．
──（各年度版d）『環境省予算の概要』．
環境省・経済産業省（2002）『平成14年度公害防止管理者等国家試験結果』．
環境庁（2000）『温暖化対策税を活用した新しい政策展開──環境政策における経済的手法活用検討会』大蔵省印刷局．
環境庁環境法令研究会（1994）『環境六法』中央法規．
環境庁20周年記念事業実行委員会（1991）『環境庁20年史』環境庁．
環境に係る税・課徴金等の経済的手法研究会（1997）『地球温暖化対策と環境税』ぎょうせい．
岸本哲也（1998）『公共経済学（新版）』有斐閣．
金星姫（1999）「環境管理における経済的手段の適応──韓国の環境賦課金制度の経済分析」『地域公共政策研究』第1号，71～84ページ．
久保文明（1997）『現代アメリカ政治と公共利益──環境保護をめぐる政治過程』東京大学出版会．
久米良昭（2000）「道路特定財源制度の経済分析」『建設オピニオン』第7巻第8号，22～25ページ．
経済企画庁（各年度版）『経済白書』大蔵省印刷局．
計量計画研究所（2002）『データでみる国際比較──交通関連データ集2000』計量計画研究所．
公害防止事業団（1991）『公害防止事業団25年誌』．
国際環境技術移転研究センター（1992）『四日市公害・環境改善の歩み』．
国土交通省（2003）『平成15年度道路整備予算財源内訳』全国道路利用者会議．
──（各年度版a）『交通経済統計要覧』運輸政策研究機構．

―――（各年度版 b）『陸運統計要覧』.
小西彩（1996）「日本における公害防止のための公的融資制度について――今後の環境ツーステップ・ローンの参考のために」『開発援助研究』Vol. 3 No. 1, 168～187 ページ.
児山真也（2000）「"自動車関係諸税のグリーン化"評価の視点」『環境と公害』Vol. 29 No. 4, 56～62 ページ.
児山真也・岸本充生（2001）「日本における自動車交通の外部費用の概算」『運輸政策研究』第 4 巻第 2 号, 19～30 ページ.
財政調査会（各年度版）『国の予算』はせ書房.
財務省（各年度版 a）『財政金融統計月報』.
―――（各年度版 b）『財政統計』財務省印刷局.
産業環境管理協会（各年度版）『環境管理』.
―――（2002）『20 世紀の日本環境史』.
産業と環境の会（1997）『環境保全対策助成制度に関する調査研究報告書』.
柴田弘文（2002）『環境経済学』東洋経済新報社.
柴田弘文・柴田愛子（1988）『公共経済学』東洋経済新報社.
清水修二（1991）「電源立地促進制度の成立――原子力開発と財政の展開(1)」『商学論集』第 59 巻第 4 号, 139～160 ページ.
衆議院予算委員会調査室（各年度版）『財政関係資料集』.
鈴木幸毅（1994）『環境問題と企業責任』中央経済社.
鈴木幸毅ほか（2002）『循環型社会の企業経営（改訂版）』税務経理協会.
政府税制調査会（2002）『政府税制調査会答申書』.
石油連盟（各年度版）『石油税制便覧』.
全国銀行協会連合会（1997）『欧米主要国の公的金融システム――わが国の示唆から改革の姿をさぐる』.
総理府（1967）『公害・都市公園に関する世論調査』.
―――（1971）『環境問題に関する世論調査』.
高橋実(1972)「エネルギーと原子力」『電力経済研究』電力中央研究所No. 2, 1～75 ページ.
竹内洋（1998）「我が国の財政投融資制度の基本理念と主要各国の類似制度について」『公共選択の研究』第 30 号, 91～99 ページ.
田近栄治ほか（1984）「戦後日本の法人税制と設備投資――法人税軽減率の業種別計測を中心として」『季刊現代経済』第 59 号, 26～40 ページ.
チャーマーズ・ジョンソン（1982）『通産省と日本の奇跡』矢野俊比古（訳），ティビーエス・ブリタニカ.
張貞旭（2000）「韓国の環境予算政策の現状と問題点――水質汚染防止の地方譲与金制度を中心に」『財政学研究』第 27 号, 58～73 ページ.
中央環境審議会（2002）『わが国における温暖化対策税制について（中間報告）』地球温暖化対策税特別委員会.
中央環境審議会（2003）『温暖化対策税制の具体的な制度の案――国民による検討・議論の

ための提案』地球温暖化対策税特別委員会．
中公新書ラクレ編集部（2001）『論争・道路特定財源』中公新書ラクレ．
中小企業金融公庫（1977）『中小企業金融公庫二十年史』．
中小企業庁（1972）『環境問題実態調査』．
通商産業省（1993）『通商産業政策史』．
──（各年度版 a）『通産産業年報』．
──（各年度版 b）『主要産業の設備投資計画』大蔵省印刷局．
鶴岡憲一（2001）「政官界を揺るがす道路特定財源見直し──歪んだ構造にメス」『月刊官界』第 27 巻第 7 号，174〜181 ページ．
都留重人（1996）「日本の公害と環境問題──「戦後 50 年」を振り返って」『環境と公害』25(3)，3〜12 ページ．
寺尾忠能（1993）「日本の産業政策と産業公害」小島麗逸・藤崎成昭（編）『開発と環境──東アジアの経験』アジア経済研究所，265〜347 ページ．
寺西俊一（1993）「日本の環境政策に関する若干の考察」小島麗逸・藤崎成昭（編）『開発と環境──東アジアの経験』アジア経済研究所，203〜227 ページ．
傳田功（1990）『日本の政策金融』思文閣出版．
十市勉・小川芳樹・佐川直人（2001）『エネルギーと国の役割──地球温暖化時代の税制を考える』コロナ社．
道路事業予算研究会（2002）『道路関係予算ハンドブック』大成出版社．
中西準子（1992a）「技術屋の環境政策異論(1)」『世界』7 月号，256〜264 ページ．
──（1992b）「技術屋の環境政策異論(2)」『世界』8 月号，350〜359 ページ．
──（1994）『水の環境戦略』岩波書店．
中野牧子（2003）「環境規制は研究開発を促進するか」『環境科学会誌』16(4)，329〜338 ページ．
新澤秀則（1997）「環境補助金」植田和弘・岡敏弘・新澤秀則（編）『環境政策の経済学──理論と現実』日本評論社，191〜202 ページ．
西崎文平ほか（1997）「財投問題についての論点整理」『経済分析』経済企画庁経済研究所．
西嶋洋一（1992）『持続性のある開発のための環境の内部経済化──硫黄酸化物対策の歴史から学ぶ』千代田化工建設株式会社．
日本開発銀行（1979）『日本開発銀行二十年史』．
日本自動車工業会（各年度版）『自動車統計月報』．
日本政策投資銀行（各年度版 a）『事業報告書』．
──（各年度版 b）『日本政策投資銀行の現況』．
日本鉄鋼連盟（1995）『日本鉄鋼業の廃棄物対策の概要』．
根岸隆（1971）「公害問題と公共経済学」『経済セミナー』第 185 号，2〜13 ページ．
根岸哲・杉浦市郎（1997）『経済法』法律文化社．
服部民夫（1993）「韓国──大邱水質汚染事件」小島麗逸・藤崎成昭（編）『開発と環境──東アジアの経験』アジア経済研究所，113〜138 ページ．
浜本光紹（1997）「ポーター仮説をめぐる論争に関する考察と実証分析」『経済論叢』第 160

巻第5・6号，103～120ページ．
——(1998a)「環境規制と産業の生産性」『経済論叢』第162巻第3号，51～62ページ．
——(1998b)「環境政策の決定過程——政策決定における制度的要因に関する考察」『国際公共経済研究』第8号，23～35ページ．
——(1999)「環境規制と企業の技術的対応——紙パルプ産業とソーダ産業の事例」『独協経済』第71号，11～21ページ．
原田尚彦(1995)『環境法』弘文堂．
菱田一雄(1983)「大気汚染防止における発生対策の15年の沿革」『公害と対策』Vol. 19 No. 7, 22～29ページ．
深谷昌弘(1989)「公害対策における課税・補助金の制度選択——政策の論理と経済理論」『成蹊大学経済学部論集』19(2)，24～33ページ．
——(1990)「公害対策における課税・補助金の制度選択——政策の論理と経済理論・追補」『成蹊大学経済学部論集』20(2)，95～104ページ．
藤田香(2001)『環境税制改革の研究』ミネルヴァ書房．
藤田八輝(1983)「大気汚染防止法制の歩み——大気汚染防止法制定15周年を迎えて」『公害と対策』Vol. 19 No. 7, 2～10ページ．
細江守紀(1997)『公共政策の経済学』有斐閣．
松野裕(1997)「鉄鋼業における硫黄酸化物排出削減への各種環境政策手段の寄与」『経済論叢』第159巻第5号，444～464ページ．
松野裕・植田和弘(2002)「『地方公共団体における公害・環境政策に関するアンケート調査』報告書——公害防止協定を中心に」『経済論叢別冊　調査と研究』第23号，1～155ページ．
マルティン・イェニッケほか(編)(1998)『成功した環境政策』長尾伸一ほか(監訳)，有斐閣．
宮本憲一(1989)『環境経済学』岩波書店．
——(1990)『補助金の政治経済学』朝日選書．
室田泰弘(1984)『エネルギーの経済学』日本経済新聞社．
森杉壽芳(1997)「環境影響・エネルギー効率の評価」『道路投資の社会的評価』東洋経済新報社．
諸富徹(1997)「ドイツの排水課徴金(2)——制度史とポリシーミックス分析」植田和弘・岡敏弘・新澤秀則(編)『環境政策の経済学』日本評論社，53～77ページ．
——(2000)『環境税の理論と実際』有斐閣．
——(2003)「産業廃棄物税の理論的根拠と制度設計」『廃棄物学会誌』Vol. 14 No. 4, 182～193ページ．
山内弘隆(2000)「自動車関係諸税のあり方」『自動車工業』34号(通号406)，2～7ページ．
横山彰(1993)「エネルギー税制と環境税」石弘光編『環境税——実態と仕組み』東洋経済新報社，47～62ページ．
——(1994)「環境税のパブリック・アクセプタンス」『日本経済政策学会年報』No. KL

II，65〜68 ページ．
――（1995）『財政の公共選択分析』東洋経済新報社．
吉田和男・小西砂千夫（1996）『転換期の財政投融資――しくみ・機能・改革の方向』有斐閣．
ライリィ・E. ダンラップ・アンジェラ・G. マーティグ（編）（1993）『現代アメリカの環境主義――1970 年から 1990 年の環境運動』満田久義（監訳），ミネルヴァ書房．
和田尚久（2002）『地域環境税』日本評論社．
和田八束（1986）『租税政策の新展開』文真堂．
――（1992）『租税特別措置』有斐閣．

韓国語文献

安キュホン（2000）「水質保全及び上下水道管理分野の政策と予算」『環境政策と環境予算に関する討論会（資料集）』韓国環境政策・評価研究院．
李秀澈（1996）『日本の環境政策と企業の環境戦略』全国経済人連合会．
李秀澈・康民錫（1998）『韓国の環境補助金運用実態と課題』全国経済人連合会．
李ボンソンほか（1996）『ゴミ従量制の評価及び改善方案』ソウル市政開発研究院．
林チェファン（2002）『環境管理業務の地方委任・委譲現況及び計画』環境部．
韓国環境技術開発院（1996）『韓国の環境 50 年史』．
――（1996）『大気汚染物質排出賦課金に関する研究』．
――（1997）『環境親和技術開発と産業政策』．
韓国環境政策・評価研究院（各年度版）『環境予算と政策目標』．
――（2001）『排出賦課金制度改善方案』環境部．
韓国経済研究院（1995）『環境保全と産業』．
韓国資源再生公社（1993）『廃棄物預置金・負担金料率の適正調整方案に関する研究』．
環境管理公団（2002）『環境改善資金融資支援業務要綱』．
環境部（1999）『大気基本排出賦課金業務便覧』．
――（2000a）『環境改善負担金業務便覧』．
――（2000b）『G-7 環境工学技術開発事業概要』．
――（2001a）『主要業務自体評価結果』環境部．
――（2001b）『ゴミ従量制改善のための総合計画』．
――（2002a）『生産者責任再活用制度の概要』．
――（2002b）『第 2 次国家廃棄物管理総合計画』．
――（2002c）『漢江水系管理基金の運用現況』．
――（2002d）『環境改善負担金制度改善に関する研究』．
――（2002e）『首都圏大気質特別対策』．
――（各年度版 a）『環境統計年鑑』．
――（各年度版 b）『環境部所管歳入・歳出予算概要』．
――（各年度版 c）『歳入・歳出決算報告書』．
――（各年度版 d）『主要予算事業の執行現況報告』．

―――（各年度版 e）『環境予算の理解』.
―――（各年度版 f）『環境政策推進計画』.
―――（各年度版 g）『環境白書』.
企画予算処（各年度版）『予算案編成指針及び基準』.
行政自治部（1999）『自治体施設の民間委託実態調査』.
金ジョンフン（2000）『国庫補助金の改編方向』韓国租税研究院.
金テヨン（2001）『公共環境基礎施設の民資誘致活性化方案』三省地球環境研究所.
金ホンギュン（1996）『環境予算の管理・支援体系の改善方案に対する研究』韓国環境技術開発研究院.
財政経済部（1997）『統合財政の理解』.
―――（2002）『韓国の財政』.
宋ミョン（2000）『漢江水系水利用負担金の効果的運営方案』京畿開発研究院.
孫ヨンベ（2001）「環境部の廃棄物関連予算構造分析」『月刊廃棄物 21』日報コリア.
大韓商工会議所（1997）『水質汚染物質排出許容基準および排出賦課金の合理化方案』.
魯サンファンほか（1997）『環境予算と政策目標』韓国環境政策・評価研究院.
魯サンファン（2000）『環境改善負担金制度改善方案に関する研究』環境部.
ミンドンキほか（2001）『環境予算と政策目標』韓国環境政策・評価研究院.
ムンヒョンジュ（2001）『上水資源の合理的価格策定に関する研究』韓国環境政策・評価研究院.

英語文献

Baumol, W. J. and W. E. Oates (1971), The Use of Standards and Prices for Protection of the Environment, *Swedish Journal of Economics*, 73, March, pp. 42-54.
――― (1975), *The Theory of Environmental Policy*, Prentice-Hall, Englewood Cliffs.
――― (1988), *The Theory of Environmental Policy*, Cambridge University Press, second edition.
Bohm, P. and C. S. Russel (1985), Comparative Analysis of Alternative Policy Instruments, Kneese, A. V. and J. L. Sweeney, et al., *Handbook of Natural Resource and Energy Economics*, Vol. 1, North-Holland, pp. 395-460.
Brannon, G. M., et al. (1975), *Studies in Energy Tax Policy*, Cambridge, Mass.: Ballinger.
Bressers, H. Th. A. (1988), A Comparison of the effectiveness of Incentives and Directives: The Case of Dutch Water Quality Policy, *Policy Studies Review*, 7 (3), pp. 500-518.
Buchanan, J. and G. Tullock (1975), Polluters Profits and Political Response: Direct Controls Versus Taxes, *American Economic Review*, 65 (1), pp. 139-147.
Coase, R. H. (1960), The Problem of Social Cost, *Journal of Law and Economics*, 3, pp. 1-44.
Dasgupta, P. S. and G. M. Heal (1979), *Economic Theory and Exhaustible Resources*, Cambridge.

Dasgupta, P. S. and T. Mitra (1983), Intergenerational Equity and Efficient Allocation of Exhaustible Resources, *International Economic Review*, 24 (1), pp. 133-154.

Dewees, D. N. (1983), Instrument Choice in Environmental Choice, *Economic Inquiry*, 21 (1), pp. 53-71.

Dewees, D. N. and W. A. Sims (1976), The Symmetry of Effluent Charges and Subsidies for Pollution Control, *Canadian Journal of Economics*, 9 (2), pp. 323-331.

Dolbear, F. T. (1967), On the Theory of Optimum Externality, *American Economic Review*, 57 (1), pp. 90-103.

Douglas L. N. and Y. N. Kim (1998), *Price It Right-Energy Pricing and Fundamental Tax Reform*, Alliance to Save Energy.

Gupta, S. and W. Mahler (1995), Taxation of Petroleum Products : Theory and Empirical Evidence, *Energy Economics*, 17 (2), pp. 101-116.

European Commission (1996), *Toward Fair and Efficient Pricing in Transport*, European Union.

Hahn, R. W. (1989), Economic Prescriptions for Environmental Problems : How the Patient Followed the Doctor's Orders, *Journal of Economic Perspectives*, 3 (2), pp. 95-114.

―― (1990), The Political Economy of Environmental Regulation : Towards a Unifying Framework, *Public Choice*, 65, pp. 21-47.

Hall, D. (1990), Preliminary Estimates of Cumulative Private and External Costs of Energy, *Contemporary Policy Issues*, 8 (3), pp. 283-307.

Hartwick, J. (1977), International Equity and the Investing of Rents from Exhaustible Resources, *American Economic Review*, 67 (5), pp. 972-974.

―― (1978), Substitution among Exhaustible Resources and Intergenerational Equity, *Review of Economic Studies*, 45 (2), pp. 347-354.

Hotelling, H. (1931), The Economics of Exhaustible Resources, *The Journal of Political Economy*, 39 (2), pp. 137-175.

IEA (1993), *Taxing Energy : Why and How*, OECD.

―― (2003), *Energy Price & Taxes*, OECD.

Kemp, R. (1997), *Environmental Policy and Technical Change*, Edward Elgar.

Keohane, N. O., R. L. Revesz and R. N. Stavins (1999), *Environmental and Public Economics : Essays in Honor of Wallace E. Oates*, Edward Elgar.

Larson B. A. and R. Bluffstone (1997), Controlling Pollution in Transition Economies : Introduction to the Book and Overview of Economic Concepts, Bluffstone, R., *Controlling Pollution in Transition Economies*, Edward Elgar, pp. 1-28.

Lave, L. B. and E. O. Eskin (1978), *Air Pollution and Human Health*, Baltimore : Johns Hopkins Press for Resources for the Future.

Lee, S. C. (2004), Political Economy of Environmental Policy Choice―Single Policy Instrument of Direct Regulations or Taxes V. S. Policy-mix with Subsidies, *Critical*

Issues in Environmental Taxation II, Richmond Law & Tax Publishing, pp. 69-83.

Lerner, A. P. (1972), Pollution Abatement Subsidies, *American Economic Review*, 62 (5), pp. 1009-1010.

Lucas, R. E. B., D. Wheeler and H. Hettige (1992), Economic Development, Environmental Regulation and the International Migration of Toxic Industrial Pollution, *International Trade and the Environment*, The World Bank.

Mendelshon, R. (1984), Endogenous Technical Change and Environmental Regulation, *Journal of Environmental Economics and Management*, 11 (3), pp. 202-207.

Michael, G. R. (1979), *Pollution Prevention Pays*, Pergamon Press, Oxford.

Mori, A., S. C. Lee and K. Ueta (2002), *Some Economic Aspects of Environmental Soft Loan Program in Japan*, paper presented at the Regional Workshop on Promoting Practical Environmental Compliance and Enforcement Approaches in East Asia, World Bank Institute, June 2002, pp. 1-15.

Mumy, G. E. (1980), Long-run Efficiency and Property Rights Sharing for Pollution Control, *Public Choice*, 35, pp. 59-74.

National Academy of Science (1991), *Policy Implication of Greenhouse Warming*, Washington: National Academy of Science.

Nordhause, W. D. (1994), *Managing the Global Commons*, The MIT Press.

OECD (1975), *The Polluter Pays Principle*, Paris.

—— (1991), *Extended Producer Responsibility : A Guidance Manual for Governments*, Paris.

—— (1992), *The Polluter-Pays Principle OECD Analyses and Recommendations*, Paris.

—— (1993), *Taxation and the Environment : Complementary Policies*, Paris.

—— (1995a) *Managing the Environment : The Role of Economic Instruments*, Paris.

—— (1995b), *Environmental Taxes in OECD Countries*, Paris.

—— (1996), *Implementation Strategies for Environmental Taxes*, Paris.

—— (2000), *OECD Environmental Data Conpendium*, Paris.

—— (2001), *Environmentally Related Taxes in OECD Countries : Issues and Strategies*, Paris.

Opschoor, J. (1986), *Economic Instruments for Environmental Protection in the Netherlands*, OECD.

Peter, C. J. et al. (2002), *Greening the Budget : Budgetary Policies for Environmental Improvement*, Cheltenhan: Edward Elgar.

Pigou, A. C. (1920), *The Economics of Welfare*, 1st edition, Macmillan.

Porter, M. E. and Claas van der Linde (1995), Toward a New Conception of the Environment-Competitiveness Relationship, *Journal of Economic Perspectives*, 9 (4), pp. 97-118.

Schlegelmilish, K., et al (1999), *Green Budget Reform in Europe Countries at the Forefront*, Berlin: Springer.

Spulber, D. F. (1985), Effluent Regulation and Long-Run Optimality, *Journal of Environmental Economics and Management*, 12 (2), pp. 103-116.

Solow, R. M. (1974a), Intergenerational Equity and Exhaustible Resources, *Review of Economic Studies*, 41 (Symposium), pp. 29-45.

—— (1974b), The Economics of Resources and the Resources of Economics, *American Economic Review*, 64 (2), pp. 1-14.

—— (1986), On the Intergenerational Allocation of Natural Resources, *Scandinavian Journal of Economics*, 88 (1), pp. 141-149.

Swerling, B. C. (1962), *Current Issues in Commodity Policy*, Princeton University Press.

Viscusi, W. K. et al. (1994), Environmentally Responsible Energy Pricing, *The Energy Journal*, 15 (2), pp. 23-42.

Wenders, J. T. (1975), Methods of Pollution Control and the Rate of Change in Pollution Abatement Technology, *Water Resources Research*, 11, pp. 393-396

Yokoyama, A. et al. (2000), Green Tax Reform, *Environmental Economics and Policy Studies*, 3 (1), pp. 1-20.

索　引

ア　行

IEA　201, 231
足尾銅山　50
アベイラビリティ供与　112
アベイラビリティ供与効果　97
一般消費税　191
一般補助金　78, 149
伊藤康　66, 76
違反回数別賦課係数　170
植田和弘　i, 56, 66, 234
上乗せ基準　63
液体燃料換算使用量　174
エネルギーおよび資源事業特別会計　145
エネルギー・サステナビリティ　194, 222, 224, 226
エネルギー税　189
エネルギー税制のグリーン化　189, 231
エネルギー転換部門　195
エネルギー特定財源　189, 205, 212
OECD　12, 21, 72
応益負担　231
大型プロジェクト　85, 87, 91
大塚直　13
大山明男　32
岡敏弘　11, 76, 94
汚染者グループ　25, 42
汚染者負担原則　3, 7, 12-13, 19, 119
汚染排出規制基準　10
汚染被害者グループ　25, 42
汚染誘発係数　175-176
Opschoor　31
温暖化対策税　189

カ　行

拡大生産者責任　13, 72
核燃料サイクル開発機構　218
ガソリン税　22, 189, 200
金子宏　199
環境NGO　27, 29-30
環境汚染防止基金　129

環境改善特別会計　130, 138, 173
環境改善負担金　138, 167
環境基本法　56
環境事業団　59, 99, 102, 106
環境政策基本法　128
環境政策の確立期　49, 116, 118
環境政策の形成期　49-50, 116, 118
環境政策の再編期　49, 116, 118
環境政策の調整期　49, 116, 118
環境庁　126
環境ビジネス　23
環境部　127, 130
環境部管轄予算　130, 148
環境部歳出予算　140
環境部歳入予算　130
環境部所管予算　130, 135, 140, 148
環境補助金　3, 5, 8
環境保全経費　133
環境保全法　126
環境予算財源　125
環境ロビイスト　29
韓国環境資源公社　179
韓国資源再生公社　179
間接融資　81
期間補完的効果　112
岸本充生　230
技術改善費補助金制度　86
基準賦課金　175, 101
規制適合者　94
基本賦課金　169, 171
逆鞘　110
金融自由化　106
金融派生商品　120
クリーナー・プロダクション技術　96
クリーナー・プロダクション設備　17
グリーン補助金　80
経団連　28, 54
K値規制　56, 99
軽油引取税　200
原因者負担原則　12
限界汚染削減費用　10-11

253

254　索　引

限界外部費用　5
限界便益　5
建設譲渡事業　108
Kemp　94
原油等関税　195
公害健康被害救済特別措置法　13
公害国会　52, 128
公害対策基本法　52
公害特別枠　87
公害病　50
公害防止協定　64
公害防止事業団法　106
公害防止事業費事業者負担法　13
公害防止条例　64
公害防止設備投資関数　115
公共資金管理基金　131, 141
公健法賦課金　166
合成樹脂廃棄物処理費用負担法　166, 179
厚生年金　98
交通施設特別会計　145
交通税　145
交通燃料関連税　195, 197, 204, 212, 229
公的規制政策　77
公的誘導政策　77
枯渇性資源　192-194
国際課税　193
国民年金　98
国有財産管理特別会計　139
国家石油備蓄会社　210
固定汚染削減費用　9
固定資産税　62, 82
個別消費税　191
小西彩　119
ごみ手数料　129
児山真也　230

サ 行

再活用賦課金　178
財源調達型　28
財源調達型税制　221
再生可能なエネルギー　221
財政投融資　91, 98
財政融資特別会計　138
最適汚染水準　7, 12
財投機関　98, 100, 102
財投機関債　120

財投金利　98
財投債　120
サステナブル会計　225, 228, 231
サステナブル税　190, 194, 221, 224
三角エッジワース・ボックス　32
産業廃棄物税　164
産業補助金　78
資金運用部　98
資源節約再活用促進法　177
市場金利　113
私的汚染費用　7
私的便益　5-6
自動車環境改善負担金　176
自動車車体税　213
自動車重量税　212
自動車税　212
自動車税軽減　92
自動車税のグリーン化　92
自動車排ガス規制　91
社会的純便益　5-6
車体税　212-213
終末処理型技術　88, 96
終末処理型設備　17
重要技術研究開発補助金制度　86-87
受益者負担原則　125, 142, 144, 197, 201, 212
種別賦課金　169, 171
循環型社会形成推進基本法　72
純ロイヤリティ　192
省エネルギー　194
条件付補助金　149
消費者向け補助金　20, 91, 94
助成の補助金　4, 80
新エネルギー　211, 218
水質改善負担金　167
水質環境改善負担金　175, 182
水質濃度規制　70
税額控除　82
政策金融　15, 80, 97
生産者再活用自発的協約団体免除制度　177, 183
生産者責任再活用制度　177
生産者向け補助金　18
生産者預置金方式　177
世界貿易機構（WTO）　80
石炭勘定　207
石油およびエネルギー需給高度化勘定　206,

索　引　255

218
石油およびエネルギー需給高度化対策特別会計
　205
石油公団　209
石油石炭税　189, 195, 198, 203, 205, 229
石油代替エネルギー　211
全経連　28, 181
総量規制　56, 64, 69
租税特別措置　116
租税優遇措置　16, 82

タ　行

大気環境改善負担金　173, 182
代替エネルギー　193
脱硫プロジェクト　87
担税力　201
炭素税　147, 231
団体委任事務　64
地域環境税　163
地域係数　174
地域別賦課係数　170
地球温暖化対策税　225
地球気候連合　29
地方譲与金管理特別会計　130, 141, 154
地方譲与金制度　141
地方税法　200
地方道路税法　200
張貞旭　141
中央環境審議会　189, 231
中小企業金融公庫　59, 102, 106, 110
超過賦課金　169
超過率賦課係数　170
長期効率性　8, 10
長期ブフイムレート　98, 113, 115
直接規制　7, 26, 36
直接補助金　14, 18, 86
直接補助予算　149
直接融資　81
定額補助金　38
低公害車　92
デポジット制度　184
寺西俊一　50
電源開発促進税　189, 195, 197, 200, 203, 218, 229
電源開発促進税法　200
電源開発促進対策特別会計法　200

電源開発促進特別会計　217
電源立地勘定　218
電源利用勘定　218
電力産業基盤基金　145
統合財政　132
統合財政基準環境予算　133, 135
統合補助金　163
投資インセンティブ効果　115, 118
投資弾力性　116
道路整備5ヵ年計画　200
道路整備特別会計　216
道路整備特別会計法　200
道路訴訟　230
道路特定財源　231
特別償却　62, 82
Dolbear　32

ナ　行

中西準子　76, 89
新澤秀則　2, 8, 10
日本開発銀行　15
日本政策投資銀行　15, 59, 99, 102, 106, 110
年度別賦課係数　170
燃料課税　213
燃料係数　174
燃料転換　67
農漁村特別税管理特別会計　138
濃度規制　56
NOx排出規制　87
ノン・ポイント・ソース　54

ハ　行

Hartwick　192
ハートウィク・ルール　192
Hahn　26, 30
排煙脱硝装置　68
排煙脱硫装置　68
廃棄物管理基金　129
廃棄物負担金　129, 138, 167, 179
廃棄物預置金　129, 138, 167, 177, 183
排出権取引制度　37
排出賦課金　138, 167, 181
排水課徴金　18, 31
ハイブリッド車　92
浜本光紹　27, 76, 89
パレート最適　32, 36

漢江水系管理基金　131, 142, 154
Pigou　3, 193
ピグー税　3
ピグー的補助金　3, 14
PPP 逸脱度　13-16, 22-23, 89, 119, 160, 165
標準燃料使用量　173
賦課金算定指数　174-176
Buchanan and Tullock　26
負担金算定指数　179
ペットボトル税　164
包括補助金　163
補助金効果　115
補助金適正化法　78
補助金の失敗　96
補助予算　148
Hotelling　192
ホテリング・ルール　192
Baumol and Oates　8
ボーモル・オーツ的発想　204, 223
ボーモル・オーツ税　31
ポリシー・ミックス　18, 24, 28, 38, 43, 89, 91, 165, 182, 231

マ 行

マスキー法　68

松野裕　66, 112
水利用負担金　142
緑の党　29
宮本憲一　4
無差別曲線　32-34, 36
モラル・ハザード　18, 22
諸富徹　19, 31, 182

ヤ・ラ行

有機汚濁対策　70
優遇金利効果　13, 15, 97, 112-113, 115, 117
融資予算　152
郵便預金　98
横出し基準　63
横山彰　189, 196, 222
予算線　32
予算補助　78
預託金利　98
預置金算定指数　177
預置金返還率　177
洛東江フェノール汚染事件　141
利子補給　118

《著者略歴》
李　秀　澈
（イ　スウチョル）

1955年　韓国慶尚北道店村市に生まれる
1982年　ソウル大学農学部卒業
　　　　韓国全経連経済調査チーム勤務を経て
1999年　京都大学大学院経済学研究科博士課程修了
現　在　名古屋学院大学経済学部助教授，経済学博士

環境補助金の理論と実際

2004年11月25日　初版第1刷発行

定価はカバーに
表示しています

著　者　李　秀　澈
発行者　岩坂泰信

発行所　財団法人 名古屋大学出版会
〒464-0814　名古屋市千種区不老町1 名古屋大学構内
電話(052)781-5027／FAX(052)781-0697

Ⓒ Lee Soo Cheol, 2004　　　　　　　Printed in Japan
印刷・製本　㈱クイックス　　　　　ISBN4-8158-0497-4
乱丁・落丁はお取替えいたします。

R〈日本複写権センター委託出版物〉
本書の全部または一部を無断で複写複製（コピー）することは，著作権法上
での例外を除き，禁じられています。本書からの複写を希望される場合は，
日本複写権センター（03-3401-2382）にご連絡ください。

広瀬幸雄著
環境と消費の社会心理学
　―共益と私益のジレンマ―
A5・278頁
本体2,900円

田尾雅夫/西村周三/藤田綾子編
超高齢社会と向き合う
A5・246頁
本体2,800円

西村周三著
保険と年金の経済学
A5・240頁
本体3,200円

塚田弘志著
デリバティブの基礎理論
　―金融市場への数学的アプローチ―
A5・314頁
本体6,000円

吉田博之著
景気循環の理論
　―非線型動学アプローチ―
A5・236頁
本体4,800円

山口重克編
新版　市場経済
　―歴史・思想・現在―
A5・348頁
本体2,800円

末廣　昭著
キャッチアップ型工業化論
　―アジア経済の軌跡と展望―
A5・386頁
本体3,500円